westermann

FiNALE Prüfungstraining

Landesabitur **2019**

Biologie

Hessen

Dr. Heiner Schäfer
Dr. Ursula Wollring

Autoren: Dr. Heiner Schäfer, Dr. Ursula Wollring sowie Thomas Bremer, Dieter Feldermann, Philipp Klein, Dr. Rüdiger Lutz Klein, Dr. Karl Pollmann

Bildquellenverzeichnis:
OKAPIA KG – Michael Grzimek & Co., Frankfurt/M.: Scharf/Arnold 126.

westermann GRUPPE

Druck A[1]/Jahr 2018
Alle Drucke der Serie A sind im Unterricht parallel verwendbar.

Redaktion: Sabine Klonk
Kontakt: finale@westermanngruppe.de
Layout: Druckreif! Sandra Grünberg, Braunschweig
Umschlaggestaltung: Janssen Kahlert Design & Kommunikation, Hannover
Umschlagfoto: Peter Wirtz, Dormagen
Illustrationen: Karin Mall, Brigitte Karnath
Druck und Bindung: westermann druck GmbH, Braunschweig

ISBN 978-3-7426-**1999**-0

Inhaltsverzeichnis

5 Überprüfung der Methoden- und Kommunikationskompetenz

6 Übungsaufgaben

1 Arbeiten mit *Finale*

Liebe Abiturientin, lieber Abiturient,

2019 wird in Hessen bereits zum zwölften Mal das Landesabitur mit einheitlichen, zentral gestellten Prüfungsaufgaben durchgeführt werden. Vor dem Hintergrund der Erfahrungen aus den vorausgegangenen Jahren sowie unter exakter Beachtung der offiziellen Vorgaben für das Abitur 2019 im Fach Biologie wurde *Finale* passgenau für die Vorbereitung auf diese schriftliche Prüfung entwickelt.

Zur gezielten Vorbereitung auf das Landesabitur bietet Ihnen *Finale*:

- präzise und übersichtlich angeordnete Informationen zu den Vorgaben für das Abitur 2019 im Fach Biologie sowie zum Aufbau, zur Gestaltung und zu den Bewertungskriterien der schriftlichen Abiturprüfungsaufgaben;
- zahlreiche Aufgabenbeispiele mit vielfältigen Materialien und Aufgabenformulierungen, die nur die Operatoren enthalten, die in der Operatorenliste des Hessischen Kultusministeriums für das Landesabitur definiert und vorgeschrieben sind, sowie die dazugehörigen ausformulierten Musterlösungen;
- Selbstdiagnosebögen am Ende jeder Übungsaufgabe, die Ihre individuellen Stärken und Schwächen aufdecken, sodass Sie eine direkte Hilfe zum passgenauen Lernen der biologischen Inhalte und Methoden erhalten;
- Hinweise und Tipps zum strukturierten Umgang mit Aufgaben, vor allem den Materialien, sodass Sie zusätzliche Handlungssicherheit in Ihrem Vorgehen beim Lösen der Aufgaben erwerben;
- übersichtliche Zusammenfassungen des Basiswissens, das für die Abiturprüfung besonders relevant ist;
- eine Checkliste auf **www.finaleonline.de** zur eigenen Bearbeitung und Absicherung ihres Kenntnisstandes.

Finale ermöglicht eine individuelle Vorbereitung. Je nach persönlichen Stärken und Schwächen in den verschiedenen Lern- und Kompetenzbereichen, z. B. Verhaltensbiologie, Planen und Auswerten von Experimenten, Umgang mit Grafiken, Familienstammbäumen oder Tabellen, können einzelne Kapitel und Teilkapitel nachgeschlagen und gezielt durchgearbeitet werden. Das Inhaltsverzeichnis sowie zahlreiche Querverweise erleichtern dabei die Orientierung. Der systematische Aufbau und die komprimierte Form fördern eine zeitökonomische und effektive Abiturvorbereitung, auch in Ergänzung des Fachunterrichts.
Wer sich in Biologie mündlich prüfen lassen möchte, muss damit rechnen, dass die Aufgaben auch das Kursthema „Evolution“ aus dem vierten Halbjahr der Qualifikationsphase einschließen. In *Finale* finden Sie dazu ein kurzes Übungsbeispiel in der vierten Teilaufgabe der Übungsaufgabe 5 (S. 125). Zur Vorbereitung auf diese dezentral von den Lehrkräften gestellten Aufgaben müssen zusätzliche Lehrwerke benutzt werden.

Tipps zum Umgang mit *Finale*

Beschreibung der verschiedenen Kapitel

1 **Arbeiten mit *Finale*:** Hier erhalten Sie Tipps, wie Sie aufgrund Ihrer persönlichen Stärken und Schwächen möglichst ökonomisch mit dem Buch arbeiten können. In diesem Kapitel wird Ihnen auch der Selbstdiagnosebogen vorgestellt, der bei der Bearbeitung der Übungsaufgaben nicht nur Ihre Stärken und Schwächen diagnostiziert, sondern Ihnen auch gleichzeitig zielgenaue Hilfen für die Auswahl weiterer Teilkapitel und Abschnitte zur Verfügung stellt.

2 **Operatoren und Anforderungsbereiche:** Die Bedeutung der Operatoren wird Ihnen in Erinnerung gerufen, damit keine Fehldeutungen der Aufgabenstellung unterlaufen.

3 **Inhaltliche Vorgaben zu den Unterrichtsvoraussetzungen**: An der strukturierten Übersicht der Schwerpunkte können Sie sich beim Wiederholen des Basiswissens orientieren.

4 **Basiswissen:** Hier finden Sie in einer Kurzfassung die im Biologieunterricht für das Abitur vermittelten Inhalte, z. T. mit Definitionen wichtiger Fachbegriffe. Die Inhalte werden miteinander vernetzt und sind durch dieses Ordnungsprinzip leichter zu lernen.

5 **Überprüfung der Methoden- und Kommunikationskompetenz:** Abituraufgaben enthalten unterschiedliche Materialien. Neben Texten sind auch Bilder, Diagramme, Schemata, Familienstammbäume und Experimente enthalten. In diesem Kapitel erhalten Sie Tipps, wie Sie möglichst schnell die Aussagen der Materialien erfassen und zu einer Lösung führen können.

6 **Übungsaufgaben:** Die Übungsaufgaben mit ihren Musterlösungen ermöglichen Ihnen aufgrund der beigefügten Selbstdiagnosebögen die Einschätzung Ihrer Stärken und Schwächen und leiten Sie dazu an, mit den für Sie relevanten Aufgaben und Kapitelabschnitten weiterzuarbeiten. So lernen Sie individuell und zielgenau. Zusätzlich stellen die Übungsaufgaben auch eine inhaltliche Ergänzung des Basiswissens dar.

7 **Original-Prüfungsaufgaben 2017 (unter www.finaleonline.de):** Hier wird Ihnen exemplarisch veranschaulicht, wie aktuelle Landesabitur-Prüfungsaufgaben aufgebaut und formuliert sind. Die ausführlichen Musterlösungen mit Angaben zur Verteilung der Bewertungseinheiten und zu den Anforderungsbereichen zeigen, welche Leistungen von Ihnen erwartet werden. Manchmal sind auch gleichwertige alternative Lösungen möglich, die bei plausibler Darstellung ebenfalls akzeptiert werden.

Sowohl Kapitel 4 (Basiswissen) als auch Kapitel 6 (Übungsaufgaben) sind streng nach den inhaltlichen Schwerpunkten der offiziellen Vorgaben für das Landesabitur strukturiert. Daher wäre es nützlich, sich zunächst einen Überblick über die inhaltlichen Schwerpunkte in Kapitel 3 zu verschaffen und diese parallel dazu mit dem ausgewählten Basiswissen in Kapitel 4 zu vergleichen. Bei diesem Vorgehen können Sie leicht feststellen, in welchen Lernbereichen Sie noch Defizite aufweisen.

Sodann suchen Sie sich passend zu diesem Lernbereich eine Übungsaufgabe heraus und bearbeiten diese. Gemäß dem ausführlichen Lösungsschlüssel notieren Sie sich dann im Selbstdiagnosebogen, den Sie am Ende einer jeden Übungsaufgabe finden, die entsprechende Punktzahl zu den Teilaufgaben. Der Umgang mit dem Selbstdiagnosebogen wird Ihnen ausführlich auf S. 9 ff. vorgestellt.
Beim Vergleich Ihrer erreichten Punktzahl mit der Höchstpunktzahl ergeben sich möglicherweise größere Abweichungen. Dies kann verschiedene Ursachen haben. Danach richtet sich Ihr weiteres Vorgehen:

- Haben Sie die Teilaufgabe aufgrund des Operators (im Aufgabentext fett hervorgehoben) nicht verstanden, so schlagen Sie in Kapitel 2 „Die Operatoren im Landesabitur" die Definition für den entsprechenden Operator nach und prägen sie sich ein.
- Liegen Ihre Schwierigkeiten im methodischen oder inhaltlichen Bereich, so finden Sie in der Spalte Förderung im Selbstdiagnosebogen Stichworte und Verweise zu Kapitel 4 (Basiswissen) oder Kapitel 5 (Überprüfung der Methoden- und Kommunikationskompetenz). Dort arbeiten Sie dann die entsprechenden Abschnitte durch, um so Ihre Lücken zu füllen.

Vor allem das Kapitel 5 sollten Sie am Ende ganz durchgearbeitet haben, weil Sie hier wertvolle Tipps erhalten.

Erwartete Kompetenzen

Das Kerncurriculum Biologie für die gymnasiale Oberstufe in Hessen (gültig erstmalig für das Abitur 2019) formuliert sowohl überfachliche als auch fachliche Kompetenzen als Bildungsziele.
Zu den **überfachlichen Kompetenzen** gehören soziale Kompetenzen (sich verständigen und kooperieren), Sprachkompetenzen (Verwenden der Fachsprache), wissenschaftspropädeutische Kompetenzen (fachliches Wissen nutzen, argumentieren, zitieren) oder Kompetenzen für wertebewusste Haltungen (ethische Normen oder religiöse Werte kennen und reflektieren). Nur in der Verknüpfung mit personalen und sozialen Kompetenzen kann sich fachliche Qualifikation angemessen entfalten, sie ist daher Voraussetzung für Studium und Berufsausbildung und damit auch für Abiturprüfungen.
Basierend auf den Vorgaben der Einheitlichen Prüfungsanforderungen in der Abiturprüfung (EPA) und dem Beschluss der KMK zu den Bildungsstandards für die Allgemeine Hochschulreife (2004) werden die **fachlichen Kompetenzen** in vier weitere Kompetenzbereiche unterteilt (siehe unten). Zusammen mit den inhaltlichen Vorgaben des Kerncurriculums (KCGO, siehe Kapitel 3) und den Anforderungsbereichen (siehe Kapitel 2) bilden die fachlichen Kompetenzen die verbindliche Grundlage für die Prüfungen im Rahmen des Landesabiturs. Dieses dreidimensionale Kompetenzmodell, bestehend aus Inhalten, Kompetenzbereichen und Anforderungsbereichen, sollte Grundlage aller durch Lehrkräfte gestellten Aufgaben in der Qualifikationsphase sein. Daher ist es sinnvoll, sich mit dem Kompetenzmodell auseinanderzusetzen, um sich bestmöglich auf die Abiturprüfung im Fach Biologie vorzubereiten.
Die fachspezifischen Inhalte sind durch die Themen der Kurshalbjahre festgelegt, die ihrerseits in Themenfelder gegliedert sind. Sie orientieren sich an **Basiskonzepten**,

die übergeordnete Regeln oder Erklärungsmuster beschreiben, um vielfältige biologische Sachverhalte sinnvoll in größere Zusammenhänge einordnen zu können. Es werden folgende Basiskonzepte unterschieden (gemäß EPA, KMK, 2004): Struktur und Funktion, Reproduktion, Kompartimentierung, Steuerung und Regelung, Stoff- und Energieumwandlung, Information und Kommunikation, Variabilität und Angepasstheit, Geschichte und Verwandtschaft. Die den Kurshalbjahren zugeordneten und für das Landesabitur verbindlichen Themenfelder sind in Kapitel 3 aufgeführt.
Die Anforderungsbereiche weisen den kognitiven Anspruch an kompetenzbezogene Tätigkeiten aus und können Kapitel 2 entnommen werden.

Die **fachlichen Kompetenzen** beschreiben die wesentlichen Bereiche biologischen Arbeitens und Reflektierens und werden in vier Bereiche (F, E, K, B) untergliedert. Für diese vier Kompetenzbereiche werden abschlussbezogene Bildungsstandards, differenziert nach Grund- und Leistungskursen, formuliert. Sie weisen die Erwartungen an das fachbezogene Können der Lernenden am Ende der gymnasialen Oberstufe aus und zielen auf kritische Reflexionsfähigkeit sowie den Transfer oder den Nutzen von Wissen für die Bewältigung persönlicher und gesellschaftlicher Herausforderungen.

F – Erarbeitung und Anwendung fachlicher Kenntnisse

- F 1: Sie erarbeiten fachliches Wissen und stellen es anhand der Basiskonzepte dar, strukturieren es und ordnen es in größere Zusammenhänge ein. Lebende Systeme werden in ihren Elementen, Systemebenen, Wechselwirkungen und in ihrer Geschichte erfasst, beschrieben und erläutert. Sie erläutern etwa den Zusammenhang zwischen Struktur und Funktion von Blättern sukkulenter Pflanzen.
- F 2: Unter Einbeziehung biologischer Definitionen, Regeln, Gesetzmäßigkeiten und Theorien entwickeln Sie problembezogene Lösungsstrategien und erklären biologische Phänomene und Sachzusammenhänge. Sie erklären etwa, welche Folgen ein Einstrom von Natriumionen in Nervenzellen hat.

E – Erkenntnisgewinnung und Fachmethoden

- E 1: Sie planen biologische Untersuchungen (Experimente), führen sie praktisch durch, werten sie aus und interpretieren die Ergebnisse.
- E 2: Sie erarbeiten biologische Modelle und wenden sie in ihren Gültigkeitsbereichen an.
- E 3: Sie reflektieren den Prozess biologischer Erkenntnisgewinnung und charakterisieren die Biologie als wissenschaftliche Disziplin.

K – Kommunikation in biologischen Zusammenhängen

- K 1: Sie beschaffen und nutzen Informationen zu biologischen Zusammenhängen aus geeigneten Quellen (einschließlich englischsprachiger Materialien).
- K 2: Sie dokumentieren und präsentieren biologiebezogene Sachverhalte.
- K 3: Sie kommunizieren und argumentieren fachlich mit Belegen, Begründungen und Schlussfolgerungen.

B – Bewertung und Reflexion

- B 1: Sie beurteilen und bewerten fachbezogene Sachverhalte in biologischen Zusammenhängen sachgerecht, etwa Anwendungsmöglichkeiten biologischer Erkenntnisse im Bereich der Gesundheit, der Biotechnik oder der Umwelt.
- B 2: Sie reflektieren biologiebezogene Sachverhalte unter Berücksichtigung persönlicher, gesellschaftlicher und ethischer Aspekte und unterscheiden zwischen biologischer Sachebene und Werteebene bzw. normativen Aussagen.

Für naturwissenschaftliches Arbeiten werden grundsätzlich mehrere Kompetenzen im Verbund benötigt. Daher ist neben der Aneignung des Fachwissens anhand der Inhalte als solide Grundlage das Einüben der Kompetenzen ein ganz wichtiger Baustein der Abiturvorbereitung. So werden Sie vielleicht nicht die Proteinbiosynthese in allen Einzelheiten beschreiben müssen, sondern etwa eine Aufgabe lösen, in denen Ihr Fachwissen Ihnen hilft zu erklären, warum Antibiotika eine bestimmte Wirkung auf einen prokaryotischen Organismus haben. Ohne Fachwissen ist diese Aufgabe nicht zu lösen, ohne Vernetzung der Grundlagen, genaue Analyse der Materialien und gute Hypothesenbildung ebenfalls nicht. *Finale* bereitet Sie genau darauf vor: Komprimiertes Fachwissen wird verzahnt mit einem durchdachten Methodentraining im Hinblick auf die geforderten Kompetenzen.
In Kapitel 5 finden Sie vor allem für die zentralen Bereiche der Methoden- und Kommunikationskompetenz Übungen und zahlreiche Tipps, wie Sie möglichst viele Punkte im Abitur erreichen können. Die Übungsaufgaben in Kapitel 6 erfordern die Verknüpfung verschiedener Kompetenzen. Anhand der Selbstdiagnosebögen können Sie Ihre Fähigkeiten überprüfen. Die Übungsaufgaben geben in etwa das Format von Abituraufgaben wieder.

Umgang mit dem Selbstdiagnosebogen

Am Ende jeder Übungsaufgabe finden Sie einen Selbstdiagnosebogen. Dieser Bogen hilft Ihnen, Ihre ganz persönlichen Stärken und Schwächen zu identifizieren, um sich so zielgerichtet und effizient auf das Landesabitur im Fach Biologie vorbereiten zu können. Neben dem Wissen, in welchen Bereichen Sie besonders stark sind, ist es wichtig herauszufinden, ob und warum Sie einzelne Aufgaben nur teilweise gelöst haben. Liegt es eher daran, dass Ihnen das Fachwissen fehlt, dann lesen Sie die entsprechenden Abschnitte in Kapitel 4 (Basiswissen) oder Ihrem Biologiebuch nach. Vielleicht erkennen Sie aber auch, dass Sie bei der Lösung einer Aufgabe Schwierigkeiten im methodischen Bereich hatten. In diesem Fall hilft Ihnen das Kapitel 5 (Überprüfung der Methodenkompetenz), Ihre Fähigkeiten auszubauen. Wo auch immer Ihr Förderbedarf liegt, mit dem Selbstdiagnosebogen finden Sie es heraus. Die folgende Abbildung zeigt einen Ausschnitt des Selbstdiagnosebogens einer Aufgabe zur Aga-Kröte (vgl. Aufgabe 7) als neu eingeführte Art in Australien:

Auszug aus einem Selbstdiagnosebogen

Aufgabe Nr.	Kernkompetenzen	AFB	Punkte	erreicht	Förderung
1	Beschreiben eines Nahrungsnetzes Einordnung der Organismen in die verschiedenen Trophieebenen	I II	7 7		strukturierte Beschreibung einfacher Nahrungsnetze Konzept der Trophieebenen und Aufbau von Ökosystemen

Nachdem Sie die Übungsaufgaben in Kapitel 6 gelöst haben, vergleichen Sie Ihre Ausführungen mit der Musterlösung. Sie können direkt in die fünfte Spalte im Diagnosebogen Ihre erreichte Punktzahl eintragen. In der zweiten Spalte finden Sie die Kernkompetenz der entsprechenden Aufgabe. Die Aufgaben sind noch einmal in kleinere Bausteine zerlegt, sodass für Sie erkennbar ist, welche Kernkompetenzen zur Lösung der gesamten Aufgabe nachgewiesen werden müssen. Anhand der Kernkompetenzen können Sie auch nachvollziehen, ob die Aufgabe eher einen fachwissenschaftlichen oder einen methodischen Schwerpunkt hat. In der dritten Spalte des Diagnosebogens sehen Sie, welchem Anforderungsbereich die Lösung der Teilaufgaben zugeordnet werden kann; in der vierten Spalte finden Sie die Punkte, die für die korrekte Lösung einer Teilaufgabe erreicht werden können. Nachdem Sie die Punkte, die Sie in den verschiedenen Teilaufgaben gesammelt haben, in die fünfte Spalte des Diagnosebogens eingetragen haben, können Sie Ihre Stärken und Schwächen analysieren und damit beginnen, ausgehend von Ihren Stärken, die Lücken systematisch aufzuarbeiten.

Haben Sie zum Beispiel in der ersten Aufgabe 7 Punkte für die strukturierte Beschreibung des Nahrungsnetzes bekommen, so können Sie daraus Folgendes in Bezug auf Fördermöglichkeiten ableiten: Sie beherrschen bereits die Kompetenz, einfache grafische Darstellungen zu beschreiben. Im zweiten Teil der Aufgabe wird im Bereich des Fachwissens gefordert, Kenntnisse über die verschiedenen Trophieebenen und den Aufbau von Ökosystemen nachzuweisen. Auf methodischer Ebene müssen Sie diese Kenntnisse in die Beschreibung des Nahrungsnetzes einflechten. Falls Sie Schwierigkeiten mit dem zweiten Teil dieser Aufgabe hatten, sollten Sie zunächst für sich klären, ob Sie die Aufgabe mit dem nötigen Fachwissen hätten lösen können oder ob es noch methodische Schwierigkeiten bei der Verbindung der Beschreibung eines Schemas (Nahrungsnetz der Aga-Kröte) und Fachwissen (Trophieebenen und Aufbau von Ökosystemen) gibt. Um methodische Defizite gezielt aufzuarbeiten, empfiehlt es sich, Kapitel 5 (Methoden) dieses Buches durchzuarbeiten. Sind die Lücken eher auf der fachwissenschaftlichen Ebene zu finden, arbeiten Sie die entsprechenden Abschnitte in Kapitel 4 (Basiswissen) dieses Abi-Trainers (mithilfe der Angabe der Seitenverweise) oder Ihres Biologiebuchs durch. Anschließend suchen Sie sich mithilfe der Aufgabenstellungen oder Selbstdiagnosebögen Aufgaben heraus, mit deren Hilfe Sie Ihre neu erworbenen Kompetenzen unter Beweis stellen können. Durch die Analyse Ihrer ganz persönlichen Stärken und Schwächen können Sie sich viel effizienter auf die Abiturprüfungen vorbereiten.

2 Operatoren und Anforderungsbereiche

Operatoren im Landesabitur

In den Klausuren der Oberstufe werden in Anlehnung an die einheitlichen Prüfungsanforderungen für das Abitur definierte Arbeitsvorschriften, sogenannte Operatoren, verwendet. Dadurch werden Sie schon in der Qualifikationsphase mit diesen Operatoren vertraut und somit auf das Abitur vorbereitet. Indem ihre Bedeutung während des Unterrichts an verschiedenen Beispielen geübt wird, können Fehldeutungen von Aufgabenstellungen im Landesabitur vermieden werden. So erfolgen Bewertung und Beurteilung objektiv, gerecht und landesweit vergleichbar.
Bei der Formulierung der Arbeitsanweisungen von Prüfungsaufgaben werden (fast) ausschließlich die folgenden festgelegten Operatoren benutzt, die Ihnen in dieser Übersicht in Erinnerung gerufen werden. Hinweise auf die Verwendung in Übungsaufgaben finden Sie in der Tabelle. Diese Operatoren sind oft nicht nur in einem Anforderungsbereich zu finden, denn eine scharfe Trennung dieser Bereiche ist nicht immer möglich. Je nach Kontext und Schwierigkeitsgrad der Aufgabe kann ein Operator also durchaus auch zwei Anforderungsbereichen zugeordnet sein. Eine Definition der Anforderungsbereiche (AFB I – III) erfolgt im Anschluss an die Tabelle.

Operatoren	AFB	Definition	Beispiel	Verweise (S.)
analysieren	II–III	eine konkrete Materialgrundlage untersuchen, einzelne Elemente identifizieren, Beziehungen zwischen Elementen erfassen und zusammenhängend darstellen	Analysieren Sie den vorliegenden Stammbaum hinsichtlich des zugrunde liegenden Erbgangs.	144, 157, 184
angeben / nennen	I	Sachverhalte, Begriffe oder Daten ohne Erläuterungen, Begründungen und Lösungswege aufzählen	Geben Sie die an der Verdauung beteiligten Enzyme an.	110, 125, 152,
anwenden	II	einen bekannten Sachverhalt, eine bekannte Methode auf eine neue Problemstellung beziehen	Wenden Sie die RGT-Regel auf das vorliegende Beispiel an.	171
auswerten	II	Daten, Einzelergebnisse oder sonstige Sachverhalte zu einer abschließenden Gesamtaussage zusammenführen	Werten Sie die Daten der Verhaltensbeobachtung hinsichtlich der zugrunde liegenden Lernform aus.	104, 125

Operatoren	AFB	Definition	Beispiel	Verweise (S.)
begründen	II–III	einen Sachverhalt oder eine Aussage argumentativ auf Gesetzmäßigkeiten oder kausale Zusammenhänge zurückführen	Nikotin ist eine Droge. Begründen Sie diese Aussage unter Einbeziehung des vorliegenden Materials.	110, 117, 171
berechnen	I–II	durch Rechenoperationen zu einem Ergebnis gelangen und die Rechenschritte dokumentieren	Berechnen Sie die Entwicklung der Population anhand der vorgegebenen Geburts- und Sterberate.	98, 110, 164
beschreiben	I–II	Aussagen, Sachverhalte, Strukturen o. Ä. in eigenen Worten strukturiert und fachsprachlich wiedergeben	Beschreiben Sie die Translation bei Prokaryoten.	98, 110, 117, 125, 152, 157, 171, 178, 184
beschriften / benennen	I–II	Elemente, Sachverhalte, Begriffe oder Daten mit einer kennzeichnenden Aufschrift, Nummer oder Namensangabe versehen	Beschriften Sie die dargestellten Strukturen einer Synapse.	117, 164
bestimmen / ermitteln	II	einen Zusammenhang oder einen möglichen Lösungsweg aufzeigen und das Ergebnis formulieren	Bestimmen Sie die Genotypen im vorliegenden Stammbaum.	98
beurteilen	III	zu einem Sachverhalt oder einer Aussage unter Verwendung von Fachwissen und Fachmethoden eine begründete Einschätzung geben	Beurteilen Sie die Aussage: „Die zweite Reduktionsteilung ist eine Mitose."	99, 104, 110, 178
darstellen	II	Sachverhalte o. Ä. strukturiert fachsprachlich oder grafisch wiedergeben und Bezüge sowie Zusammenhänge aufzeigen	Stellen Sie den Zusammenhang zwischen Synapsenprozessen und Lernvorgängen mit Hilfe des vorliegenden Materials dar.	104, 135, 157, 164
deuten	II–III	Phänomene, Strukturen, Sachverhalte oder Ergebnisse auf Erklärungsmöglichkeiten untersuchen und diese gegeneinander abwägen und auf das ursprüngliche Problem beziehen	Deuten Sie die Ergebnisse der Experimente zur Transpiration unter ökologischen Gesichtspunkten.	157, 184

Operatoren	AFB	Definition	Beispiel	Verweise (S.)
diskutieren / erörtern	III	zu einer Aussage, Problemstellung oder These eine Argumentation entwickeln, die zu einer begründeten Bewertung führt	Diskutieren Sie, inwieweit die dargestellten Vorgänge an Synapsen neurobiologische Erklärungsansätze zur Gedächtnisbildung enthalten.	135, 152, 157, 164,
entscheiden	II	bei Alternativen sich begründet und eindeutig auf eine Möglichkeit festlegen	Entscheiden Sie, welche der Ihnen bekannten Mutationsformen zu der veränderten Proteinstruktur führt.	171
entwerfen	II	Herstellen und Gestalten eines Systems von Elementen unter vorgegebener Zielsetzung	Entwerfen Sie ein Nahrungsnetz für das vorliegende Ökosystem.	104, 117
entwickeln	II–III	Sachverhalte und Methoden zielgerichtet in einen Zusammenhang bringen; eine Hypothese, eine Skizze oder ein Modell weiterführen und ausbauen	Entwickeln Sie aus den genannten Fragen und Vermutungen eine Hypothese zur Besiedlung Neuseelands durch Fledermäuse.	110, 117, 144, 152, 157, 171, 184
erklären	II–III	Sachverhalte o. Ä. unter Verwendung der Fachsprache auf fachliche Grundprinzipien oder kausale Zusammenhänge zurückführen	Erklären Sie das Zustandekommen der Artenarmut in dem Ökosystem.	99, 110, 117, 152, 171, 178, 184
erläutern	II	Sachverhalte o. Ä. so darlegen und veranschaulichen, dass sie verständlich werden	Erläutern Sie die Ergebnisse des Experimentes.	99, 104, 125, 135, 144, 152, 164, 171, 178, 184
herleiten	II-III	Einen Sachverhalt oder ein Ergebnis aus gegebenen Daten oder Gesetzmäßikeiten entwickeln.	Leiten Sie die sich aus den abiotischen Faktoren des Hochgebirges ergenenden Auswirkungen auf Hochgebirgspflanzen her.	93
formulieren	II	eine Fragestellung, eine Strukturformel, eine Reaktionsgleichung oder einen Reaktionsmechanismus notieren	Formulieren Sie die Reaktionsgleichung der Fotosynthese bei Purpurbakterien.	164

Operatoren	AFB	Definition	Beispiel	Verweise (S.)
ordnen / einordnen / zuordnen	II	Sachverhalte begründet in einen genannten Zusammenhang stellen	Ordnen sie die Darwinfinken ihren unterschiedlichen ökologischen Nischen zu.	125
prüfen	II–III	Sachverhalte, Aussagen oder Ergebnisse an Gesetzmäßigkeiten messen, verifizieren oder Widersprüche aufdecken	Prüfen Sie, inwieweit die In-vitro-Versuche auf die Vorgänge im lebenden Organismus übertragbar sind.	152
skizzieren	I–II	eine grafische Darstellung so anfertigen, dass die wesentlichen Eigenschaften deutlich werden	Skizzieren Sie den Aufbau einer Synapse.	178
Stellung nehmen	III	zu einem Sachverhalt oder einer Aussage unter Verwendung von Fachwissen und Fachmethoden eine begründete Einschätzung geben und die eigenen Maßstäbe darlegen und begründen	Nehmen Sie Stellung zu der Aussage: „Flurbereinigung hat vielerorts die Landschaft positiv verändert."	144, 178,
untersuchen	II–III	Sachverhalte unter bestimmten Aspekten betrachten	Untersuchen Sie, welche biotischen und abiotischen Faktoren die ökologische Nische der Steinlaus bestimmen.	110
vergleichen / gegenüberstellen	II–III	nach vorgegebenen oder selbst gewählten Gesichtspunkten Gemeinsamkeiten, Ähnlichkeiten und Unterschiede ermitteln und darstellen	Vergleichen Sie die Wirkung der beiden Neurotransmitter ACh und GABA.	125, 164, 171, 178
zeichnen	I–II	eine hinreichend exakte grafische Darstellung anfertigen	Zeichnen Sie einen Blattquerschnitt.	99, 125
zeigen / bestätigen	II–III	einen Sachverhalt oder eine Behauptung unter Verwendung gültiger Schlussregeln oder Berechnungen auf bekannte, gültige Aussagen zurückführen	Bestätigen Sie unter Einbeziehung des Materials eine der beiden vorgegebenen Hypothesen zur Erregungsleitung.	171
zusammenfassen	I–II	das Wesentliche in strukturierter und komprimierter Form unter Verwendung der Fachsprache herausstellen	Fassen Sie die abiotischen Faktoren zusammen, die sich aus der Standortbeschreibung ergeben.	152, 178,

Die Operatoren „abschätzen", „beweisen", „herleiten", „implementieren", „modellieren" und „überführen", die in den anderen Fächern aus dem Fachbereich III zusätzlich verwendet werden (seit 2013 gibt es eine gemeinsame, vereinheitlichte Operatorenliste), kommen in der Biologie nicht oder nur sehr selten vor.

Anforderungsbereiche

Die Anforderungsbereiche werden in den Prüfungen des Landesabiturs etwa in folgender Weise gewichtet:

Leistungskurs:	AFB I 30 %,	AFB II 50 %,	AFB III 20 %.
Grundkurs:	AFB I 30 %,	AFB II 50 %,	AFB III 20 %.

Tipp

Für Leistungen im AFB III erhalten Sie nur 20 % der vorgesehenen Gesamtpunktzahl. Daher sollten Sie sich auch bei einfachen Aufgaben bzw. bei den Anforderungsbereichen I und II Mühe geben. Häufig erhält man schon für einfache Beschreibungen und Textzusammenfassungen relativ viele Punkte.

Der **Anforderungsbereich I** umfasst:

- die Verfügbarkeit von Daten, Fakten, Regeln, Formeln, mathematischen Sätzen usw. aus einem begrenzten Gebiet im gelernten Zusammenhang
- die Beschreibung und Verwendung erlernter Arbeitstechniken und Verfahrensweisen in einem begrenzten Gebiet und in einem wiederholenden Zusammenhang.

Im Fach Biologie gehören z. B. dazu:

- die Reproduktion von Basiswissen (Fakten, Zusammenhänge und Methoden)
- die Nutzung bekannter Methoden und Modellvorstellungen in vergleichbaren Beispielen
- die Entnahme von Informationen aus Fachtexten und das Umsetzen der Informationen in einfache Schemata (z. B. Stammbäume, Flussdiagramme)
- die schriftliche Darstellung von Daten, Tabellen, Diagrammen, Abbildungen mithilfe der Fachsprache
- die Beschreibung makroskopischer und mikroskopischer Beobachtungen
- die Beschreibung und Protokollierung von Experimenten
- das Experimentieren nach Anleitung und die Erstellung mikroskopischer Präparate
- die sachgerechte Benutzung bekannter Software.

Der **Anforderungsbereich II** umfasst:

- selbstständiges Auswählen, Verarbeiten und Darstellen bekannter Sachverhalte unter vorgegebenen Gesichtspunkten in einem bekannten Zusammenhang
- selbstständiges Übertragen des Gelernten auf vergleichbare neuartige Fragestellungen, veränderte Sachzusammenhänge oder abgewandelte Verfahrensweisen.

Im Fach Biologie gehören z. B. dazu (häufig in einem neuen Kontext):

- die Anwendung der Basiskonzepte
- die Übertragung und Anpassung von Modellvorstellungen
- die Darstellung komplexer biologischer Abläufe
- die sachgerechte Nutzung bekannter Daten, Fakten und Methoden
- die gezielte Entnahme von Informationen aus Materialien
- die abstrahierende Darstellung biologischer Phänomene wie die zeichnerische Darstellung und Interpretation eines nicht bekannten mikroskopischen Präparats

- die Anwendung bekannter Experimente und Untersuchungsmethoden
- die Auswertung von unbekannten Untersuchungsergebnissen unter bekannten Aspekten
- die Beurteilung und Bewertung eines bekannten biologischen Sachverhalts
- die Unterscheidung von Alltagsvorstellungen und wissenschaftlichen Erkenntnissen.

Der **Anforderungsbereich III** umfasst:
- planmäßiges und kreatives Bearbeiten von Problemstellungen mit dem Ziel, selbstständig zu Lösungen, Deutungen, Wertungen und Folgerungen zu gelangen
- bewusstes und selbstständiges Auswählen und Anpassen geeigneter erlernter Methoden und Verfahren in neuartigen Situationen.

Im Fach Biologie gehören z. B. dazu:
- die Entwicklung eines eigenständigen Zugangs zu einem biologischen Phänomen, z. B. die Planung eines geeigneten Experimentes oder Gedankenexperimentes
- die Entwicklung materialbezogener Fragestellungen
- die Entwicklung eines komplexen gedanklichen Modells bzw. eigenständige Modifizierung einer bestehenden Modellvorstellung
- die Entwicklung fundierter Hypothesen auf der Basis vorgelegter Materialien
- die Reflexion biologischer Sachverhalte in Bezug auf das Menschenbild
- die materialbezogene Beurteilung und Bewertung biologischer Anwendungen
- die argumentative Entwicklung und Begründung einer eigenen Meinung, z. B. zu Fragen des Naturschutzes bei Straßenbaumaßnahmen oder zur Präimplantationsdiagnostik
- die Argumentation auf der Basis nicht eindeutiger Rohdaten: Aufbereitung der Daten, Fehleranalyse und Herstellung von Zusammenhängen
- die kritische Reflexion biologischer Fachbegriffe vor dem Hintergrund komplexer und widersprüchlicher Informationen und Beobachtungen.

3 Inhaltliche Vorgaben für das Landesabitur

Inhaltliche Vorgaben für die schriftliche Abiturprüfung

Die Inhalte der schriftlichen Abiturprüfungen basieren auf dem Kerncurriculum für die gymnasiale Oberstufe (KCGO) für das Fach Biologie nach Verordnung vom 5. Februar 2016, abrufbar unter https://kultusministerium.hessen.de/schulsystem/bildungs standards-kerncurricula-und-lehrplaene/kerncurricula/gymnasiale-oberstufe-0. Hier werden die verbindlichen inhaltlichen Grundlagen des Unterrichts (Themenfelder) für die Kurshalbjahre formuliert. Für die Abiturprüfungen werden darüber hinaus durch Erlass verbindliche Themenfelder konkretisiert und weitere im KCGO angeführte Themenfelder verbindlich festgelegt. Der Abiturerlass 2019 ist abrufbar unter https://kultusministerium.hessen.de/sites/default/files/media/hkm/abitur erlass_landesabitur_2019.pdf.

Die angegebenen Themenfelder müssen nicht generell umfassend vertieft erarbeitet werden. Das Kerncurriculum gibt den Vertiefungsgrad jeweils an:

- Eine Übersicht ist eine allgemeine, strukturierende tabellarische Zusammenfassung, etwa zu den abiotischen Faktoren in einem Ökosystem und deren Wirkung auf die Lebewesen.
- Ein Schema ist eine komprimierte bildliche Darstellung, etwa das Z-Schema der Fotosynthese als Darstellung der energetischen Zusammenhänge in den Primärreaktionen.
- Ein Prinzip umfasst grundlegende, allgemeine Merkmale, Mechanismen oder Funktionsweisen, etwa die Stoffaufnahme in Verbindung mit Vorgängen der Endocytose.

Grund- und Leistungskurse unterscheiden sich etwa im Anspruch und in der Differenziertheit der verwendeten Fachsprache oder in der Komplexität der ausgewählten Inhalte und Kontexte sowie der Vernetzung der Sachverhalte.

Die Prüfungsaufgaben sind materialgebunden und beziehen sich schwerpunktmäßig auf die nachfolgend aufgeführten Themenfelder und Konkretisierungen des KCGO. Diese werden als grundlegende, vom Prüfling zu reproduzierende Fachinhalte für Grund- und Leistungskurse vorausgesetzt. Sie bieten Ihnen eine verlässliche und realistische Orientierung für die Wiederholung der fachlichen Inhalte vor der Prüfung und sind in diesem Buch gleichzeitig Grundlage für das Basiswissen (S. 21 ff.) sowie für die Übungsaufgaben (S. 98 ff.). Ergänzt sind in blauer Schrift die zu reproduzierenden Fachinhalte des erhöhten Niveaus, die zusätzlich für Leistungskurse gelten.

Einige Inhalte, die Gegenstand des Unterrichts in der Mittelstufe beziehungsweise der Einführungsphase waren, sollten als Grundlage der Themen der Qualifikationsphase wiederholt werden: Mitose, Meiose, Enzyme, Enzymregulation, Katalyse, Membranaufbau, Zellzyklus, Diffusion (& Osmose).

Q 1 Genetik und Gentechnik

Für das Landesabitur 2019 sind die Themenfelder Q 1.1 bis Q 1.3 verbindliche Grundlage für Grundkurs und Leistungskurs.

Q 1.1 Von der DNA zum Protein

- Aufbau und Replikation der DNA: WATSON-CRICK-Modell (Schema), Nukleotide, semikonservative Replikation, kontinuierliche und diskontinuierliche Replikation (Schema)
- Ablauf und Ort der Proteinbiosynthese: Transkription, Struktur und Funktion von mRNA, Processing, Translation bei Prokaryoten, Ribosom, tRNA, genetischer Code einschließlich des Umgangs mit der Code-Sonne
- vier Strukturebenen der Proteine (Schema)
- Bau und Vermehrung von DNA- und RNA-Viren (Prinzip)

Q 1.2 Gene und Gentechnik

- Bau und Vermehrung von Bakterien (Schema)
- Regulation der Genaktivität: Operonmodell / JACOB-MONOD-Modell (Schema) am Beispiel des Lac-Operons
- Genmutationen (Substitution, Deletion, Insertion, Duplikation)
- Evolutionsaspekt: Auswirkungen von Genmutationen auf Phänotyp und Organismus
- genetischer Fingerabdruck (Übersicht): Funktion von Restriktionsenzymen, PCR und Gelelektrophorese
- Neukombination von Genen mit molekulargenetischen Techniken: Einbringen von Fremd-DNA in Wirtszellen (Plasmide als Vektoren), Klonierung
- Regulation der Genaktivität bei Eukaryoten: Transkriptionsfaktoren (Prinzip), epigenetische Modifikation durch DNA-Methylierung (Prinzip)

Q 1.3 Humangenetik

- Erbgänge: monohybrid, autosomal, gonosomal, dominant-rezessiv einschließlich Analyse von Stammbäumen
- Krebs: Mutationen an Proto-Onkogenen und Tumor-Supressorgenen als Ursachen von Krebs

Q 2 Ökologische und stoffwechselphysiologische Zusammenhänge

Für das Landesabitur 2019 sind die Themenfelder Q 2.1 und Q 2.2 sowie Q 2.5 verbindliche Grundlage für Grundkurs und Leistungskurs.

Q 2.1 Strukturierung von Ökosystemen am Beispiel Fließgewässer

- abiotische Faktoren und deren Einfluss (Übersicht): Temperatur, Licht, Wasser, RGT-Regel, Toleranzkurven, physiologische und ökologische Potenz
- Thermoregulation ausgewählter Organismen: Ektothermie und Endothermie
- biotische Faktoren (Übersicht): intra- und interspezifische Konkurrenz, Parasitismus, Symbiose, Räuber-Beute-Beziehung (LOTKA-VOLTERRA-Regeln)
- ökologische Nische
- evolutionsbiologischer Aspekt: Ökofaktoren als Selektionsfaktoren
- Definition: Biotop und Biozönose
- Stoffkreislauf und Trophieebenen am Beispiel des Kohlenstoffkreislaufes: Produzenten, Konsumenten, Destruenten
- Energiefluss: Nahrungsbeziehungen (Nahrungskette, Nahrungsnetz)
- Nachhaltigkeit am Beispiel des Ökosystems Fließgewässer (Prinzip)

Q 2.2 Grundlegende Stoffwechselprozesse: Fotosynthese und Grundlagen der Zellatmung

- Blattaufbau mesophyter Pflanzen, Chloroplast als Ort der Fotosynthese
- Lichtabsorption: Chlorophyll-Absorptionsspektrum
- Primärreaktion/lichtabhängige Reaktionen (Schema): Lichtsammelfalle (Prinzip), Fotolyse, energetisches Modell als Z-Schema ohne zyklische Phosphorylierung, chemiosmotisches Modell (Schema), Protonengradient
- Sekundärreaktion/lichtunabhängige Reaktionen (Schema): Funktion von Rubisco, Funktion von NADPH + H^+ und ATP, vollständige Summengleichung
- Zellatmung: Aufbau von Mitochondrien (Schema), Edukte und Produkte (Übersicht) der vier Teilschritte (Glykolyse, oxidative Decarboxylierung, Citratcyclus und Endoxidation), Summengleichung

Q 2.5 Biodiversität

- anthropogene Einflüsse auf die Artenvielfalt (etwa durch weltweiten Tier- und Pflanzentransfer (Neobiota))
- Arten- und Biotopschutz am Beispiel des Ökosystems Fließgewässer
- Bioindikatoren (Prinzip) an einem Beispiel (Zeigerorganismen)

Q 3 Neurobiologie und Verhaltensbiologie

Für das Landesabitur 2019 sind die Themenfelder Q 3.1 bis Q 3.3 verpflichtende Grundlage für Grundkurs und Leistungskurs.

Q 3.1 Neurobiologie

- Bau und Funktion der Nervenzelle: Ruhepotenzial, Aktionspotenzial, Erregungsleitung, Transmitterwirkung am Beispiel Acetylcholin-führender Synapsen, ligandenabhängige und spannungsabhängige Kanäle, Stoffeinwirkung an Acetylcholin-führenden Synapsen an einem Beispiel (*insbesondere* Curare)
- Verarbeitung des Informationsflusses an Synapsen (EPSP, IPSP, räumliche und zeitliche Summation)

- von der Sinneswahrnehmung über die Erregungsleitung zur Reaktion: Sinnesorgan Auge (Aufbau, Signaltransduktion in der Netzhaut (Schema)), sensorische und motorische Nervenbahnen, Interneurone, neuromuskuläre Synapse
- second-messenger-Vorgänge (Prinzip)

Q 3.2 Verhaltensbiologie

- Attrappenversuche (Prinzip)
- proximate (exogen und endogen) und ultimate (Anpassungswert für die Fitnessmaximierung) Ursachen von Verhalten (Prinzip)
- angeborenes Verhalten: Reflex (Schema), Erbkoordination (Schema)
- endogene Faktoren: Handlungsbereitschaft (physiologisch/humoral)
- exogener Faktor: Schlüsselreiz (angeboren/erworben)
- Lernformen (Übersicht): allgemeine Beschreibung der klassischen Konditionierung, der operanten Konditionierung (einschließlich Lerndisposition), des Nachahmungslernens sowie der Prägung (Nachfolgeprägung)
- Verhaltensökologie (Prinzip): Angepasstheit von Verhalten an ökologische Bedingungen, Kosten-Nutzen-Bilanz
- Soziobiologie (Prinzip): evolutionsbiologische Funktion des sozialen Verhaltens am Beispiel der elterlichen Investition

Q 3.3 Neurologische Erkrankungen

- neurologisch bedingte Erkrankungen des Menschen (Prinzip: insbesondere Alzheimer)
- neurologisch bedingte Erkrankungen des Menschen: differenzierte Betrachtung zellulärer und molekularer Vorgänge an einem Beispiel

4 Basiswissen

Einleitung

Eine Reduktion des biologischen Wissens auf ca. 50 Seiten, wie es im folgenden Kapitel versucht wird, kann nicht die gleiche Vollständigkeit haben wie ein 500-seitiges Schulbuch für die Oberstufe. Das Ziel einer solchen Darstellung komprimierten Wissens kann nur ein „learning for the test“ sein. Das heißt, einige Themen und Kenntnisse, die nicht unbedingt für die Bearbeitung der Abiturvorschläge notwendig sind, auch wenn sie für das Verständnis der Biologie nicht uninteressant sind, werden in dieser komprimierten Form nicht berücksichtigt. Diese Form eines Basiswissens ist auch weniger geeignet, Lücken zu schließen, als eher Lücken aufzuspüren. Die Leser, die das folgende Kapitel Basiswissen verstehen und die hier verwendeten Abbildungen erläutern können, dürfen sicher sein, die wesentlichen Schwerpunkte des für das schriftliche Abitur notwendigen Wissens zu beherrschen. Wer an einigen Stellen Schwierigkeiten hat, sei es, dass der Text nicht verstanden wird oder die Abbildungen nicht erfasst werden, sollte die dort behandelten Themen mithilfe der aktuellen Schulbücher (z. B. dem Linder Gesamtband oder dem in der Reihe Fit fürs Abi von Uhlenbrock/Walory im Schroedel-Verlag erschienenen Band Biologie-Wissen) versuchen, diese Lücken zu schließen und anschließend den Erfolg wieder mithilfe des hier vorliegenden Basiswissens zu überprüfen.

Und jetzt viel Spaß bei der Überprüfung Ihres Wissens.

Genetik

Vorbemerkungen

Die Genetik wird häufig traditionell in zwei Teilbereiche gegliedert:

1. Die Klassische Genetik, in der auf der Basis von Beobachtungen und gezielten Kreuzungsexperimenten Regelmäßigkeiten bei der Vererbung von Merkmalen aufgedeckt und für Vorhersagen des Auftretens dieser Merkmale genutzt werden, geht i. d. R. vom Phänotyp aus. Im Landesabitur spielt sie meist nur noch bei der Analyse von Familienstammbäumen mit dem Ziel einer humangenetischen Beratung eine Rolle.
2. Die Molekulargenetik, die den molekularen Aufbau der an der Vererbung beteiligten Stoffe und deren Wirkungsabläufe zum Thema hat, geht i. d. R. vom Genotyp aus. Die Molekulargenetik bildet im Landesabitur Hessen den Schwerpunkt im Bereich Genetik.

Aspekte der Cytogenetik mit humanbiologischem Bezug

Familienstammbaumanalyse und Erbgänge in der humangenetischen Beratung (vgl. Aufg. 3)

In der humangenetischen Beratung zielen Erstellung und Analyse von Familienstammbäumen meistens darauf, eine Prognose für das Auftreten einer Krankheit oder eines bestimmten krankhaft veränderten Merkmals bei der ratsuchenden Person und deren Kindern abzugeben. Die erstellten Stammbäume orientieren sich häufig nur am Phänotyp, weil die Genotypen für Familienmitglieder aus vorangegangenen Generationen meist nicht mehr bekannt oder zu ermitteln sind. Um auf der Basis eines Familienstammbaumes den Erbgang eines krankhaft veränderten Merkmals zu ermitteln, muss gezielt nach aussagekräftigen Konstellationen im Stammbaum gesucht werden (S. 90). Die Erbgänge folgen meist den MENDELschen Regeln. Der Genotyp von Ratsuchenden wird häufig über molekulargenetische Verfahren abgeklärt. Auch kann aufgrund von Kenntnissen über die Erblichkeit einer bestimmten Erkrankung ein Stammbaum incl. des Genotyps erstellt werden.

Molekulare Grundlagen der Vererbung und Entwicklungssteuerung

a. Aufbau der DNA (vgl. Aufg. 1, 2, 5)

Grundbausteine der DNA sind Nukleotide. Sie bestehen jeweils aus Phosphorsäure, Desoxyribose und einer organischen Base (Adenin, Thymin, Guanin oder Cytosin). Über die Phosphorsäure am C_5-Atom der Ribose wird ein Nukleotid unter Verbrauch von ATP jeweils mit dem C_3-Atom der Ribose des nächsten Nukleotids zu einem Strang verbunden. Dabei ist die Reihenfolge der Basen frei kombinierbar. Eine weitere Verbindung erfolgt über Wasserstoffbrücken zwischen den Basen komplementärer Nukleotidstränge, wobei sich Adenin mit Thymin (zwei H-Brücken) sowie Guanin mit Cytosin (drei H-Brücken) komplementär paaren. Diese beiden gegenläufigen/antiparallelen (5'→3', 3'→5') Nukleotidstränge sind zur α-Doppel-Helix verdreht.
Bei Eukaryoten wird die DNA verpackt: So können sich nach der Synthese der DNA an die Basen, insbesondere an Cytosin, Methylgruppen anlagern (Methylierung). Dadurch wird die DNA nach außen hin geschützt. Außerdem wird die Doppelhelix um Histone aufgewickelt zu einer Nukleosomenkette, die sich weiter zu Chromosomen aufspiralisiert.

b. Aufbau und Struktur von Proteinen (vgl. Aufg. 2)

Grundbausteine der Proteine sind die 20 verschiedenen Aminosäuren, die alle die gleiche Grundstruktur besitzen und sich nur durch den sogenannten Rest unterscheiden. Dieser variiert in den chemischen Eigenschaften durch Struktur, elektrische Ladung oder Größe. Aminosäuren können unter Wasserabspaltung Peptidbindungen ausbilden und sich so zu Peptiden verknüpfen. Dabei reagiert die Carboxylgruppe der einen Aminosäure mit der Aminogruppe der folgenden Aminosäure. Werden weitere Aminosäuren angehängt, entsteht eine Kette mit einer bestimmten Reihenfolge der

Aminosäuren (Aminosäurensequenz). Man spricht hier von der **Primärstruktur** eines Proteins. Sie ist für jedes Protein typisch und spezifisch. Entsprechend der Anzahl der verbundenen Aminosäuren unterscheidet man Di-, Tri-, Oligo- oder Polypeptide. Die **Sekundärstruktur** kommt durch Spiralisierung (α-Helix) oder Faltung (ß-Faltblatt) zustande, wobei Wasserstoffbrücken zwischen den polaren Gruppen der Peptidbindungen (N–H···O=C) diese Organisationsstufe aufrechterhalten. Eine weitere höhere räumliche Struktur, die **Tertiärstruktur**, wird neben den Sekundärelementen durch verschiedene Bindungsarten zwischen den Aminosäureresten stabilisiert: VAN-DER-WALS-Kräfte, Wasserstoffbrücken zwischen polaren Resten, Ionenbindungen oder kovalente Disulfidbrücken. Die daraus resultierende Konformation ist für jedes Protein einmalig und für seine spezifischen Eigenschaften verantwortlich. Viele Proteine in der Tertiärform sind wiederum miteinander verknüpft zu einer **Quartärstruktur**. Dazu gehört z. B. das Hämoglobin, das aus vier Proteinen in Tertiärform besteht, wobei je zwei gleich sind.
Bei der **Denaturierung** eines Proteins durch Säuren oder Hitze wird die räumliche Struktur zerstört. Dabei werden z. B. Wasserstoff- und sogar Disulfidbrücken, nicht aber Peptidbindungen gespalten, sodass zwar die Primärstruktur erhalten bleibt, die Funktion des Proteins jedoch verloren geht.

Eine besondere Gruppe der Proteine stellen die **Enzyme** dar. Enzyme sind Biokatalysatoren, die durch Herabsetzen der Aktivierungsenergie biochemische Reaktionen ermöglichen oder beschleunigen, ohne sich selbst zu verändern. Enzyme zeichnen sich durch das aktive Zentrum aus, eine Region des Proteins, die gekennzeichnet ist durch eine bestimmte Form und Größe und ein besonderes Ladungsmuster der beteiligten Aminosäurereste. An dieser Stelle kann nur ein entsprechend gebautes Substrat binden (Substratspezifität), das auch nur auf eine spezifische Weise umgesetzt werden kann (Wirkungsspezifität). Daher ist das aktive Zentrum auch das katalytische Zentrum. Die Aktivität eines Enzyms ist abhängig von der Temperatur und vom pH-Wert. Sie kann durch eine Veränderung der Substratkonzentration oder durch eine Hemmung reguliert werden. Bei der kompetitiven Hemmung konkurrieren das Substrat und ein ähnlich gebauter Hemmstoff um das aktive Zentrum des Enzyms. Ist die Konzentration des Hemmstoffs höher als die des Substrats, besetzt der Hemmstoff das aktive Zentrum schneller. Eine Erhöhung der Substratkonzentration führt zur Verdrängung des Hemmstoffs. Bei der nicht-kompetitiven Hemmung lagert sich außerhalb des aktiven Zentrums ein Stoff an, der die Tertiärstruktur des Enzyms so verändert, dass es nicht mehr arbeiten kann.

c. Replikation

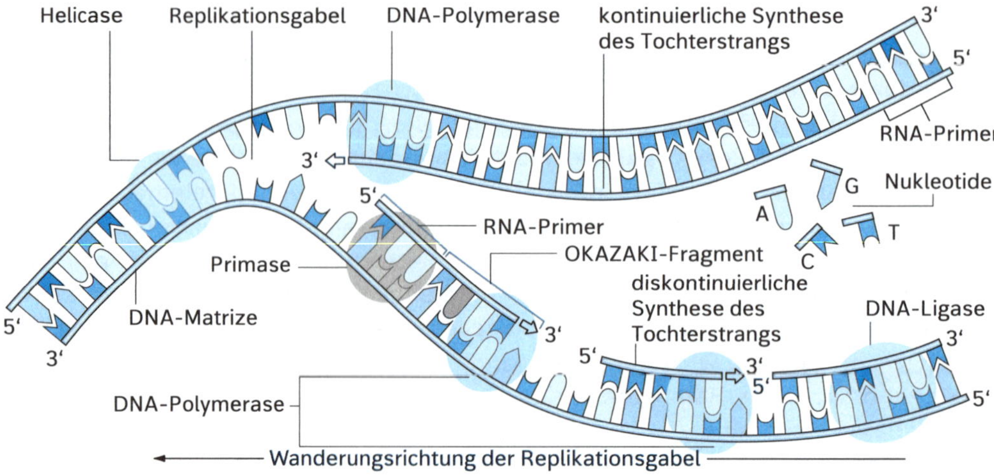

Schema der DNA-Replikation

Bei der Replikation/Verdopplung der DNA wird zunächst der Doppelstrang durch eine Helicase geöffnet. Dann werden durch eine Primase RNA-Primer (Starter) an den Einzelsträngen synthetisiert. Erst anschließend kann eine DNA-Polymerase DNA-Nukleotide, die aus dem Cytoplasma stammen und die sich komplementär an den Elternstrang anlagern, zu einem neuen Strang verbinden. Somit enthält jeder neue Doppelstrang einen elterlichen Strang und einen neu synthetisierten Strang (semikonservative Replikation). Da die Synthese des neuen Einzelstrangs nur in 5'→3' Richtung möglich ist, kann nur einer der Einzelstränge kontinuierlich gebildet werden, die Synthese des anderen muss diskontinuierlich erfolgen. Die so entstehenden Teilstücke werden OKAZAKI-Fragmente genannt und durch das Enzym Ligase zusammengefügt. Bei Eukaryoten wird direkt nach der Replikation das Methylierungsmuster des Elternstrangs auf den Tochterstrang kopiert.

d. Proteinbiosynthese (vgl. Aufg. 2, 3)

Die Umsetzung der Information der DNA in Lebensvorgänge steuernde Proteine (z. B. Enzyme, Carrier, Tunnelproteine, Myofibrillen) wird **Proteinbiosynthese** oder Genexpression genannt. Sie erfolgt in zwei wesentlichen Schritten, der Transkription, dem Überschreiben der Information von der DNA in die mRNA, und der Translation, der „Übersetzung" der mRNA-Information gemäß dem genetischen Code in die entsprechende Aminosäuresequenz. Das so entstehende Polypeptid faltet sich dann (mithilfe von Faltungsproteinen) zu seiner räumlichen Struktur und wird somit zu einem funktionsfähigen Protein. Die Proteinbiosynthese läuft bei den Prokaryoten (Lebewesen mit Zellen ohne Zellkern, z. B. Bakterien) einfacher ab als bei den Eukaryoten (Lebewesen, deren Zellen einen Zellkern besitzen).

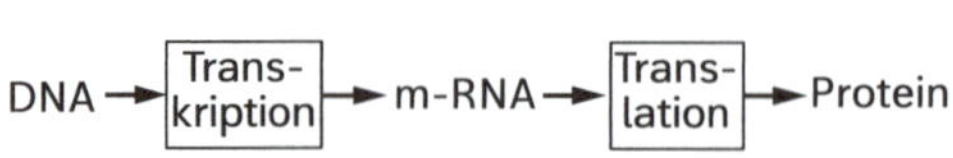

Schematische Darstellung der Proteinbiosynthese bei Prokaryoten

Transkription

Die RNA-Polymerase bindet an einer spezifischen DNA-Sequenz, dem Promotor, öffnet den Doppelstrang blasenartig und verbindet am Matrizenstrang (=codogenen Strang, 3′→5′-Richtung) die zu diesem Strang komplementären RNA-Nukleotide in 5′→3′-Richtung zu einem RNA-Strang. Am Terminator löst sich die neu gebildete mRNA von der DNA und wandert zu den Ribosomen. Der neu gebildete mRNA-Strang entspricht in seiner Nukleotidfolge (5′→3′-Richtung) der Basensequenz des nicht-codogenen DNA-Stranges, wobei T gegen U ausgetauscht wird.

Die **DNA der Eukaryoten** kann nur an den „aktiven" Stellen, die nicht durch Methylgruppen geschützt sind, abgelesen werden. Im Vergleich zu Prokaryoten erfolgt bei Eukaryoten zusätzlich noch im Zellkern die Reifung/Prozessierung der mRNA: die Ergänzung der prä-mRNA durch eine cap-Sequenz und einen Poly-A-Schwanz sowie das Spleißen.

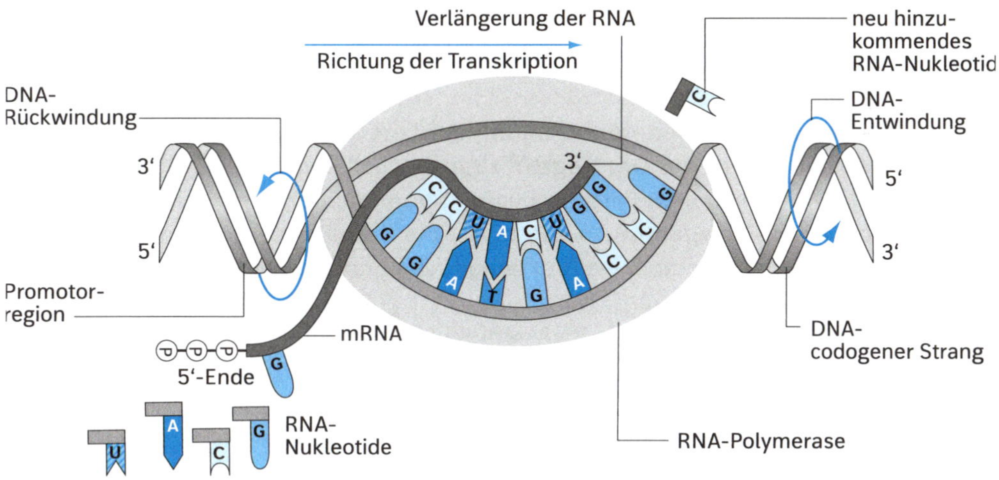

Transkription

Die **DNA der Eukaryoten** enthält in einem Gen viel mehr Nukleotide, als für die Codierung eines Proteins notwendig wären, d. h. neben der Information zur Realisierung eines Proteinmoleküls in den codierenden Abschnitten (Exons) gibt es zusätzlich eine Reihe von nicht codierenden Abschnitten (Introns). In dem Prozess des Spleißens der prä-mRNA werden die Introns herausgeschnitten. Folglich verlassen nur die Exons als reife mRNA den Zellkern. Weil beim Spleißen nicht immer dieselben Abschnitte herausgeschnitten werden, können bei Eukaryoten unterschiedliche Proteine vom gleichen DNA-Abschnitt gebildet werden (Mosaikgene, alternatives Spleißen).

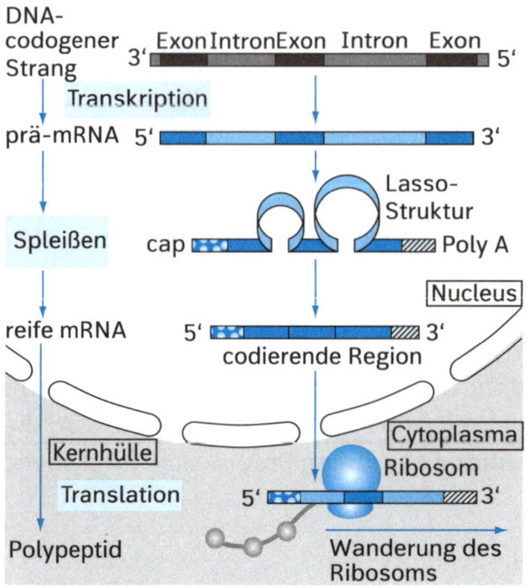

Proteinsynthese bei Eukaryoten

Aufgrund der ständigen Weiterentwicklung der Forschung und immer speziellerer Erkenntnisse ändert sich der **Genbegriff**. Ursprünglich hieß es: „Ein Gen codiert ein Merkmal", dann: „Ein Gen codiert ein Enzym", und noch differenzierter formuliert: „Ein Gen codiert ein Polypeptid". Heute lautet die Definition: „Ein Gen ist ein DNA-Abschnitt, der für ein oder mehrere funktionelle Zellprodukte codiert, er ist verknüpft mit regulatorischen Bereichen". Kurz formuliert gilt auch: „Ein Gen ist ein DNA-Abschnitt, der zur Synthese eines RNA-Moleküls benötigt wird."

Translation (vgl. Aufg. 2)

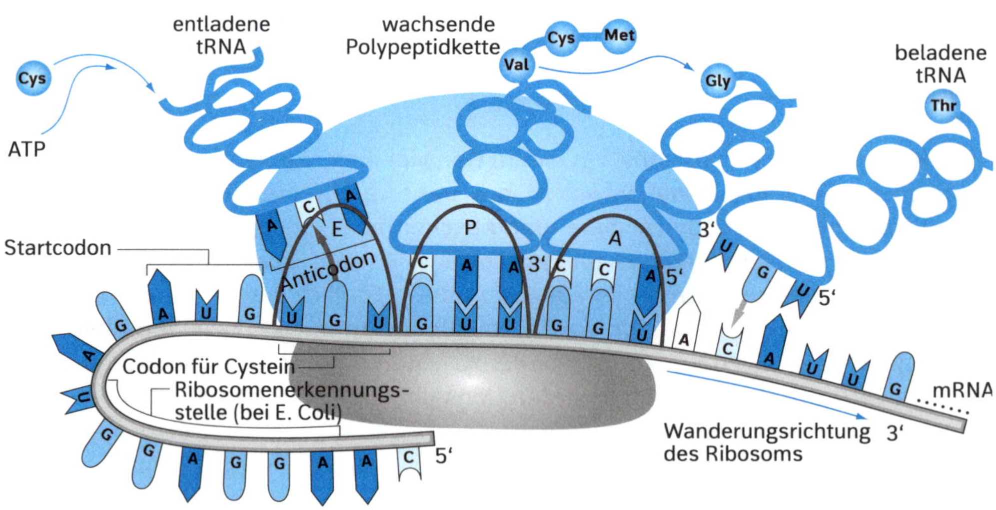

Translation

Während der Translation werden entsprechend der Basensequenz der RNA Aminosäuren zu einer Kette verknüpft. Dabei entspricht eine bestimmte Folge dreier Basen (ein Basentriplett) einer bestimmten Aminosäure. Dieser Zusammenhang wird **genetischer Code** genannt (vgl. Code-Sonne S. 105). Er wird lückenlos und nicht überlappend gelesen und gilt für fast alle Lebewesen, ist somit universell. Da bei vier verschiedenen Basen und einer Informationseinheit aus drei Basen insgesamt $4^3 = 64$ Kombinationsmöglichkeiten bei nur 20 existierenden Aminosäuren zur Verfügung stehen, codieren teilweise mehrere Tripletts die gleiche Aminosäure, d. h. „der Code ist degeneriert".

Die Translation findet an den aus einer kleinen und einer großen Untereinheit bestehenden Ribosomen statt und ist in drei Schritte unterteilt: Initiation, Elongation, Termination. Nachdem durch eine Erkennungssequenz die Anlagerung der mRNA gesichert wurde, wandert die kleine Untereinheit des Ribosoms in 5′→3′-Richtung an der mRNA entlang. Am Startcodon (AUG) kommt die große Einheit des Ribosoms hinzu, und die Synthese des Proteins beginnt (stets mit der Aminosäure Methionin). Als Lieferanten der Aminosäuren und Übersetzer der Nukleotidkette in die Aminosäurekette dienen aktivierte tRNA-Moleküle. Diese besitzen an einer Stelle ein spezifisches Basentriplett (Anticodon) und auf der gegenüberliegenden Seite des Moleküls eine Bindungsstelle für eine spezifische Aminosäure. In der A-Stelle der großen Untereinheit des Ribosoms bindet die beladene tRNA mit dem Anticodon an das entsprechende Basentriplett der mRNA (Codon). Die Ablösung der Aminosäure von der tRNA und ihre Verknüpfung mit der vorherigen Aminosäure erfolgt unter Energieeinsatz in der P-Stelle, die Freigabe der entladenen tRNA aus der E-Stelle. Nach jeder enzymkatalysierten Teilaktion rückt das Ribosom um ein Triplett weiter in 5′→3′-Richtung. Bei Erreichen eines Stopp-Codons auf der mRNA erfolgt der Abbruch der Kettenverlängerung und die Freisetzung des Polypeptids.

e. Mutationen (vgl. Aufg. 2, 4)

Mutationen sind Veränderungen des Erbgutes, die sich spontan ereignen können oder auf chemische oder physikalische Ursachen (Mutagene) zurückführen lassen. Mutationen werden unterschieden in:

- Genommutationen – Veränderungen des Genoms, also der Chromosomenzahl in einer Zelle (z. B. Trisomie)
- Chromosomenmutationen – Veränderungen des Chromosoms (Länge, Form etc.)
- Genmutationen – Veränderungen der DNA-Sequenz eines Gens

Eine klare Abgrenzung ist nicht immer möglich. Diese Mutationen haben ihre molekularen Ursachen in Deletionen (Verlust einzelner Nukleotide oder ganzer Stücke) oder Insertionen (Hinzufügen von einzelnen Nukleotiden oder Stücken). Bei Inversionen wird ein DNA-Abschnitt nach Schlaufenbildung in umgekehrter Reihenfolge wieder eingebaut. Deletionen und Insertionen führen häufig zu Leserasterverschiebungen – oft mit der Folge, dass ein verändertes Protein mit anderen Eigenschaften und Wirkungen entsteht. Bei Substitutionen werden einzelne Nukleotide gegen andere ausgetauscht. Bezieht sich die Mutation nur auf ein einzelnes Nukleotid, spricht man von Punktmutation, die häufigste Form der Genmutation. Entsprechend ihrer Auswirkungen auf die Proteinbiosynthese, die Proteinprozessierung und auf den

Organismus können Genmutationen als stumm bzw. neutral oder als Missense- oder als Nonsense-Mutationen bezeichnet werden.
Bei einer stummen Mutation kann aufgrund des degenerierten Codes die gleiche Aminosäure eingebaut werden oder der Einbau einer anderen Aminosäure in ein Protein bleibt für die Funktion des Proteins folgenlos. Missense-Mutationen führen immer zum Einbau einer anderen Aminosäure. Diese Mutationen haben je nach Lage der Aminosäure im Protein und Unterschied der neuen Aminosäure zur vorher eingebauten leichte oder schwere Folgen für das Individuum. Nonsense-Mutationen sind solche, die z. B. zum Abbruch der Aminosäurekette führen, indem sich ein Triplett zum Stoppcodon wandelt. Auch sie haben fast immer weitreichende Folgen für den Organismus.

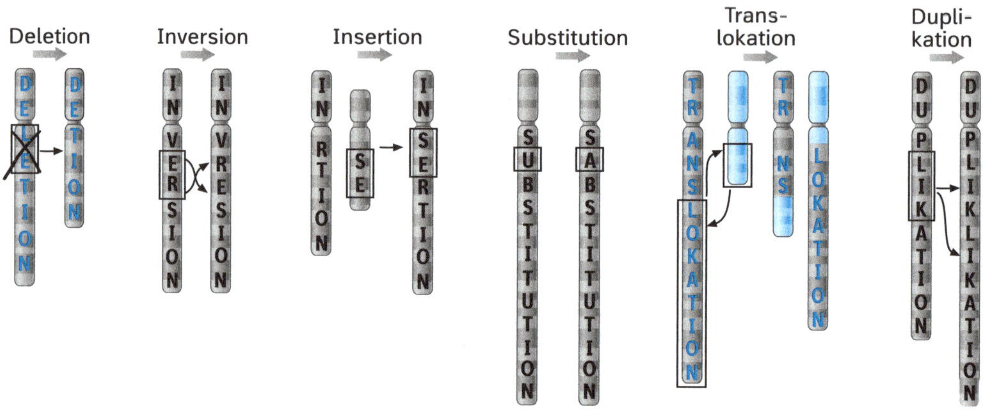

Mutationstypen

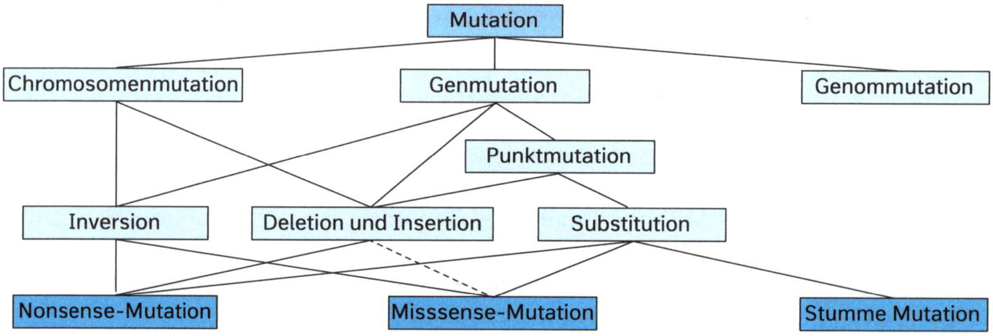

Übersicht über die Formen der Mutationen

f. Regulation der Genaktivität bei Eukaryonten (vgl. Aufg. 5)

Bei Eukaryoten kann die Regulation der Genexpression auf verschiedenen Ebenen erfolgen, da Transkription und Translation räumlich und zeitlich voneinander getrennt stattfinden. Regulationsmöglichkeiten ergeben sich auf der Ebene der Chromatinstruktur (DNA-Methylierung, Histonacetylierung), bei der Transkription (Transkriptionsfaktoren), beim Processing (Spleißen), beim mRNA-Transport (Lebensdauer der mRNA), bei der Translation (Verhinderung der mRNA-Bindung an das Ribosom) oder bei der Proteinprozessierung (chemische Modifikationen, Proteinstabilität).

Transkriptionsfaktoren: DNA-bindende Regulatorproteine.

- Allgemeine Transkriptionsfaktoren binden an proximale Erkennungssequenzen der DNA, etwa die TATA-Box innerhalb der Promotorregion, und bilden zusammen mit der RNA-Polymerase den Transkriptionsinitiationskomplex. Erst bei Vollständigkeit erfolgen das Entwinden der DNA und die Transkription. Die Transkriptionsrate ist gering.
- Spezifische Transkriptionsfaktoren binden an distale Erkennungssequenzen/Kontrollelemente der DNA, die Enhancer, und wechselwirken ggf. über Vermittlerproteine mit den allgemeinen Transkriptionsfaktoren. Dadurch können sie die Transkriptionsrate steigern (als Aktivatoren) oder hemmen (als reprimierende Faktoren).

g. Regulation der Genaktivität am Beispiel der Prokaryoten (Operon-Modell im Zusammenhang mit Stoffwechselaktivitäten bei Bakterien; vgl. Aufg. 5)

Die Regulation der Genaktivität in der Zelle, also die Frage des Zeitpunkts und der Bedingung, zu dem bzw. unter der ein Protein produziert wird, ist z. T. noch unbekannt. Für die Erklärung der Genregulation bei Prokaryoten (z. B. Bakterien) existiert seit vielen Jahren das sogenannte **Operon-Modell** von JAKOB und MONOD. Hier wird ein Abschnitt der DNA, der die Information für einen Stoffwechselweg enthält, als Operon bezeichnet. Es besteht zum einen aus Strukturgenen, die die Aminosäureketten der für den Stoffwechselvorgang benötigten Enzyme codieren. Ihnen vorgelagert ist zum andern ein Abschnitt der DNA (Operator), der nach dem Schlüssel-Schloss-Prinzip mit einem Protein (Repressor-Protein) verbunden sein kann, und der Promotor. Mithilfe des Repressors (Schlüssel) wird die Gentätigkeit ein- oder ausgeschaltet. Der Repressor wird als Protein von einer anderen Stelle der DNA, dem Regulatorgen, codiert. Die Produktion dieses Repressors unterliegt einer vom Operon unabhängigen Steuerung.

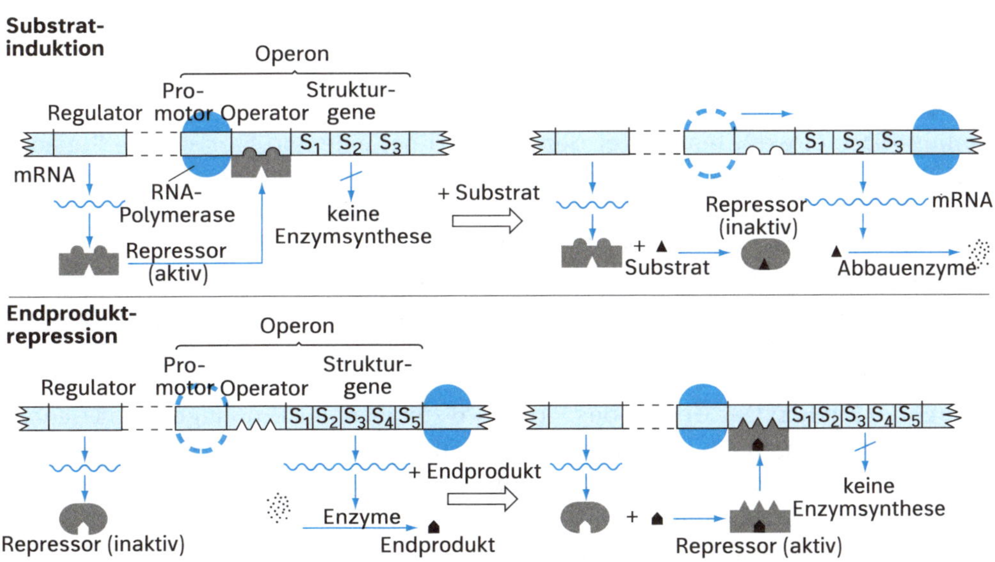

Operon-Modell

Das Operon-Modell unterscheidet bei Bakterien zwei Typen von Genregulationen, die Substratinduktion und die Endproduktrepression. Bei der Substratinduktion löst das Vorhandensein des umzusetzenden Substrats durch Inaktivierung des Repressors die Produktion der zum Abbau notwendigen Enzyme aus (z. B. lac-Operon). Bei der Endproduktrepression stoppt das Vorhandensein des Endproduktes durch Aktivierung des Repressors die Produktion der Enzyme (z. B. Trp-Operon).

h. Steuerung der Embryonalentwicklung durch Gene

Gene werden nicht alle gleichzeitig transkribiert, wie durch die Regulationsmechanismen deutlich wird. Das zeigt sich insbesondere in der Embryonalentwicklung von Individuen, etwa der Zuckmückenlarve. Hier konnten in den Riesenchromosomen – Chromosomen, deren Chromatiden sich nach vielfachen Replikationen nicht getrennt haben – zu unterschiedlichen Zeiten an demselben Chromosom unterschiedliche Puffs beobachtet werden. Dies sind durch RNA-Polymerase blasenartig geöffnete Chromosomenregionen, an denen gerade Transkription stattfindet. Die genetische Information wird nach Bedarf abgelesen, gesteuert über regulatorische Proteine, die Transkriptionsfaktoren. Diese werden ihrerseits codiert durch die Entwicklungskontrollgene.

i. Epigenetik (vgl. Aufg. 5)

Über die beschriebenen Regulationsmöglichkeiten hinaus gibt es Veränderungen der Genaktivität, die auf äußere Einflüsse zurückgeführt werden können, etwa auf Inhaltsstoffe in der Nahrung oder seelische Dauerbelastung bei Menschen. Sie werden als epigenetische Veränderungen bezeichnet, d. h. die Gene sind zwar in ihrer DNA-Sequenz unverändert, können aber in ihrer Wirkung (Exprimierung) dauerhaft, prägend beeinflusst werden.

j. Bakterien- und Virengenetik

Wichtige Begriffe:

Transformation: Übertragung von Erbinformation durch isolierte DNA

Konjugation: direkter einseitiger Gentransfer über eine vorübergehende Plasmabrücke von einer F^+-Bakterienzelle zu einer F^--Zelle, führt zur Rekombination des Erbmaterials

Viren: Man unterscheidet DNA-, RNA- und RNA-Retroviren mit ein- oder doppelsträngiger Nucleinsäure. Die Nucleinsäure wird von Proteinen eingehüllt (Capsid).

Lytischer Zyklus: Das Stoffwechselsystem der Wirtszelle wird direkt zur Produktion neuer Viren genutzt. Bei Freisetzung der neuen Viren wird die Wirtszelle zerstört (Lyse).

Lysogener Zyklus: Das Genom des Virus wird zunächst als Prophage in das Genom der Wirtszelle eingebaut und bei Zellteilung mitrepliziert. In dieser Phase ist es nicht tödlich. Durch ein bestimmtes Signal wird die Prophagen-DNA ausgeschnitten und wechselt in den lytischen Zyklus.

Transduktion: natürlicher oder künstlicher Gentransfer zwischen Bakterien durch Viren

Methoden der Gentechnik (PCR, genetischer Fingerabdruck, Restriktionsenzyme, Gentransfer; vgl. Aufg. 1)

Mit Gentechnik werden technische Verfahren bezeichnet, die die Verknüpfung unterschiedlicher DNA-Abschnitte zum Ziel haben. Hierbei können die Nukleotidsequenzen aus unterschiedlichen Zellen bzw. Lebewesen, aber auch aus künstlicher Produktion stammen. Zu diesem Zwecke sind unterschiedliche Werkzeuge und Verfahrensschritte entwickelt worden, um DNA zu isolieren, zu vervielfältigen, zu schneiden, zu übertragen, zu identifizieren und zu analysieren.
Mit der **PCR-Methode** können geringe Mengen DNA vervielfältigt werden. Dazu wird die DNA zusammen mit einer hitzestabilen Polymerase, zwei DNA-Primern und DNA-Nukleotiden inkubiert. Die DNA-Polymerasen stammen aus Organismen. Beispielsweise stammt die Taq-DNA-Polymerase von dem Bakterium *Thermus aquaticus*, das in heißen Quellen lebt. Durch die Wahl der Primer (für jede Syntheserichtung einen) wird der DNA-Bereich bestimmt, der vervielfältigt werden soll.
Die Vervielfältigung von DNA-Abschnitten mithilfe der PCR-Methode erfolgt in drei Schritten:

- Durch Erwärmung der DNA auf über 94 °C wird durch Auflösung der Wasserstoffbrücken die Doppelhelix in zwei Einzelstränge getrennt (Denaturierung).
- Danach wird auf 56 °C abgekühlt, sodass die Primer sich an den beiden entstandenen DNA-Einzelsträngen anlagern können (Primer-Anlagerung).
- Nun wird auf 72 °C (Optimum der *Taq*-DNA-Polymerase) erwärmt, sodass die DNA-Synthese mithilfe der Polymerase erfolgen kann (DNA-Synthese).

Die drei Schritte der PCR werden im Thermocycler zyklisch wiederholt. Um zum Beispiel 1 Millionen gleiche DNA-Abschnitte (ca. 2^{20} Kopien) zu erhalten, muss das Verfahren 20 Mal hintereinander ablaufen.
Der **genetische Fingerabdruck** dient der Identifizierung von Personen mit einer Sicherheit von nahezu 100 %. Dazu verwendet man die Introns, die nicht codierenden Teile der DNA. In diesen Abschnitten kommt es häufig zu Wiederholungen von bestimmten Nukleotidsequenzen, den sogenannten STRs (short tandem repeats). Die Anzahl dieser Wiederholungen von je 2 bis 7 Basen sind sehr individuell und sind daher für den genetischen Fingerabdruck geeignet. Solche STRs werden zuerst durch die oben beschriebene PCR-Methode angereichert, dann durch das **Gelelektro- bzw. Kapillarelektrophoreseverfahren** entsprechend ihrer Größe getrennt und z. B. in einem Autoradiogramm (Elektropherogramm) sichtbar gemacht. Das dann entstehende Muster der unterschiedlichen STRs ist bei fast jedem Menschen anders. Die Sicherheit der Identifizierung wird dadurch erhöht, dass nicht nur ein einzelner DNA-Abschnitt untersucht wird, sondern viele; z. B. untersucht das FBI stets 13 definierte Intron-Abschnitte.
Um ausgewählte Sequenzen oder Gene einer DNA zu erhalten, wird diese nach ihrer Isolierung aus der Zelle durch **Restriktionsenzyme** geschnitten. Dies sind spezielle Bakterienenzyme, die fremde doppelsträngige DNA an spezifischen Nukleotidsequenzen auftrennen können. Die Schnittstelle darf dabei nicht durch Methylgruppen verdeckt oder geschützt sein. Das Restriktionsenzym erkennt die Schnittstelle an einer bestimmten Erkennungssequenz, die meist aus 4 bis 6 Basenpaaren besteht

und oft ein Palindrom darstellt (dies lässt sich vor- und rückwärts gleich lesen: NEBEN). Meist sind Schnitt- und Erkennungsstelle identisch. Bei der Spaltung entstehen entweder glatte oder zueinander komplementäre überstehende („klebrige") Enden (sticky ends).
Um eine ausgeschnittene DNA-Sequenz in einen anderen Organismus zu übertragen **(Gentransfer)**, wird ein **Vektor (Gentransporter)** benötigt. Hierzu eignen sich Plasmide. Diese werden mit dem gleichen Restriktionsenzym geschnitten wie die DNA. Die sticky ends des Plasmids und der Fremd-DNA lagern sich zusammen, werden mit Ligase verbunden und bilden eine rekombinierte DNA. Das veränderte Plasmid kann dann in ein Bakterium transformiert werden.
Nach der Vermehrung der transformierten Bakterien (Klonen) können mithilfe der **Stempeltechnik** die Bakterien mit dem rekombinanten Plasmid isoliert werden. Hierzu bedient man sich der Resistenzeigenschaften von Bakterien. Durch Stempeln werden Bakterien von einem definierten Nährboden auf einen anders zusammengesetzten übertragen (der Unterschied liegt in den gewählten Antibiotika). Durch Vergleich der jeweils entstandenen Kolonien können die Bakterien mit dem rekombinanten Plasmid ermittelt werden. Statt Antibiotika können auch fluoreszierende Farbstoffe eingesetzt werden.

Biomedizinische Aspekte der Genetik (Stammzellen, therapeutisches Klonen, Krebs; vgl. Aufg. 4)

Die fortschreitenden Erkenntnisse der Molekulargenetik und der Gentechnik finden verstärkt Anwendung in der Stammzell- und Krebsforschung.
Stammzellen sind undifferenzierte Zellen, die sich nach Teilung unterschiedlich differenzieren können. Totipotente Stammzellen sind in der Lage einen kompletten vielzelligen Organismus zu bilden. Man findet sie nur in sehr frühen embryonalen Stadien (4- bis 8-Zellen-Stadium; Bildung von eineiigen Zwillingen). Pluripotente Stammzellen (embryonale Zellen aus der Blastocyste, vor der Keimblattbildung) sind in der Lage, alle Zelltypen eines Organismus zu differenzieren. Sie können aber keinen kompletten Organismus mehr bilden. Pluripotente embryonale Stammzellen können z. B. aus überzähligen Embryonen gewonnen werden, die aus einer künstlichen Befruchtung hervorgehen und für eine Schwangerschaft nicht mehr benötigt werden. In einer Zellkultur lassen sie sich durch Zugabe unterschiedlicher Signalstoffe (Wachstumsfaktoren) zu verschiedenen Geweben züchten. Die Forschung mit embryonalen Stammzellen unterliegt strengen rechtlichen Auflagen und gibt Anlass zu ethischen Bedenken. Adulte Stammzellen sind Zellen aus dem Körper Erwachsener. Sie können unipotent (nur ein Zelltyp wird differenziert), oder auch multipotent sein (mehrere verschiedene Zelltypen können differenziert werden, etwa Blutzellen). Ihre Aufgabe ist, fehlende oder abgestorbene Zellen zu ersetzen.

Aus adulten Stammzellen lassen sich durch Reprogrammierung pluripotente Stammzellen gewinnen. Dies erfolgt entweder über therapeutisches Klonen oder über induzierte Reprogrammierung. Beim **therapeutischen Klonen** wird der Kern etwa einer Hautzelle in eine entkernte Eizelle übertragen. In vitro kann diese neu zusammengesetzte Eizelle zu einem mehrzelligen Embryo heranwachsen, d. h. der Zellkern wird durch Faktoren des Eizellplasmas reprogrammiert. Diesem Embryo können dann wieder pluripotente Zellen entnommen werden. Bei der **induzierten Reprogrammierung** wird etwa die isolierte Hautzelle über Viren mit speziellen Transkriptionsfaktoren versetzt. Dadurch werden Entwicklungskontrollgene angeschaltet, die die Bildung pluripotenter Stammzellen induzieren.

Bei der Entwicklung von **Krebs**erkrankungen spielen genetische Faktoren eine wichtige Rolle. Krebszellen vermehren sich aufgrund defekter Regulationsmechanismen unkontrolliert und übermäßig, sie verlieren ihre Spezialisierung. Mögliche Ursachen liegen in der Veränderung von zwei Gentypen, die den Zellzyklus beeinflussen, den Proto-Onkogenen und den Tumor-Suppressorgenen. Mutationen wie Translokation, Punktmutation oder Genamplifikation (Vervielfältigung eines Gens) durch Strahlen, chemische Mutagene (Cancerogene) oder Vireninfektion in einem dieser Gene führen zu unkontrollierten Zellteilungen. Krebserkrankungen entwickeln sich erst im Laufe vieler Jahre, da etliche Mutationsschritte erfolgen müssen, um eine Zelle in ihrer Teilungsfähigkeit zu verändern.

Ökologie und Stoffwechselphysiologie

Umweltfaktoren, ökologische Nische

a. Toleranzkurven und ökologische Potenz (vgl. Aufg. 6, 8, 9)

Einen Lebensraum, der durch charakteristische Umweltfaktoren gekennzeichnet ist, bezeichnet man als **Biotop**, die in ihm vorkommende Lebensgemeinschaft von Organismen als **Biozönose**. Biotop und Biozönose bilden zusammen ein **Ökosystem**. Die Gesamtheit aller Ökosysteme auf der Erde ist die Biosphäre. Die Lebewesen eines Ökosystems sind abhängig von biotischen (belebten, z. B. Nahrung, Konkurrenten, Krankheitserreger usw.) und abiotischen Umweltfaktoren (unbelebten, z. B. Temperatur, Wasser, Licht, pH-Wert usw.).
Werden Umweltfaktoren variiert und die Lebensaktivität der Organismen gemessen, erhält man eine Toleranzkurve. Diese ist für ein bestimmtes Lebewesen hinsichtlich eines bestimmten Umweltfaktors charakteristisch.

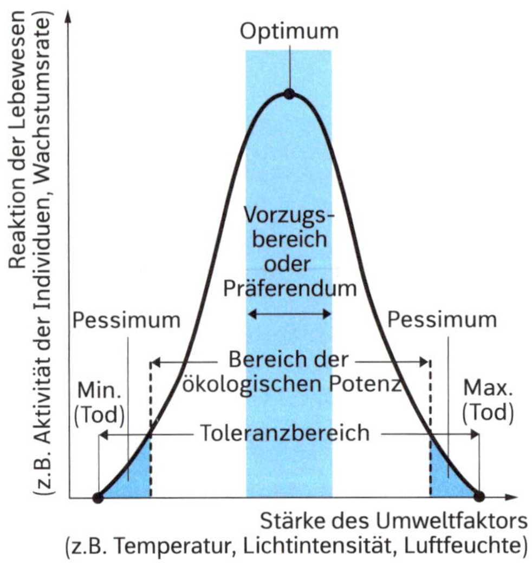

Reaktionen der Lebewesen auf einen Umweltfaktor: Toleranzbereich mit ökologischer Potenz und Vorzugsbereich.

Erträgt eine Art größere Schwankungen eines Umweltfaktors, ist sie hinsichtlich dieses Faktors euryök. Erträgt sie nur geringe Schwankungen, ist sie stenök. Innerhalb des Toleranzbereichs nennt man den Existenzbereich, in dem ein Organismus real gedeiht, also auch Nachkommen hat, ökologische Potenz. Diese ist in der Regel kleiner als die physiologische Potenz, welche die genetisch festgelegte Reaktionsbreite gegenüber dem jeweiligen Umweltfaktor umfasst und die unter Laborbedingungen ohne den Einfluss von Konkurrenten ermittelt wird.
Den Bereich, den ein Lebewesen bei freier Wahlmöglichkeit besiedelt oder aufsucht, nennt man Vorzugsbereich oder Präferendum, im Pessimum kann ein Lebewesen nur überdauern. Hat man die physiologische Potenz und das Präferendum eines Organismus bestimmt, trifft man ihn in der Natur häufig nicht dort an, wo man ihn aufgrund seines Vorzugsbereichs vermutet. In seinem natürlichen Lebensraum steht er mit

anderen Arten in Konkurrenz. So findet man die Kiefer häufig an trockenen oder auch nassen Stellen, obwohl sie mittelfeuchten Untergrund leicht bevorzugen würde. Den machen ihr aber andere Bäume streitig. Ökologische und physiologische Potenz weichen umso stärker voneinander ab, je konkurrenzschwächer eine Art ist.
Lebewesen sind nicht nur von einem Umweltfaktor abhängig, sondern von vielen, die sich in ihrer Wirkung sogar noch gegenseitig beeinflussen können. Die Gesamtheit der Ansprüche einer Art an ihre Umwelt wird ökologische Nische (s. u.) genannt.

b. Temperatur als abiotischer Faktor bei Tieren (vgl. Aufg. 9)

Hinsichtlich der Temperatur unterscheiden sich die Toleranzkurven wechselwarmer (poikilothermer) Tiere, d. h. alle außer den Vögeln und Säugern, von denen gleichwarmer (homoiothermer) Tiere, also Vögeln und Säugern.
Die meisten wechselwarmen Tiere sind auch ektotherm; sie beziehen also ihre Körperwärme (überwiegend) aus äußeren Quellen (Umgebungswärme, Sonneneinstrahlung). Ausnahmen sind z. B. Bienen und Thunfische, die als poikilotherme Organismen partiell endotherm (= heterotherm) sind.

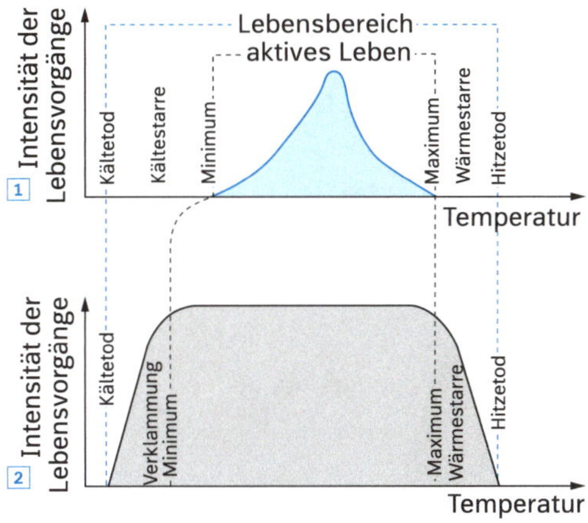

Temperatur-Toleranzkurven von 1 poikilothermen, 2 homoiothermen Tieren

Die meisten gleichwarmen Tiere sind auch endotherm; sie produzieren ihre Körperwärme (hauptsächlich) mithilfe ihres eigenen Stoffwechsels. So kann ihre Körpertemperatur weit über der Außentemperatur liegen.
Manche endothermen Organismen sind fakultativ wechselwarm (= heterotherm), z. B. Winterschläfer (saisonaler Torpor) und Tiere, die in Kälte-/Hungerlethargie verfallen (nächtlicher Torpor).
Für viele homoiotherme Tiere gilt die BERGMANNsche Regel: Individuen einer Art oder nahe verwandter Arten sind in kalten Gebieten größer als in warmen. Große kompakte Tiere mit einer im Verhältnis zu ihrem Volumen kleinen Wärme abgebenden Oberfläche verlieren relativ weniger Wärme als kleine Tiere.
Physikalischer Hintergrund: Die Oberfläche nimmt mit zunehmender Körpergröße in der zweiten (a^2), das Volumen in der dritten Potenz (a^3) zu.

Tipp:

Es gibt aber viele Ausnahmen von der BERGMANNschen Regel, wenn z. B. verwandte Fledermausarten im gleichen Habitat vorkommen und sich aufgrund der Größe ihrer Nahrung in ihrer Körpergröße unterscheiden (Kontrastbetonung).
Wichtig dabei ist auch die Unterscheidung zwischen gleichwarm und wechselwarm (poikilotherm): Die größeren wechselwarmen Tiere findet man eher in warmen als in kalten Regionen.

Eine zweite ökologische Regel, die auch nur für gleichwarme Tiere gilt, ist die ALLENsche Regel: Bei verwandten Arten sind Körperanhänge (z. B. Ohren oder Schwänze) in kalten Gebieten meist kleiner als in warmen. Die Wärme abgebende Oberfläche von Körperanhängen ist recht groß.
Die Elefanten nutzen diesen Umstand, wenn sie in der Hitze mit ihren Ohren wedeln und sich so Kühlung verschaffen.

Körpergröße von verwandten Pinguinarten unterschiedlicher geografischer Breiten (BERGMANNsche Regel)

Größe der Ohren bei nahe verwandten Füchsen in unterschiedlichen Klimazonen (ALLENsche Regel)

c. Wasser als abiotischer Faktor bei Pflanzen

Pflanzen zeigen deutliche Angepasstheiten an die Wasserführung des Standortes. Ziel dieser Angepasstheiten ist bei den Xerophyten, die an trockenen Standorten wachsen, die Herabsetzung der Transpiration über die Oberfläche (cuticulär) und über die Spaltöffnungen (stomatär). Für Hygrophyten an sehr feuchten Standorten ist es vorteilhaft, die Transpiration heraufzusetzen, sodass mithilfe des Transpirationssogs Nährsalze aus dem Boden aufgenommen werden können. Mesophyten mittelfeuchter Standorte zeigen dagegen keine besonderen Anpassungserscheinungen. Im Wasser untergetaucht lebende Hydrophyten können nicht transpirieren. Sie nehmen die Nährsalze mit dem Wasser direkt über die Blätter auf.

Pflanzentyp	Epidermis	Spaltöffnung	Blattdicke	Sondermerkmale
Hygrophyten z. B. *Ruellia*	dünnwandige, einschichtige Epidermis mit dünner Cuticula	emporgehoben	große, dünne Blätter; gewellte Blattoberfläche mit lebenden Haaren; einschichtiges Palisadengewebe	welkt bei Wassermangel; große Atemhöhle; kleines Wurzelwerk
Xerophyten z. B. Oleander, Krähenbeere	dicke Cuticula; mehrschichtige Epidermis, mit einem Haarfilz bedeckt	je mm^2 zahlreicher als bei Hygrophyten, oft eingesenkt und mit toten Haaren bedeckt	dicke kleine Blätter; reich an Festigungsgewebe; Palisadengewebe und Epidermis mehrschichtig	stark ausgeprägtes Wurzelwerk; kleine Blätter, z. T. eingerollt und gefaltet
Sukkulenten als Sonderform der Xerophyten	kleine, mehrschichtige Zellen	nach innen gewölbt	dick und fleischig, mehrschichtige Epidermis, transpirierende Oberfläche reduziert (z. B. wenige/keine Blätter); Wasserspeichergewebe	Wasseraufnahme in großen Mengen in kurzer Zeit möglich, Stammsukkulenten (Kakteen, Euphorbien) und Blattsukkulenten (Agaven, Aloe, Mauerpfeffer)
Tropophyten Sonderform der Mesophyten	relativ dicke Cuticula, großzellige Epidermis, meist einschichtig	weder nach innen noch nach außen gestülpt	einschichtiges Palisadengewebe, lockeres Schwammgewebe	periodischer Blattabwurf, Überdauern der Frosttrocknis mit Zwiebeln, Knollen, Wurzelsprossen
Hydrophyten	fast keine Cuticula, dünne Zellwand	keine Spaltöffnungen	weder Palisaden- noch Schwammgewebe	mit Luft gefüllte Hohlräume geben den Blättern Auftrieb

d. Ökologische Nische (vgl. Aufg. 6, 8)

Die Gesamtheit aller Umweltfaktoren, die ein Lebewesen für seine Existenz benötigt, wird als dessen **ökologische Nische** bezeichnet. Leben Organismen gemeinsam in einem Biotop, ist ihre Konkurrenz um Nahrung, Licht, Feuchtigkeit usw. umso stärker, je ähnlicher ihre ökologischen Nischen, d. h. ihre gemeinsamen Ansprüche an die Umwelt sind. Bei identischen Ansprüchen setzt sich immer eine Art gegenüber einer anderen durch, dauerhaft können zwei verschiedene Arten mit identischen ökologischen Nischen nicht koexistieren (Konkurrenzausschlussprinzip).
Unter Laborbedingungen lassen sich die Pantoffeltierchen *Paramecium aurelia* und *P. caudatum* in getrennten Gefäßen gut kultivieren. Beide Arten werden mit Bakterien gefüttert. Gibt man sie allerdings zusammen in eine Mischkultur, erweist sich *P. aurelia* als konkurrenzüberlegen und *P. caudatum* stirbt aus, weil es die Nahrung schlechter nutzen kann. *P. aurelia* und *P. bursaria* lassen sich dagegen gemeinsam in

einer Mischkultur über lange Zeit halten, weil *P. aurelia* sich von den Bakterien an der Wasseroberfläche ernährt und *P. bursaria* die nach unten sinkenden Bakterien frisst. Zusätzlich verfügt *P. bursaria* noch über endosymbiontische Grünalgen. Beide Pantoffeltierchen koexistieren folglich aufgrund von Konkurrenzverminderung, d. h. ihre ökologischen Nischen unterscheiden sich etwas voneinander. So können in der Natur z. B. Sturmmöwenarten dadurch koexistieren, dass sie dieselben Nistplätze zu unterschiedlichen Zeiten nutzen. Wald- und Sumpfohreule können nebeneinander Moore besiedeln, weil die Sumpfohreule am Tage und in der Abenddämmerung, die Waldohreule dagegen ausschließlich nachts Beute jagt. Konkurrenz vermindern Weibchen und Männchen vieler Greifvögel dadurch, dass die Weibchen erheblich größer sind als ihre Männchen und daher im selben Revier die größere Beute jagen.

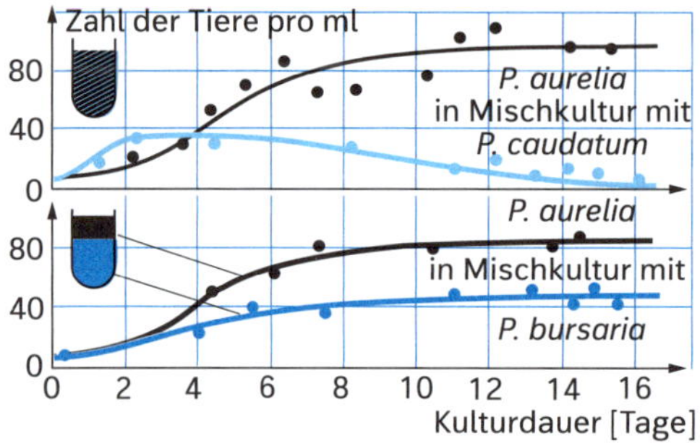

Pantoffeltierchen-Arten in Mischkultur

e. Nischenbildung und Evolution

In den gleichen Biotopen wurden auf unterschiedlichen Kontinenten oder in abgegrenzten Gebieten wie Wüsten oder auf Inseln von unterschiedlichen Arten gleiche ökologische Nischen ausgebildet; z. B. erbeuten der Maulwurf in Europa, der Goldmull in Afrika, der Beutelmull in Australien und die Taschenratte in Nordamerika in unterirdischen Gängen u. a. Insektenlarven und Würmer. Grabehände, walzenförmiger Körper und verkümmerte Augen sind als Angepasstheiten an diese Lebensweise bei ihnen in gleicher Weise entwickelt, obwohl sie nicht näher miteinander verwandt sind. Die Entwicklung gleicher ökologischer Nischen bei nicht verwandten Arten bezeichnet man als **Konvergenz**. Beispiele dafür sind die Kolibris Südamerikas, die die gleiche ökologische Nische besetzen wie die Nektarvögel Afrikas und die Honigfresser Australiens. Die Kakteen Amerikas zeigen die gleiche Stammsukkulenz wie einige Wolfsmilchgewächse Afrikas.

Wechselbeziehungen, Populationsdynamik

a. Räuber-Beute-Beziehung (vgl. Aufg. 7, 8)

Zwischen Räuber und Beute (z. B. Luchse und Schneeschuhhasen in Nordamerika) oder zwischen Pflanzen und Pflanzenfressern (z. B. Tundravegetation und Lemminge) bestehen wechselseitige Beziehungen.

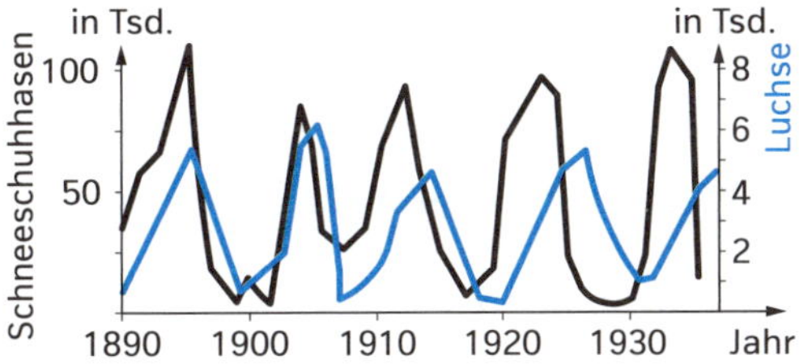

Fellverkäufe an die Hudson Bay Company in Nordamerika

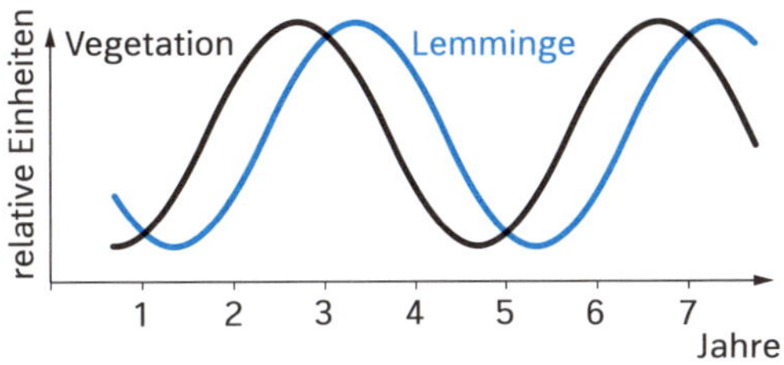

Dichteschwankungen von Lemmingpopulation und Vegetation

Für diese Beziehungen entwickelten LOTKA und VOLTERRA in den zwanziger Jahren ein mathematisches Modell, das sich heute in den drei LOTKA-VOLTERRA-Regeln wiederfindet:

1. Die Individuenzahlen von Räuber und Beute schwanken periodisch. Die Maxima der Räuber folgen phasenverschoben denen der Beute.
2. Langfristig bleiben die Mittelwerte beider Populationen konstant.
3. Werden Räuber- und Beutepopulationen (prozentual) gleichermaßen dezimiert, so erholt sich die Beutepopulation schneller als die Räuberpopulation.

Tipp:

In der Natur folgen die tatsächlich erhobenen Daten in Räuber-Beute-Beziehungen selten exakt diesen Regeln. Oft liegt es daran, dass Räuber und Beute in ein komplexes Nahrungsnetz eingebunden und den Wirkungen einer großen Zahl sowohl dichteabhängiger als auch -unabhängiger Faktoren ausgesetzt sind. Zudem geht die Regulation in der Räuber-Beute-Beziehung oft gar nicht vom Räuber (Top-down-Kontrolle), sondern von der Beute aus (Bottom-up-Kontrolle). Die Abweichungen von den modellhaften Beschreibungen können vielfältig sein. In den Abiturklausuren sind daher Aufgaben zu erwarten, in denen es um die Überprüfung der Anwendbarkeit der Regeln auf Basis konkreter Untersuchungsdaten geht.

b. Parasitismus und Symbiose

Unter Parasitismus wird eine Wechselbeziehung zwischen zwei verschiedenen Organismen verstanden, in der ein Parasit auf Kosten des Wirts lebt (Ähnlichkeiten mit der Räuber-Beute-Beziehung).

In einer Symbiose besteht die Beziehung zu wechselseitigem Nutzen. Hierbei wird der Partner i. d. R. nicht beschädigt, oft herrscht aber auch nur ein Kampfgleichgewicht (z. B. bei Formen der Mykorrhiza).

Verflechtungen in Lebensgemeinschaften

a. Biomasseproduktion, Trophieebenen, Energiefluss (vgl. Aufg. 7)

Lebewesen eines Ökosystems lassen sich unterschiedlichen Nahrungsstufen (Trophieebenen) zuordnen:
Produzenten → Primärkonsumenten → Sekundärkonsumenten → Tertiärkonsumenten. Sekundär- oder Tertiärkonsumenten sind oft schon Endkonsumenten. Die Verflechtungen der unterschiedlichen Trophieebenen sind in einem Ökosystem nicht linear (Nahrungskette), sondern komplex (Nahrungsnetz). Trotzdem können aus den Verknüpfungen lineare Abhängigkeiten gesondert betrachtet werden. Zwischen diesen Ebenen variieren z. B. die Individuenzahl, die Biomasse und die Energieproduktion. Die Verhältnisse werden in ökosystemspezifischen Pyramiden dargestellt.

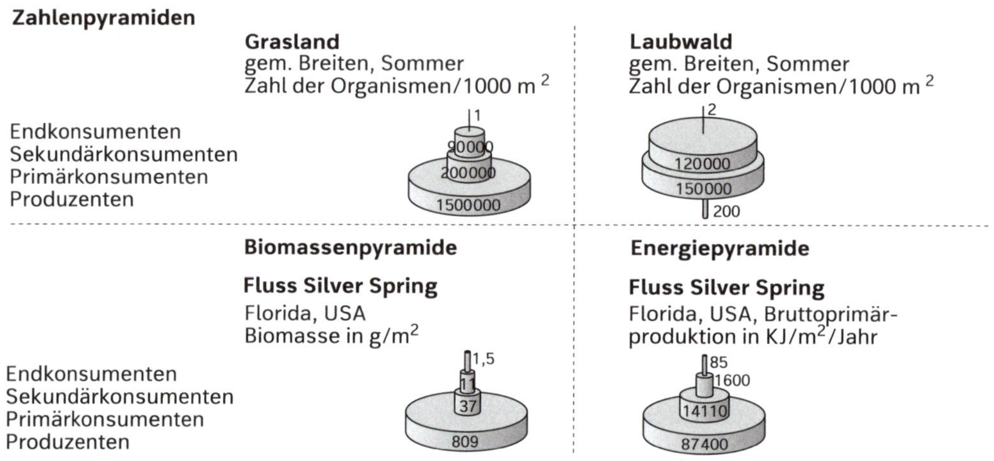

Ökologische Pyramiden

Die Nahrung, aus der ein Lebewesen körpereigene Substanz aufbaut, enthält wesentlich mehr Energie als die daraus aufgebaute Substanz, da ein großer Teil der aufgenommenen Energie in Form von Wärme abgegeben wird. Die Energieweitergabe von einer Nahrungsstufe zur nächsten wird Energiefluss genannt. Von einer Stufe auf die nachfolgende verringert sich die Energie ungefähr um den Faktor 10. Gleichzeitig kann es von der Basis zur Spitze einer Nahrungskette zur Anreicherung von persistenten (z. B. fettlöslichen) Schadstoffen im Körper kommen (Biomagnifikation).

b. Biogeochemischer Kreislauf am Beispiel des Stickstoffkreislaufs

Anorganische Stoffe werden von den Lebewesen aufgenommen und in verschiedenen Verbindungen innerhalb der Biozönose von Lebewesen zu Lebewesen weitergegeben. Nach dem Tod eines Organismus oder durch Ausscheidungen gelangen sie nach einigen Umwandlungen erneut in den abiotischen Teil des Ökosystems, von wo aus sie wieder von Organismen aufgenommen werden können. Solche Stoffkreisläufe existieren z. B. für Kohlenstoff, Stickstoff, Phosphor, Kalium und Calcium.
(Hinweis: Kenntnisse des Kohlenstoff- und des Stickstoffkreislaufes werden in Abituraufgaben vorausgesetzt.)

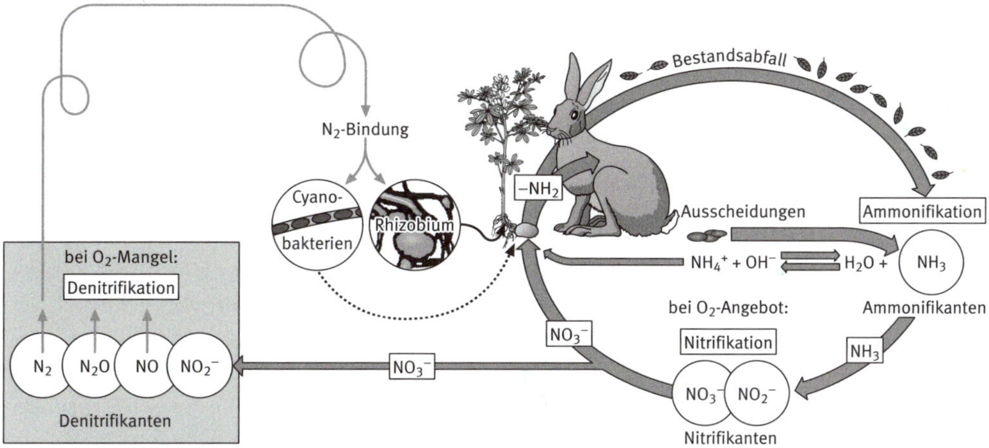

Stickstoffkreislauf

Alle Proteine und Nucleinsäuren enthalten Stickstoff. Obwohl Stickstoff mit 78 % größter Bestandteil der Luft ist, ist er oft Minimumfaktor, da er von vielen Organismen in dieser molekularen Form (N_2) nicht aufgenommen werden kann. In den Nahrungsstufen wird er durch die Nahrung hauptsächlich in Aminogruppen (-NH_2) weitergegeben. Die in abgestorbenen Tier- und Pflanzenresten sowie Ausscheidungen (z. B. Harnstoff) enthaltenen Aminogruppen (-NH_2) werden von Destruenten im Prozess der Ammonifikation zu Ammoniak (NH_3) mineralisiert, das mit H^+ zu Ammonium-Ionen (NH_4^+) umgewandelt wird. Pflanzen können diese Ionen direkt über die Wurzeln aufnehmen. Von Mikroorganismen werden NH_4^+-Ionen zu Nitrit- (NO_2^-) und in einem weiteren Schritt zu Nitrationen (NO_3^-) oxidiert. Aus diesem Vorgang gewinnen die nitrifizierenden Bakterien die Energie, die sie zur Chemosynthese benötigen (Einbindung des Kohlenstoffs in organische Substanz ohne Sonnenenergie im Gegensatz zur Fotosynthese, siehe S. 59). Das kann nur unter aeroben Bedingungen geschehen. Nitrationen werden von den Pflanzen vorrangig aufgenommen.
Unter anaeroben Bedingungen nutzen denitrifizierende Bakterien den Sauerstoff aus den Nitraten und Nitriten für ihren Stoffwechsel und bilden dabei gasförmigen Stickstoff (Denitrifikation). Der Luftstickstoff kann den Organismen wieder durch stickstoffbindende Bakterien über NH_3 und NH_4^+ zugeführt werden, z. B. durch die Knöllchenbakterien in den Wurzeln von Schmetterlingsblütlern (z. B. Bohne oder Klee).

Ökosystem Fließgewässer (vgl. Aufg. 6)

a. Einteilung, Gliederung, Zonierung

Fließgewässer können entstehen, wenn in einer Region der Wassereintrag durch Niederschlag oder Tauwasser größer ist als Versickerung und Verdunstung und das überschüssige Wasser oberflächlich in Gerinnen entlang eines Gefälles abfließen kann (z. B. Gletscherbäche). Die überwiegende Zahl der Fließgewässer hat ihren Ursprung allerdings in einer Quelle, bei der durch Sickerwasser gespeistes Grundwasser austritt. Dies erfolgt dann, wenn (nahezu) wasserundurchlässige Gesteins-

oder Bodenschichten an die Oberfläche grenzen und das angestaute Grundwasser örtlich konzentriert frei abfließen kann oder herausgepresst wird.

Je nach Größe werden Fließgewässer in die Kategorien Rinnsal, Bach, Fluss und Strom eingeteilt, wobei die Übergänge im wahrsten Sinne des Wortes fließend sind und allgemeingültige Definitionen und Abgrenzungen an der immensen Vielgestaltigkeit fließender Oberflächengewässer scheitern.

Die Gesamtlänge natürlicher/geogener Fließgewässer in Deutschland beträgt etwa 500 000 Kilometer. Die entsprechend mehr als doppelte Länge der Ufer führt zusammen mit der großen Diversität von Uferstrukturen zu einer Vielzahl von unterschiedlichen Kleinlebensräumen und zu einem hohen Differenzierungsgrad der jeweiligen Lebensgemeinschaften. Fließgewässer stehen in intensivem Kontakt und Austausch mit den angrenzenden Ökosystemen, daher sind sie im Vergleich zu anderen ökologischen Systemen hinsichtlich ihres Stoff- und Energiehaushalts besonders stark von ihrer Umgebung geprägt.

Der Amazonas ist mit ca. 7000 km Länge (ähnlich lang: Nil) und einem mittleren Durchfluss von rund 200 000 m^3/s weltweit der größte Strom. Der längste und größte Strom Deutschlands ist mit 865 km Inland-Fließstrecke und einem mittleren Abfluss von 2300 m^3/s der Rhein. Der längste Fluss/Strom, der ausschließlich in Deutschland fließt, ist die Weser mit ihren Quellflüssen Werra und Fulda. Letztere ist zugleich der Fluss mit der größten Fließlänge in Hessen.

Kriterien für eine allgemeine Typisierung von Fließgewässern sind Breite, Tiefe, Wasserführung, Gefälle, Strömungsgeschwindigkeit, Flussordnungszahl, Untergrundbeschaffenheit, Temperaturregime, Trübung, Stofffrachten, Sauerstoffgehalt, Primärproduktion, Einzugsgebiet, Mäandrierung, Uferbewuchs, Naturnähe/Verbauung etc.

Eine Gliederung des Fließgewässerquerschnitts beschränkt sich meist darauf, drei Bereiche voneinander abzugrenzen: den aquatischen, den amphibischen (Röhrichte, Weichholzauen, Pionierpflanzen) und den terrestrischen Bereich (Hartholzauen). Eine Grob-Gliederung des Längsverlaufs unterscheidet entweder vereinfacht zwischen Ober-, Mittel- und Unterlauf oder limno-/zönologisch zwischen Quellregion (Krenal), Oberlauf (Rhitral) sowie Mittel- und Unterlauf (Potamal) eines Fließgewässers. Aus der Fischereibiologie stammt eine weitergehende Differenzierung mitteleuropäischer Fließgewässer in fünf Zonen: die Forellen- und die Äschenregion im Oberlauf, die Barben- und die Brachsenregion im Mittel- und Unterlauf sowie die Kaulbarsch-Flunder-Region im Unterlauf/Mündungsbereich (vgl. Abbildung).

Forellenregion:
T: 4-10 °C, geringe Schwankungen im Jahresverlauf
F: hoch
U: Fels, Steine, grober Kies
S: hoch; meist im Sättigungsbereich
N: gering
P: selten (Ausnahme: Waldbäche)

Äschenregion:
T: 8-14 °C
F: mittel
U: Kies, Sand
S: meist hoch; zum Grund hin geringer
N: mäßig
P: wenig

Barbenregion:
T: 12-18 °C, ausgeprägte jahreszeitliche Schwankungen
F: relativ gering
U: Sand, Feinsediment
S: an der Oberfläche hoch, am Grund gering
N: mittel
P: häufig

Brachsen-/Brassenregion:
T: 16-20 °C
F: gering
U: Sand, Ton, Schlick
S: starke Schwankungen im Tages-und Jahresverlauf, Bodenwasser sauerstoffarm
N: relativ hoch
P: oft üppig

Kaulbarsch-Flunder-Region:
T: oft über 20 °C
F: sehr gering
U: Schlamm
S: an der Oberfläche ausreichend; in der Tiefe oft im Mangelbereich
N: meist hoch
P: besonders viel Phytoplankton

Zonierung eines mitteleuropäischen Fließgewässers und charakteristische Kenngrößen (T = Temperatur im Sommer; F = Fließgeschwindigkeit/Strömung; U = Untergrund [„Bett"] des Gewässers; S = Sauerstoffgehalt; N = Nährstoffgehalt/Trübung; P = Pflanzenwuchs im und am Wasser)

b. Lebensbedingungen, trophische Beziehungen, Stoff- und Energieflüsse

Ein ungestörtes Fließgewässer zeigt von seinem Quellbereich/Oberlauf bis zum Unterlauf/Mündungsbereich Gradienten sich kontinuierlich verändernder Eigenschaften und Umweltbedingungen. Dem trägt das „Fluss-Kontinuum-Konzept" Rechnung. Hier liegt der Fokus allerdings auch mehr auf dem Eintrag organischer Substanz, dem Verhältnis Primärproduktion (P) zu Respiration (R) und den Ernährungstypen.

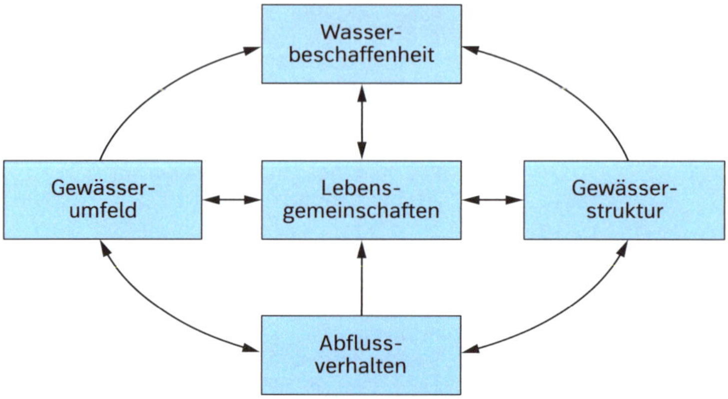

Wechselwirkungsgefüge eines Fließgewässers

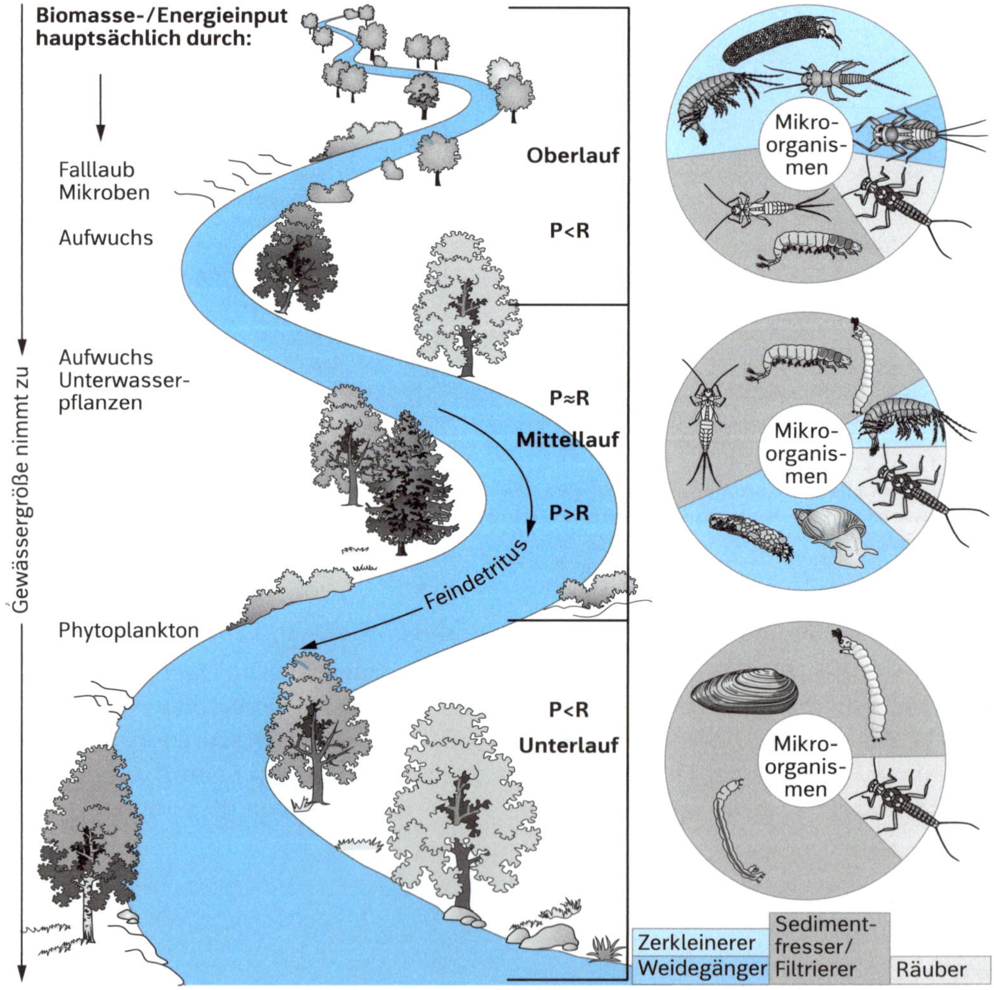

Fluss-Kontinuum-Konzept: Wechsel der Konsumentengruppen (Makrozoobenthos = Wirbellose am Gewässerboden), Produktions-/Konsumptionsverhältnisse und Hauptquellen

organischen Materials im Verlauf eines Fließgewässers (Feindetritus = zerkleinertes/partikuläres totes organisches Material, das im strömenden Wasser verdriftet wird; Aufwuchs = Algen, Bakterien etc., die auf untergetauchten Steinen oder anderen Substraten wachsen; Filtrierer: ernähren sich von im Wasser schwebenden Nahrungspartikeln; Sedimentfresser: ernähren sich von Nahrungspartikeln, die am Gewässergrund abgelagert sind; Weidegänger: ernähren sich vom Aufwuchs; Räuber: ernähren sich von [lebenden] tierischen Organismen; Zerkleinerer: ernähren sich von grobem organischen Material – z. B. Blätter, Früchte etc. – das sie beim Fraß zerkleinern)

Das Fluss-Kontinuum-Konzept ist allerdings nur begrenzt anwendbar, da es von einem Bachursprung in bewaldeten Gebieten ausgeht und selbst natürliche Diskontinuitäten (Wasserfälle bzw. rasche Gefällewechsel, Einmündungen, Seedurchflüsse, Hochwasserereignisse/Überflutungen etc.) vernachlässigt. Insbesondere in Kulturlandschaften kommen weitere Störfaktoren wie Abwassereinleitungen, Stauanlagen und andere Verbauungen hinzu.

Organismen, die Bäche und Flüsse bewohnen, und nicht wie z. B. die Fische aktiv gegen die Strömung anschwimmen können, müssen sich entweder durch besondere Anpassungen und Lebensweisen gegen eine Verdriftung schützen oder diese durch einen Kompensationsflug ausgleichen (geschlüpfte Imagines von Wasserinsekten fliegen grundsätzlich entgegen der Strömung und besiedeln damit immer wieder neu die flussaufwärts durch Verdriftung ausgedünnten Bereiche). Viele Arten meiden die direkte Strömung und besiedeln Still- und Totwasserbereiche im Lückensystem von Kies und Sand, in Pflanzenpolstern oder hinter und unter Steinen. Andere schützen sich durch Saugnäpfe, Krallen und Sicherungsleinen oder beschweren ihren Körper durch kleine Steinchen und Pflanzenteile (z. B. Köcherfliegenlarven). Eine Reihe von Insektenlarven ist durch ihren flachen Körperbau und spezielle Verhaltensweisen an den Aufenthalt in der laminaren Grenzschicht angepasst.

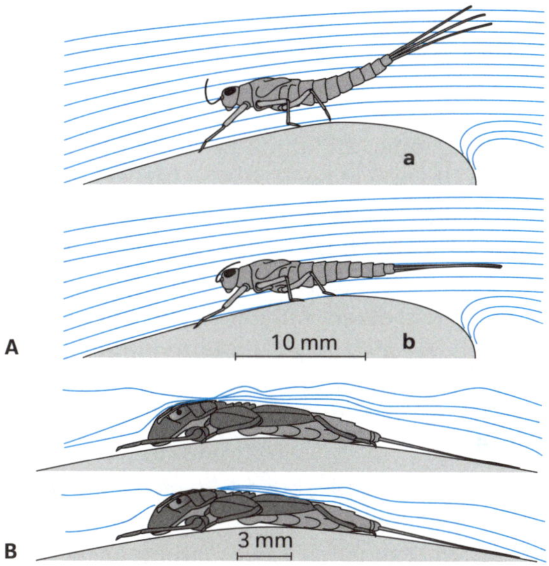

Verhalten von Eintagsfliegenlarven auf Steinen
A: a: bei geringer Strömung
b: bei stärkerer Strömung
B: Umströmung bei verschieden starker (Wasser-)Fließgeschwindigkeit.
Die sich nicht überschneidenden Isolinien der Strömungsgeschwindigkeiten (cm/s) zeigen, dass keine Turbulenzen entstehen und damit keine abhebenden Kräfte auftreten.

Aufgrund der Strömung kann es in Bächen/Flüssen – im Gegensatz z. B. zu Seen – keine (nahezu) geschlossenen Stoffkreisläufe geben. Es findet zwar an fast allen Orten des Fließgewässers eine Nachlieferung von Nährstoffen statt, diese speist sich aber aus den oberhalb gelegenen Gewässerabschnitten. Die Stoffkreisläufe und das Nährstoffrecycling der stehenden Gewässer werden im Fließgewässer zu stromabwärts gerichteten „Nährstoffspiralen" auseinandergezogen.

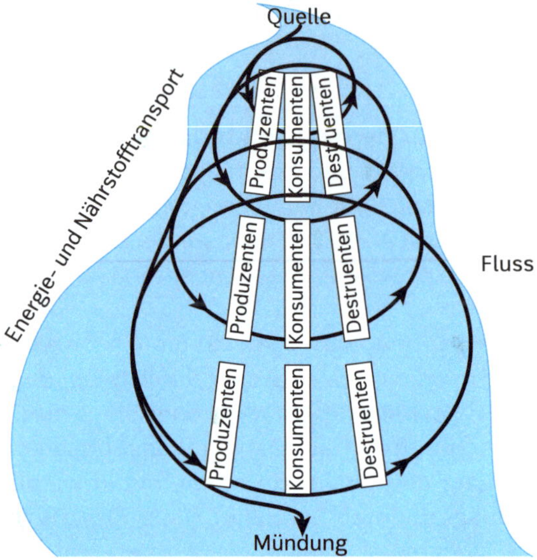

Nährstoffspirale und Energiefluss in einem Fließgewässer

Die nachfolgende Abbildung zeigt einen Ausschnitt aus dem Nahrungsnetz eines Flusses im Übergangsbereich vom Ober- zum Mittellauf. Auf der linken Seite sind die Einträge in diesen Flussabschnitt aufgeführt, die sich aus den mit dem Wasserstrom transportierten Stoffen, der Zufuhr aus Seitenbächen, Pflanzenmaterial aus dem Uferbereich und eingeschwemmten bzw. zugeflogenen Tieren (hauptsächlich Insekten) zusammensetzen. Auf der rechten Seite ist der stromabwärts gerichtete Export dargestellt, der allerdings die Entnahme von Tieren durch die terrestrische Fauna unberücksichtigt lässt. Im Gegensatz zu den meisten Bächen spielt in Flüssen die Fotoproduktion der Wasserpflanzen und des pflanzlichen Planktons eine wesentliche Rolle, die zum Unterlauf hin noch an Bedeutung gewinnt. In den in Fließrichtung ablaufenden Stoff- und Energietransfer sind wiederholt lokal kurzgeschlossene Nährstoffzyklen eingebettet, die ihrerseits Teil komplexer Nahrungsnetze sind.
Hinter den funktionellen bzw. systematischen Gruppen in der Abbildung verbergen sich mehr als 1500 Tierarten, von denen über 230 auf Flüsse spezialisiert sind. In Bächen kommen sogar rund 1600 Spezialisten vor, das sind 46 % der dort insgesamt vorkommenden Arten. Dieser hohe Spezialisierungsanteil belegt die besonders hohe Diversität ökologischer Nischen in Bächen; einzig Fische, Libellen und einige Käferarten haben ihr Artenzahl-Maximum in Flüssen.

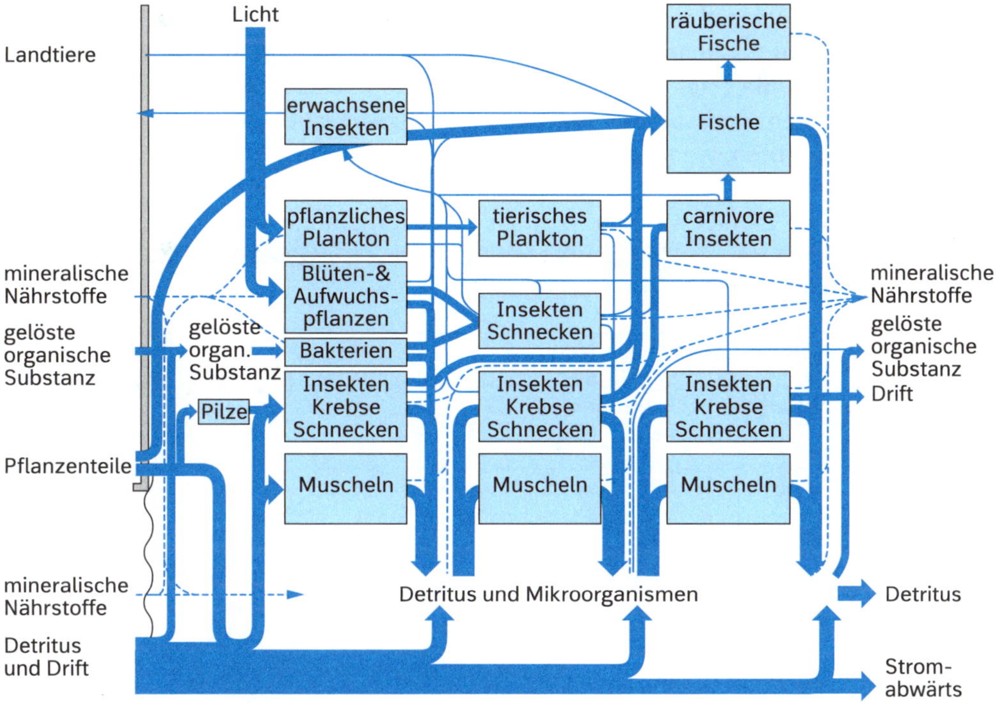

Nahrungsnetz in einem mitteleuropäischen Fluss

c. Selbstreinigung von Fließgewässern

In Deutschland dürfen heute keine Abwässer mehr ungeklärt in Bäche oder Flüsse eingeleitet werden. Moderne dreistufige Kläranlagen kombinieren die mechanischen und biologischen Stufen mit einer chemischen Stufe (Oxidation und Fällung), die eine Eutrophierung von Vorflutern (= Gewässer, in das eingeleitet wird) verhindern bzw. vermindern soll. Die zunehmende Belastung von Vorflutern und übrigen Fließgewässern (dort oft aus anderen, diffusen Quellen) mit Chemikalien (Pestizide, Arzneimittel und andere pharmazeutische Substanzen) und (multiresistenten) Keimen, Flammschutzmittel, Schwermetalle, Dünger, Weichmacher, Mikroplastik, Nanomaterialien etc.) machen eigentlich eine vierte Reinigungsstufe erforderlich (Ozonierung, Aktivkohle etc.), die allerdings bisher nur vereinzelt eingesetzt wird. Insbesondere die ansatzweise bekannten Effekte vieler Chemikalien auf das Hormonsystem von Mensch und Tier (diese „endokrinen Disruptoren“ wirken schon in kleinsten Spuren!) sowie die besorgniserregende Anreicherung von Mikroplastik und Nanomaterialien in Gewässern, deren Folgen für die gesamte Biosphäre bisher weitgehend unerforscht sind und daher nicht seriös eingeschätzt werden können, machen ein rasches präventives Handeln zwingend erforderlich.

Obwohl die europäische Wasserrahmenrichtlinie sowie das deutsche Wasserhaushaltsgesetz vorschreiben, dass „die Gewässer als Bestandteil des Naturhaushalts, als Lebensgrundlage des Menschen, als Lebensraum für Tiere und Pflanzen sowie als nutzbares Gut zu schützen“ sind, befinden sich 2018 weniger als 10 % der deutschen Fließgewässer in einem guten bis sehr guten Gesamtzustand. Dabei geht es allerdings nicht ausschließlich um die biologische und chemische Wassergüte, sondern auch um die strukturelle Naturnähe/naturnahe Gestaltung der Bach- und Flussläufe. Von den untersuchten hessischen Fließgewässern wiesen 2016 immerhin 11 % einen sehr guten, weitere 71 % einen guten Zustand auf.

In der folgenden Tabelle sind die biologischen und chemischen Kriterien zusammengestellt, nach denen Fließgewässer ökologisch bewertet werden (neben den hier nicht aufgeführten Strukturmerkmalen).

Ökologische Zustandsklasse ÖZK	Saprobienindex verschiedener Bachtypen (Alpenvorland 2, Mittelgebirge 5, Tiefland 14)			O_2	BSB_5	$KMnO_4$ Verbrauch	NH_4^+	NO_3^-	PO_4^{3-}	Leitfähigkeit in µS
	2	5	15	in mg L^{-1}						
sehr gut (1)	≤1,6	≤1,45	<1,8	>8	1	<20	<0,1	≤1	≤0,05	<100
gut (2)	1,6–2,1	1,45 – 2,0	1,8–2,25	>6	1–6	–40	<0,3	≤2,5	≤0,15	≤400
mäßig (3)	2,1–2,75	2,0–2,65	2,25–2,85	>4	5–10	–60	<1,0	≤5	≤0,30	≤500
unbefriedigend (4)	2,75–3,35	2,65–3,35	2,85–3,4	>2	7–13	–80	>2,0	≥10	≤0,60	>500
schlecht (5)	>3,35	>3,35	>3,4	<2	>15	>80	>4,0	≥20	≤1,20	>500

Parametertabelle zur Fließgewässerbewertung (Saprobienindex: Wird aus Vorkommen und Häufigkeit bestimmter Indikatorarten [Insekten/-larven; Flohkrebse, Muscheln, Schnecken, Egel etc. bzw. Protozoen] berechnet; BSB = biochemischer Sauerstoffbedarf; $KMnO_4$-Verbrauch = chemischer Sauerstoffbedarf)

In einigen süd- und osteuropäischen und erst recht in vielen außereuropäischen Ländern ist der Ausbau leistungsfähiger Kläranlagen noch nicht weit fortgeschritten. Dort wird bei der Abwassereinleitung auf die „Selbstreinigungskraft" von Fließgewässern gesetzt. Neben physikalischen und chemischen Vorgängen sorgen vor allem die Abbauprozesse der lebenden Organismen dafür, dass durch Einleitungen verunreinigte Gewässer nach einer bestimmten Fließstrecke (und damit nach einer gewissen Zeitspanne) – je nach Belastung mehr oder minder angenähert – in ihren ursprünglichen Zustand zurückkehren. Beispiele von (Indikator-)Arten, deren Auftreten (und relative Dichte) für die unterschiedlichen Wasserzustände typisch ist/sind, sowie einige chemische Parameter, die sich längs der Fließstrecke charakteristisch ändern, finden sich in der folgenden Abbildung. Ist der Eintrag an leicht verwertbaren und das Algen- und Wasserpflanzenwachstum stimulierenden Mineralstoffen allerdings zu hoch, so droht durch die mit deren späterem Abbau einhergehende Sauerstoffzehrung flussabwärts eine „Sekundärverschmutzung", die bei hohen Temperaturen u. U. in ein Fischsterben münden kann. Äußerst problematisch bleibt die Einleitung toxischer Substanzen (Schwermetalle, langlebige organische Verbindungen u. a.; s. o.), die nicht oder nur unzureichend abgebaut werden können; manchmal sind ihre Metabolite sogar noch giftiger als die Ausgangsstoffe.

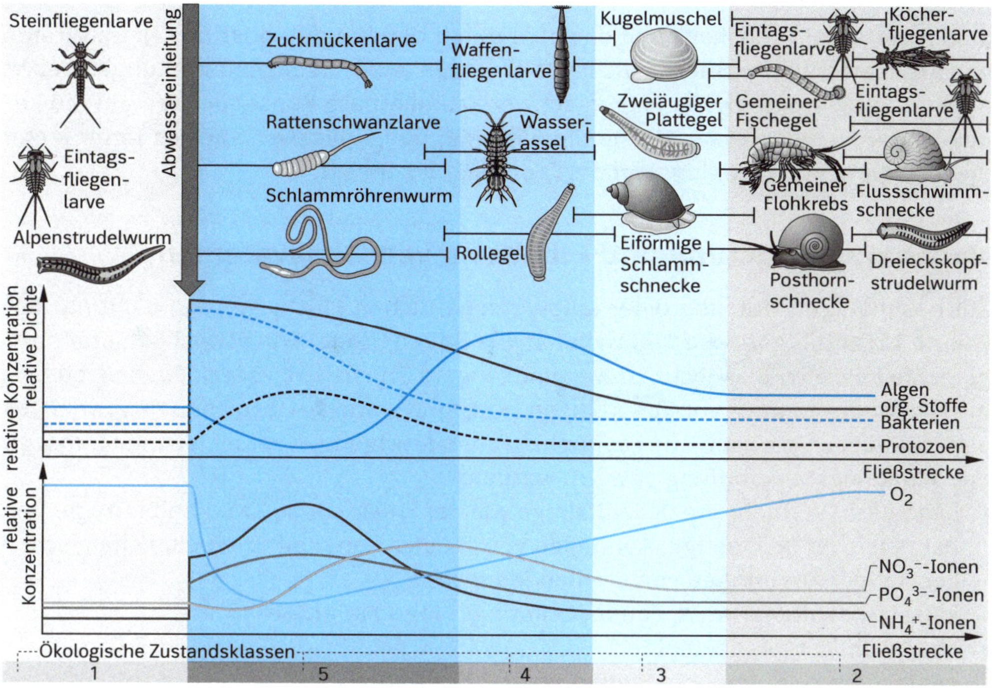

„Selbstreinigung" eines Fließgewässers

Europäischen Fließgewässern drohen aber auch andere Gefahren: Invasive Neobiota (= nichteinheimische Arten, die nach 1492 durch menschliche Einflüsse in neue Gebiete gelangten) bewirken gravierende Veränderungen der Biozönosen, können die Biodiversität reduzieren und massive ökonomische Schäden verursachen. Problematische Neophyten sind z. B. Wasserpestarten und im Uferbereich das Indische Springkraut, einige Staudenknötericharten und die Herkulesstaude. Unter den Neozoen haben besonders die Wandermuschel, Körbchenmuscheln, Schwebgarnelen, Schlick- und Höckerflohkrebse, Schwarzmeergrundeln, mehrere Sumpfkrebsspezies, die Chinesische Wollhandkrabbe sowie der Bisam ein erhebliches Gefährdungs- und Schädigungspotenzial. Verschärft werden diese Effekte gebietsfremder Arten auf Fließgewässer-Ökosysteme durch den Klimawandel, da so der Ansiedlung weiterer wärmeliebender Organismen der Weg bereitet wird. Aber auch unabhängig davon hat die zunehmende Erwärmung von Bächen und Flüssen Einflüsse auf die sie besiedelnden Lebensgemeinschaften. Da die Zonierung der Gewässer maßgeblich durch den Temperaturgradienten mitbestimmt ist, kommt es zu quellwärts gerichteten Verschiebungen der Fischregionen und zu einem Wandel der zugehörigen Biozönosen. Insbesondere spezialisierte und stenotherme Arten bzw. solche, die im Laufe ihrer Entwicklung unterschiedliche Nischen/Bereiche bewohnen, können so stark unter Druck geraten. Der Anstieg der Temperatur hat vielfältige Folgewirkungen: sinkende Sauerstoffgehalte, höhere Stoffwechselraten und kürzere Entwicklungsdauer der aquatischen Organismen, Intensivierung von Abbauprozessen, strukturelle Umgestaltung des Lebensraums, Änderungen im Laich- und Wanderungsverhalten, modifizierte Nahrungsketten und -netze durch den Wegfall oder das Neuauftreten von Arten etc. Auch wasserbauliche Maßnahmen und Nutzungsausweitungen haben neben ihren unmittelbaren Folgen schwer kalkulierbare Konsequenzen auf die Lebewelt der Fließgewässer, da sie die Einschleppung invasiver Spezies fördern und die Auswirkungen des Klimawandels verstärken können.

Nachhaltige Nutzung und Erhaltung von Ökosystemen

Zur nachhaltigen Nutzung einer landwirtschaftlichen Fläche werden nicht nur bewährte kulturpflegerische Maßnahmen wie Bodenpflege, Fruchtwechsel, standortgerechte Sortenwahl, Mischkulturen und längere Brache eingesetzt. Ebenso müssen die Nutzpflanzen auch vor Schädlingen geschützt werden. Dazu können sowohl aus wirtschaftlichen als auch aus gesundheitlichen Erwägungen verschiedene Methoden der Schädlingsbekämpfung gewählt werden:

- biologisch: Vermehrung der Nützlinge wie der Fressfeinde, Krankheitserreger und Parasiten der Schädlinge; Aufstellen von akustischen, optischen oder chemischen Lockfallen; Ausbringen von sterilen Männchen
- klassisch: Fallen, Netze, Zäune, Leimringe, Jagd auf größere Tiere
- chemisch: mit Pestiziden
- gentechnisch: durch Erzeugung resistenter Pflanzen

Energieumwandlung bei Pflanzen und Tieren

Pflanzen und einige Bakterien sind als fotoautotrophe Organismen in der Lage, Lichtenergie in chemische Energie umzuwandeln und sie unter Verwendung von energiearmen Stoffen (Kohlenstoffdioxid und Wasser) in organischen Verbindungen (Zuckern) zu speichern. Sauerstoff wird dabei freigesetzt. Damit schaffen sie eine nachhaltige Grundlage für die vielen heterotrophen Organismen, die diese energiereichen Verbindungen mithilfe von Sauerstoff wieder vollständig abbauen. Kohlenstoffdioxid und Wasser entstehen als Endprodukte. Die dabei frei werdende Energie wird in Form von **ATP** für energetische Arbeit im Körper genutzt oder geht als Wärme verloren. Während die chemischen Elemente Kohlenstoff, Sauerstoff und Wasserstoff ständig wiederverwertet werden, wird Energie als Sonnenlicht in die Biosphäre aufgenommen und als Wärme abgegeben.

Fotosynthese: Energieumwandlung bei Pflanzen

Licht, Wasser und CO_2 werden von den grünen Teilen der Pflanze zur Bildung von Traubenzucker (Glucose) genutzt. Dieser wird zunächst als Stärke gespeichert und dann vom Ort seiner Entstehung in den Chloroplasten über bestimmte Leitungssysteme der Leitbündel (Phloem) in alle Teile der Pflanze transportiert. Dort werden die energiereichen Produkte entweder als Baustoff (z. B. für Zellwände und Membranen) oder als Energieträger zur Zellatmung (Mitochondrien) verwendet.
Hauptorgane der Fotosynthese sind die grünen Blätter mit den **Chloroplasten**, die vor allem im Palisaden- und im Schwammgewebe des Blattes zu finden sind. Über

die Spaltöffnungen, die von Schließzellen gebildet werden, diffundieren längs des Konzentrationsgradienten Wasserdampf und Sauerstoff nach außen sowie CO_2 nach innen. Die Summengleichung der Fotosynthese lautet:

$$6\ CO_2 + 12\ H_2O + \text{Lichtenergie} \rightarrow C_6H_{12}O_6 + 6\ O_2 + 6\ H_2O.$$

In Versuchen hat man die Abhängigkeit der Fotosynthese vom Licht- und vom CO_2-Angebot sowie von der Temperatur jeweils innerhalb enger Grenzen untersucht. Dabei zeigte sich: Je mehr Licht auf die grünen Blätter fällt, desto mehr Stärke und Sauerstoff werden erzeugt. Je mehr CO_2 zur Verfügung steht, desto mehr Stärke und Sauerstoff werden erzeugt. Dabei beeinflusst die Temperatur vor allem deshalb die Reaktionsgeschwindigkeit der Stoffwechselprozesse, weil die Funktionsfähigkeit der Enzyme stark temperaturabhängig ist (RGT-Regel).

a. Bau und Funktion des Blattes

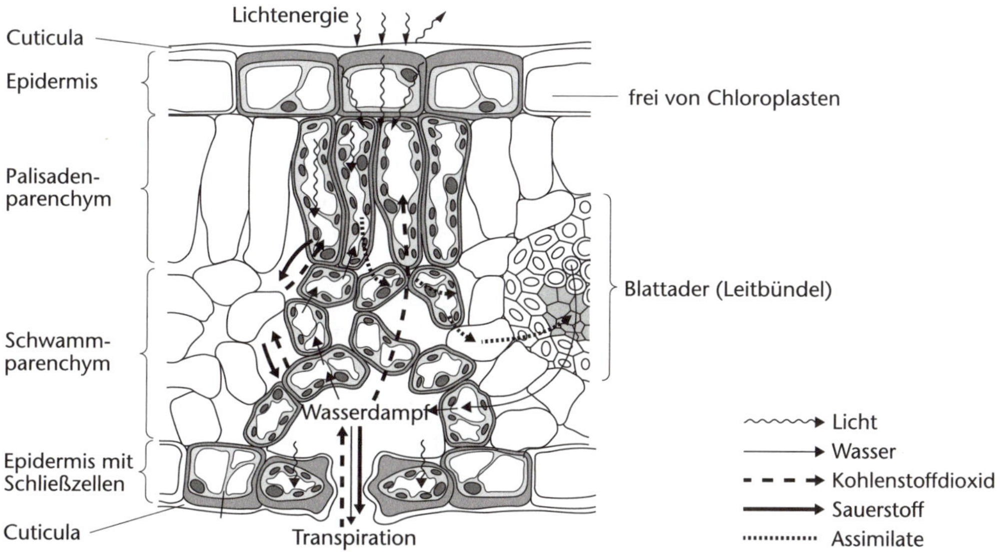

Schematischer Ausschnitt aus dem Bau eines Blattes

Bauelemente eines Blattes und ihre Funktionen

Atemhöhle: großräumige Interzellulare (Zellzwischenraum) im Inneren des Blattes an der Spaltöffnung (siehe Gasaustausch)

Cuticula: eine für Wasser schwer durchlässige Schicht auf der Epidermis, die weitgehend vor Verdunstung und Infektion schützt

Epidermis: Abschlussgewebe der Blätter aus einer oder mehreren Zellschichten, in der Regel ohne Chloroplasten (Ausnahme: Schließzellen) und häufig mit verstärkten Zellwänden, bietet mechanischen Schutz

Leitbündel: Gewebestrang im Blatt, der sowohl leitende Gefäße für Wasser (von den Wurzeln in den Spross) als auch Stoffe leitende Siebröhren enthält, die synthetisierten Zucker aus den Blättern in die Wurzel und andere nicht fotosynthetisch aktive

Pflanzenteile transportieren. Das Leitbündel ist umgeben von einem dichten Kranz aus Bündelscheidenzellen, die wiederum locker umhüllt sind von Mesophyllzellen (Zellen im Blattinnern).

Palisadengewebe: bei vielen Pflanzenarten unter der oberen Epidermis liegendes Gewebe aus länglichen Zellen, deren Cytoplasma reich an Chloroplasten ist. Die Zellen verlaufen senkrecht zur Blattoberfläche.

Schwammgewebe: lockeres, von vielen Interzellularen durchsetztes Gewebe aus unregelmäßig gebauten Zellen, in deren Cytoplasma häufig weniger Chloroplasten als im Palisadengewebe anzutreffen sind

Schließzellen: paarig angeordnete Epidermiszellen des Spaltöffnungsapparats, zwischen denen sich die Spaltöffnung befindet. Turgorschwankungen in den Schließzellen bewirken das Öffnen und Schließen der Spaltöffnungen (Stomata). Sie sind u. a. abhängig von den Licht-, CO_2- und Wasserdampfverhältnissen der Umgebung. Innerhalb der Epidermis enthalten ausschließlich die Schließzellen Chloroplasten.

Gasaustausch: Entlang eines Konzentrationsgefälles diffundieren Gase (O_2, CO_2) durch die Spaltöffnungen. Die Regulation erfolgt über die Öffnungsweite der Spaltöffnungen.

Grüne Blätter sind in den meisten Pflanzen die Organe, in denen die Fotosynthese hauptsächlich stattfindet (daneben auch in grünen Sprossen oder unreifen Früchten). Die Farbe der Blätter beruht auf dem Chlorophyll, dem grünen Farbstoff in den Chloroplasten, der die grünen Anteile des Lichts reflektiert.

b. Bau und Funktion der Chloroplasten

Bau- und Funktionselemente eines Chloroplasten

Stroma (Matrix): Chloroplastenplasma mit Ionen, Enzymen und anderen Proteinen, Ribosomen, ringförmigem DNA-Molekül

Thylakoide: Membransystem innerhalb der Chloroplasten, das im Stroma einzeln als Stromathylakoide oder geldrollenartig gestapelt als Granathylakoide vorkommt.

Thylakoidmembran: Die fotosynthetisch aktive Thylakoidmembran umschließt den Thylakoidinnenraum und grenzt ihn vom Stroma ab. Die Thylakoidmembran enthält das lichtabsorbierende System mit verschiedenen Pigmentmolekülen (Chlorophyll a und b, Carotinoide), Redoxsysteme als Elektronentransportketten und ATP-Synthasen.

Thylakoidinnenraum: Raum, der von Thylakoidmembranen gegen das Stroma abgegrenzt wird. Er enthält keine gelösten Proteine, sondern besteht nur aus einer wässrigen Lösung verschiedener Ionen sowie aus den durch Wasserspaltung entstandenen Protonen.

Stärkekorn: Stärke ist eine osmotisch wenig wirksame Speicherform der synthetisierten Zuckermoleküle, die angesammelt in Stärkekörnern im Stroma bevorratet werden.

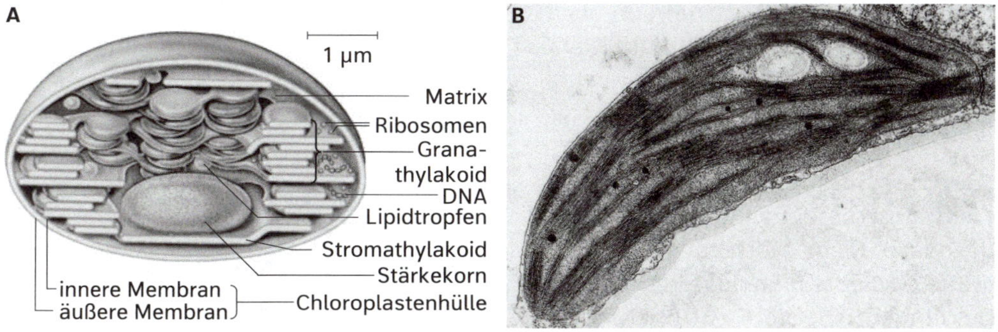

Bau eines Chloroplasten A Schema, B EM-Bild (ca. 150 000-fach)

Funktion der Chloroplasten

Die im Cytoplasma der Zellen eines grünen Blattes liegenden Chloroplasten sind die Fotosyntheseorganellen. Sie verfügen über alle Komponenten für die Fotosynthese. Mit Hilfe des grünen Blattfarbstoffs Chlorophyll in den Thylakoidmembranen können sie Lichtenergie in chemische Energie in Form von ATP und NADPH umwandeln. Im Stroma wird CO_2 fixiert durch Einbau in bereits bestehende organische Verbindungen (Kohlenhydrate), die unter Verwendung von NADPH und ATP in neue Kohlenhydrate umgewandelt werden.

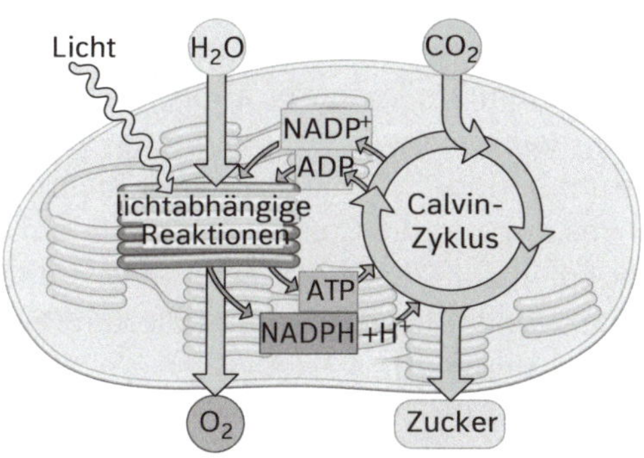

oben: Übersichtsschema zu Stoffwechselleistungen des Chloroplasten

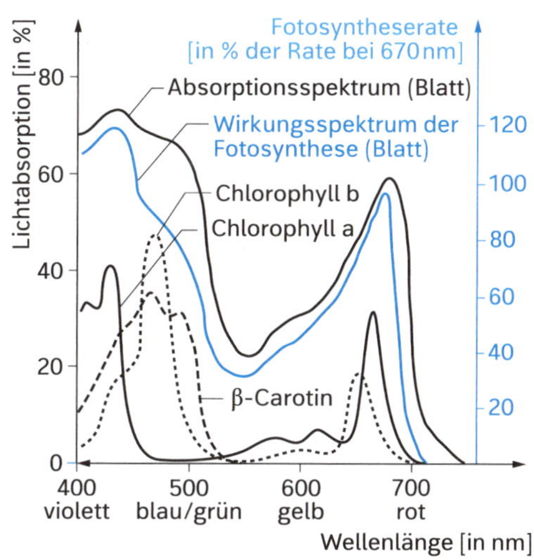

rechts: Absorptions- und Wirkungsspektrum im Vergleich

c. Vorgänge an der Thylakoidmembran: Gewinn von ATP und Elektronen bzw. Wasserstoff in den Primärreaktionen

Zur Absorption von Licht sind in der Thylakoidmembran Fotosysteme eingelagert. Man unterscheidet Fotosystem I und II. Diese bestehen aus jeweils einem Reaktionszentrum, umgeben von einem lichtsammelnden Antennenkomplex, der aus Proteinen, kleinen organischen Molekülen und mehreren hundert verschiedenen Farbstoffmolekülen zusammengesetzt ist (Chlorophyll a, Chlorophyll b und Carotinoide). Dadurch kann das Licht eines breiteren Spektralbereichs auf einer größeren

Oberfläche eingefangen werden als es durch ein einzelnes Pigmentmolekül möglich wäre (siehe Abbildung Absorptions- und Wirkungsspektrum).

Die Pigmentmoleküle werden durch Licht angeregt. Dies ist möglich, weil das wesentliche Merkmal dieser Farbstoffe ein System konjugierter Doppelbindungen ist. Die Elektronen dieser Doppelbindungssysteme sind beweglicher als andere und lassen sich deswegen leichter anregen. Sie gelangen durch Lichtenergie auf ein höheres Energieniveau und entfernen sich dadurch kurzzeitig von dem zugehörigen Atomkern im Farbstoffmolekül. Die bei der Rückkehr der Elektronen auf ihr ursprüngliches Energieniveau freiwerdende Energie kann in der natürlichen Umgebung entweder durch Resonanzenergietransfer auf benachbarte Pigmentmoleküle übertragen oder als Wärmeenergie freigesetzt werden. Die Weiterleitung über die „Antennenpigmente" erfolgt so lange, bis zwei spezielle Chlorophyll a-Moleküle im Reaktionszentrum des Fotosystems erreicht werden. Ebenfalls im Reaktionszentrum befindet sich ein primärer Elektronenakzeptor, der eins der beiden Elektronen des angeregten Chl a-Paares aufnimmt und über eine Elektronentransportkette an andere in der Thylakoidmembran liegende Redoxsysteme weiterleitet. Die entstandene Elektronenlücke des nun oxidierten Chl-a-Moleküls kann wieder aufgefüllt werden (Oxidationsmittel).

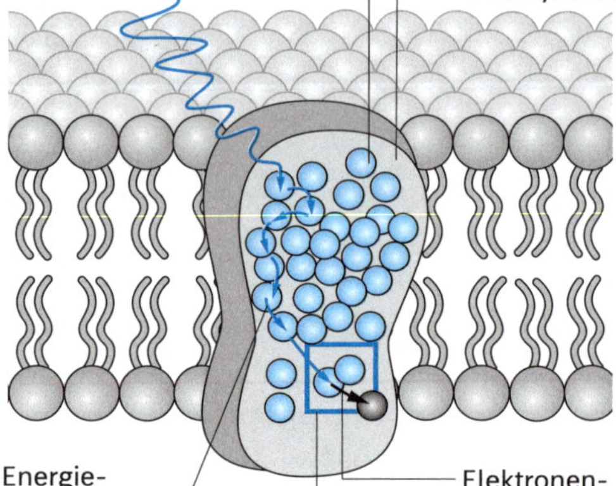

Lichtsammelkomplex eines Fotosystems in der Thylakoidmembran

Das hohe Redoxpotenzial des Chl a im Fotosystem II (P680) treibt die Spaltung von Wassermolekülen in Elektronen, Protonen und Sauerstoff an (Fotolyse des Wassers). Diese erfolgt im Thylakoidinnenraum mithilfe eines assoziierten Enzymkomplexes, und der als Abfallprodukt frei werdende Sauerstoff diffundiert nach außen. Die Elektronen aus dem Wasser ersetzen die auf den primären Elektronenakzeptor übergegangenen Elektronen in P680. Die Elektronen des Fotosystems II werden über eine Elektronentransportkette zum Fotosystem I befördert, die dabei frei werdende Energie wird genutzt, Protonen aus dem Stroma in den Thylakoidinnenraum zu pumpen. Hier kommt es zu einem Protonenüberschuss, der beim Rückfluss in das Stroma als protonenmotorische Kraft die ATP-Synthase zur Synthese von ATP antreibt. So wird Lichtenergie in chemische Energie überführt. In der Modellvorstellung eines Systems aus Stausee, Staumauer und kontrollierbarem Abfluss mit einer Turbine entsprechen die Thylakoidmembran der Staumauer und die Turbine der ATP-Synthase.
Das Fotosystem I (P700) nimmt die Elektronen aus der Elektronentransportkette als letzter Elektronenakzeptor in der ebenfalls durch Lichtanregung entstandenen Elektronenlücke auf und gibt seine eigenen Elektronen auf höherem Energieniveau über

eine weitere Elektronentransportkette ohne ATP-Synthese an $NADP^+$ im Stroma ab. $NADP^+$ wird durch Aufnahme von zwei Elektronen und einem Proton zu NADPH + H^+ reduziert.

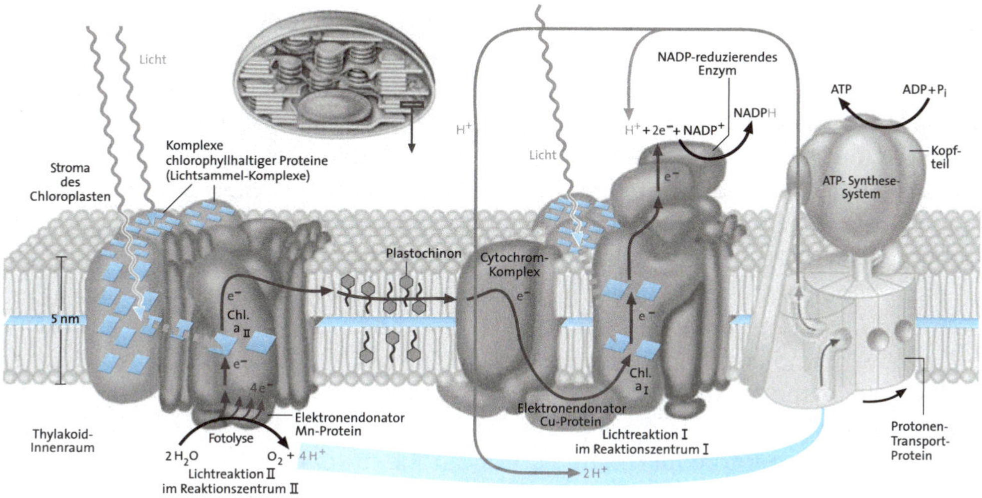

Bau der Thylakoidmembran und Primärvorgänge

Im Stroma kann NADPH + H^+ als Reduktionsäquivalent zusammen mit dem erzeugten ATP für die Synthese von Kohlenhydraten in den Sekundärvorgängen verwendet werden. Für die Primärvorgänge der Fotosynthese spielt deswegen die räumliche Anordnung der Redoxsysteme in den Thylakoidmembranen eine ausschlaggebende Rolle.

Bau- und Funktion der Thylakoidmembran in Schlagwörtern

ATP-Synthase (ATPase): membrangebundener Enzymkomplex aus einem differenzierten Tunnelsystem und weiteren Proteinbestandteilen, durch den (ähnlich einer Turbine) ein Protonenstrom fließt, der die Proteinbestandteile des Enzymkomplexes an bestimmten Stellen so verändert, dass ADP und ein Phosphatrest zusammengefügt werden können. In der Umkehrung dieser chemischen Reaktion kann unter ATP-Einsatz die ATP-Synthase auch als Protonenpumpe verwendet werden.

EMERSON-Effekt: Wird eine Pflanze gleichzeitig mit Licht von 680 und 700 nm Wellenlänge bestrahlt, bildet sie mehr Sauerstoff als die rechnerische Summe der O_2-Produktion bei einer Bestrahlung von 680 nm und danach 700 nm. Aufgrund dieser Beobachtung lassen sich zwei gekoppelte Fotosysteme ableiten, die einzeln weniger als gemeinsam leisten.

Energieäquivalent: Bezeichnung für ATP, weil es als universeller Energielieferant für die Stoffwechselprozesse aller Zellen angesehen werden kann.

Phospholipid: Grundbaustein der Thylakoidmembran. Charakteristisch für diese Moleküle ist der Aufbau aus einem polaren Teil mit einem Phosphatrest und einem unpolaren Teil mit zwei Fettsäureresten. Während sich die polaren Teile des Moleküls polaren Lösungsmitteln wie z. B. Wasser zuwenden und die Wassermoleküle als Dipole Hydrathüllen um den polaren Teil bilden, werden die unpolaren Teile von polaren

Lösungsmitteln abgestoßen. Folge dieser physikalisch-chemischen Eigenschaft des Phospholipids ist die Bildung von zweischichtigen Membranen. Die zweischichtige Anordnung der Phospholipide in der biologischen Membran darf aber nicht mit der Ausbildung biologischer Doppelmembranen wie z. B. bei Chloroplasten, Mitochondrien und Zellkernen verwechselt werden. Die Anordnung der Phospholipide zu einer Membran kann aufgrund der resultierenden Membraneigenschaften, zwei wässrige Lösungen voneinander zu trennen, vom Organismus genutzt werden. Erst dadurch ist der Aufbau von Stoffgradienten möglich, über den z. B. an Membranen der Chloroplasten und Mitochondrien Energie gewonnen werden kann.

Fotosystem I: Lichtenergie absorbierendes Fotosystem mit Chlorophyll a (P700) im Reaktionszentrum der „Lichtfalle", dessen Absorptionsmaximum bei 700 nm liegt. Bei Anregung von P700 werden Elektronen auf spezielle Akzeptormoleküle übertragen, die dabei reduziert werden. Über diese Akzeptormoleküle gelangen die angeregten Elektronen an die Stromaseite der Thylakoidmembran zum $NADP^+$, das zu $NADP^-$ reduziert wird und zusammen mit Protonen das NADPH + H^+ bildet (nichtzyklischer Elektronentransport). Sind nicht genügend Protonen vorhanden, wird das Reduktionsäquivalent NADPH + H^+ nicht gebildet, und die angeregten Elektronen fließen über eine Elektronentransportkette zurück zur Elektronentransportkette zwischen Fotosystem II und Fotosystem I mit erneuter ATP-Bildung (**zyklischer Elektronentransport**). Hierbei wird weder NADPH noch O_2 freigesetzt.

Fotosystem II: Lichtenergie absorbierendes Fotosystem mit Chlorophyll a (P680) im Reaktionszentrum der „Lichtfalle", dessen Absorptionsmaximum bei 680 nm liegt. Bei Anregung von P680 erhält das System Elektronen aus der Fotolyse des Wassers.

Primärvorgänge: Ablauf der lichtabhängigen und membrangebundenen Prozesse der Fotosynthese, deren Endprodukte Energie- und Reduktionsäquivalente darstellen, die für die Sekundärvorgänge (Fixierung von CO_2, Glucose-Synthese) notwendig sind.

Reduktionsäquivalent: Bezeichnung für $NADP^+$ (in oxidierter Form) bzw. NADPH + H^+ (reduzierte Form). Um ein Reduktionsäquivalent zu bilden, sind zwei Protonen und zwei Elektronen, also zwei Wasserstoffatome, erforderlich. Jedes Elektron benötigt in der Fotosynthese für seinen Weg über Redoxsysteme die Energie von zwei Lichtquanten – ein Lichtquant aus dem Fotosystem II und eines aus dem Fotosystem I.

Redoxpotenzial: Redoxpotenziale charakterisieren Redoxsysteme, also Substanzen, die Elektronen abwechselnd aufnehmen und abgeben können und daher zwischen oxidiertem und reduziertem Zustand hin- und herwechseln. Redoxpotenziale geben an, ob Elektronen fester oder lockerer an das jeweilige Redoxsystem gebunden sind bzw. wie leicht sie Elektronen abgeben und werden in Volt gemessen.]e lockerer die Elektronen an das System gebunden sind, desto energiereicher sind sie. Werden Elektronen auf ein System übertragen, in dem sie fester gebunden sind, wird nutzbare Energie frei. Je lockerer die Elektronen gebunden sind, desto negativer ist das Redoxpotenzial (etwa NADPH oder NADH: −320 mV oder Plastochinon: −200 mV). Redoxsysteme mit negativerem Redoxpotenzial können also Elektronen auf ein Redoxsystem mit positiverem Redoxpotenzial (etwa Cytochrom: +200 mV oder O_2/H_2O: +820 mV) übertragen und dieses dadurch reduzieren.

Redoxsystem: Reaktionspartner, die in einer Reaktion Oxidations- und Reduktionsmittel darstellen. Von einem Stoff mit höherem Redoxpotenzial nehmen sie Elektronen auf und geben diese an einen anderen mit niedrigerem Redoxpotenzial wieder ab.
System konjugierter Doppelbindungen: wechselnde Folge von Einfach- und Doppelbindungen in speziellen Molekülen wie z. B. Chlorophylle, Carotinoide, Häm.
Z-Schema: Der Transfer der Elektronen folgt dem Schriftzug des liegenden Buchstaben Z: Anregung der Elektronen in Fotosystem II (P 680), Elektronentransportkette vom Akzeptormolekül des Fotosystems II zum Fotosystem I (bergab mit ATP-Synthese), Anregung der Elektronen in Fotosystem I und Übertragung auf das dortige Akzeptormolekül, (zweite Elektronentransportkette und Übertragung der Elektronen auf $NADP^+$.

d. Nicht membrangebundene Vorgänge im Stroma der Chloroplasten: Synthese von Kohlenhydraten in den Sekundärreaktionen

Durch die Versuche von Trebst, Tsujimoto und Arnon wurde nachgewiesen, dass die lichtunabhängige Fixierung und Reduktion des CO_2 zu Kohlenhydraten während der Sekundärreaktionen im Chloroplastenstroma abläuft. Durch Autoradiogramme, bei denen einzellige Algen zunächst mit radioaktiv markierten Verbindungen „gefüttert“ wurden, konnte der Stoffwechselweg aufgeklärt werden, durch den Glucose entsteht. An einen aktivierten C_5-Körper (Ribulosebisphosphat) wird mithilfe des Enzyms „Rubisco“ (Ribulose-bisphosphat-carboxylase-oxidase) CO_2 gebunden. Dieser zerfällt sofort in zwei C_3-Körper PGS (3-Phosphoglycerat). Diese werden mithilfe von ATP (Energieäquivalent) und NADPH + H^+ (Reduktionsäquivalent), die in den Primärvorgängen der Fotosynthese gebildet wurden, zu PGA/G3P (Glycerinaldehyd-3-Phosphat) reduziert und in weiteren Folgereaktionen (Calvin-Benson-Zyklus) mithilfe von Enzymen umgebaut, sodass schließlich Glucose und neue CO_2-Akzeptoren entstehen. Die entstehenden Kohlenhydrate (u. a. Glucose) werden entweder über Membranproteine sofort aus den Chloroplasten transportiert oder zu osmotisch weniger wirksamen Stärkemolekülen zusammengesetzt und im Stroma gespeichert. Die CO_2-Fixierung kann je nach Standort und Angepasstheit der Pflanzenart verschieden ablaufen. Sowohl der Bau der Fotosyntheseorgane als auch die CO_2-Akzeptoren können unterschiedlich sein:

1. Im Calvinzyklus wird CO_2 mithilfe des Enzyms Rubisco an den C_5-Körper Ribulose-1,5-bisphosphat (RuBP) gebunden (s.o.). Das Produkt, ein C_6-Molekül, zerfällt sofort wieder in zwei C3-Moleküle Phosphoglycerinsäure, kurz PGS (C3-Pflanzen, z. B. Bohne).
2. Ein anderer Akzeptor ist z. B. Phosphoenolpyruvat (PEP), das zusammen mit CO_2 den C4-Körper Malat bildet. Das Malat dient als CO_2-Speicher für den Fall, dass wegen geschlossener Spaltöffnungen aufgrund großen Wassermangels die CO_2-Zufuhr tagsüber unterbrochen ist. Malat wird dann nachts gebildet und in der Vakuole gespeichert. Tagsüber, wenn Lichtenergie, aber kein CO_2 von außen zur Verfügung steht, wird es wieder abgebaut und das dabei entstehende CO_2 in den Calvinzyklus eingeschleust (diurnaler Säurerhythmus bei CAM-Pflanzen, z. B. Mauerpfeffer).
3. Viele tropische Pflanzen haben einen differenzierten Blattaufbau und sind in der Lage, bei großem Licht-, Wasser- und Nährsalzangebot besonders schnell zu wach-

sen, weil sie zusätzlich zum CALVINzyklus in spezialisierten Mesophyllzellen mithilfe von Reduktionsäquivalenten und fotosynthetisch gewonnenem ATP Phosphoenolpyruvat und CO_2 zu Malat reduzieren können. Dieses Malat steht dann als CO_2-Quelle zusätzlich für den CALVINzyklus in den Chloroplasten der Leitbündelscheidenzellen zur Verfügung (C4-Pflanzen, z. B. Mais).

CALVIN-(BENSON-)Zyklus: Prozess der CO_2-Fixierung, Bildung von Glucose und Regeneration des CO_2-Akzeptors unter Verwendung der in den Primärvorgängen gewonnenen Reduktionsäquivalente (NADPH + H^+) und Energieäquivalente (ATP).
Rubisco: Ribulose-bisphosphat-carboxylase-oxidase. Enzym, welches die Verbindung von CO_2 mit dem aktivierten CO_2-Akzeptor Ribulosebisphosphat katalysiert. Rubisco ist das häufigste Enzym in der Natur und macht etwa 50 % aller Proteine im Chloroplastenstroma aus.
Sekundärvorgänge: lichtunabhängige Reaktionen der Fotosynthese, die im Stroma ablaufen. Sie dienen zur Fixierung des CO_2, zur Bildung energiereicher organischer Verbindungen (z. B. Clucose) und zur Regeneration des CO_2-Akzeptors. Dabei werden ATP und NADPH + H^+ aus den Primärreaktionen benötigt, ADP und freies Phosphat sowie $NADP^-$ in die Primärreaktionen zurückgeführt.

e. Fotosynthese bei Bakterien

Viele Bakterien sind fotoautotroph. Sie entwickelten die dafür notwendigen Stoffwechselwege unter den Bedingungen der Ur-Atmosphäre vor etwa 2,5 Milliarden Jahren (siehe Tabelle).

	Grüne Schwefel-bakterien	**Grüne Bakterien**	**Schwefel-Purpur-bakterien**	**Purpur-bakterien**	**Cyano-bakterien**
Beispiel (Gattungs-Name)	*Chlorobium*	*Chloroflexus*	*Chromatium*	*Rhodo-spirillium*	*Anabaena*
Herkunft des Wasserstoffs bzw. Elektronen-Donator	H_2S, H_2	organ. Stoffe, H_2S, H_2	H_2S, H_2	org. Stoffe H_2S, H_2	H_2O
Pigmente	Bch c,d,e,a	Bch a,c	Bch a	Bch a,b	Chl. a, Phycobiline
Anzahl der Fotosysteme	1	1	1	1	2
fotosynthetisch aktiv	Vesikel und Membran		Thylakoide		
CO_2-Assimilation	Tricarbonsäurezyklus		Ribulosebisphosphat-Zyklus		

Rezente (heute lebende) fotoautotrophe Bakterien
Bch = Bakterienchlorophyll; Chl = Chlorophyll. (verändert nach Fritsche, Mikrobiologie, UTB Fischer Jena 1990, S. 74)

Gemäß der Absorptionseigenschaften der Pigmente in ihrer z. T. zu Vesikeln oder Thylakoiden gefalteten Zellmembran sind fotoautotrophe Bakterien grün oder dunkelrot gefärbt und besiedeln dementsprechend unterschiedliche Lebensräume mit verschiedenen Lichtbedingungen. Die meisten Formen verwenden organische Verbindungen oder Schwefelwasserstoff als Wasserstoffspender; der frei werdende Schwefel wird in oder außerhalb der Zelle abgelagert. Nur die Gruppe der Cyanobakterien nutzt Wasser als Elektronen- bzw. Wasserstoffspender und besitzt zwei Fotosysteme. Cyanobakterien sind mit den Vorformen der Chloroplasten in Algen und höheren Pflanzen verwandt. Heterotrophe Archaebakterien nahmen diese endosymbiontisch auf und entwickelten sich zur Pflanzenzelle (Endosymbiontentheorie).

Chemosynthese

Es gibt Organismen an extremen Standorten, die vollkommen unabhängig vom Sonnenlicht Energie gewinnen können. Sie leben chemoautotroph und nutzen Energie spendende chemische Reaktionen für aufbauende (anabole) Stoffwechselprozesse. Es können sowohl H_2 als auch H_2S (aber auch NH_4^+ oder NO_2^-) oxidiert werden – teilweise werden zusätzlich O_2 oder CO_2 benötigt – um körpereigene organische Verbindungen aufzubauen.
Bakterien, die etwa in schwefelwasserstoffhaltigem (H_2S) Wasser leben, trennen Wasserstoff vom Schwefel, binden einen Teil an ein Coenzym und schleusen dies in den CALVINzyklus ein, wo es mithilfe von CO_2 zu Kohlenhydraten umgesetzt wird. Hierbei wird kein Sauerstoff freigesetzt, sondern benötigt.

Zellatmung und Gärung: Energieumwandlung bei Tier und Pflanze (Glykolyse, oxidative Decarboxylierung, Citratzyklus, Atmungskette; vgl. Aufg. 10)

Kohlenhydrate, Fette und Proteine – Grundstoffe der Nahrung heterotropher Organismen – haben einen hohen Gehalt an chemisch gebundener Energie. Um sie für energieaufwändige Lebensprozesse wie aktive Transportvorgänge, mechanische oder chemische Arbeit nutzen zu können, müssen diese Verbindungen abgebaut und die in ihnen enthaltene Energie zur Gewinnung des zelleigenen Energieüberträgers ATP verwendet werden (ADP wird durch Übertragung einer freien anorganischen Phosphatgruppe zu ATP phosphoryliert). ATP kann durch Übertragung von einer oder zwei Phosphatgruppen auf andere Verbindungen (Phosphorylierung) Energie freisetzen und auch übertragen. Dabei können neue energiereiche Verbindungen entstehen, die dann beispielsweise Arbeit verrichten können, wie z. B. die Rückstellung des Myosinkopfes im Muskel.
Glucose als Grundbaustein der Kohlenhydrate kann auf zwei Wegen abgebaut werden:
1. Die anaerobe Energiebereitstellung ohne Mitwirkung von Sauerstoff wird als **Gärung** bezeichnet. Sie findet im Cytoplasma statt und führt nicht zum vollständigen Abbau von Glucose: Bei der alkoholischen Gärung entstehen als Endprodukte Ethanol und CO_2, bei der Milchsäuregärung nur Lactat. Die Gärung ist wenig effizient: Pro Molekül Glucose werden über Substratkettenphosphorylierung nur 2 ATP gewonnen.

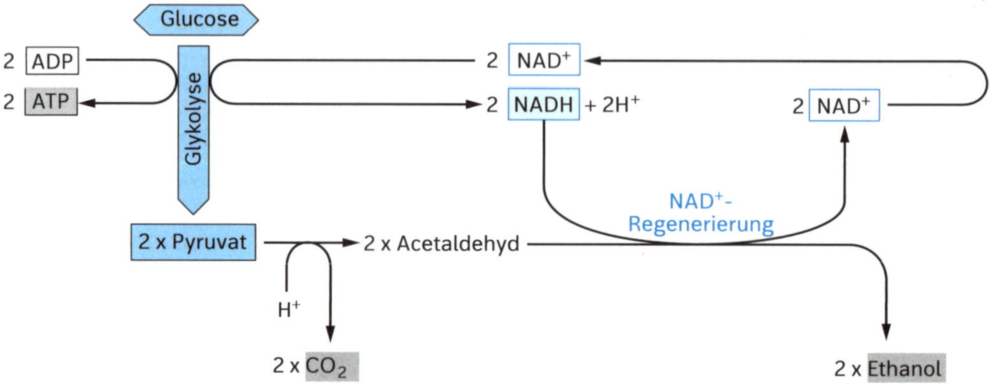

Alkoholische Gärung

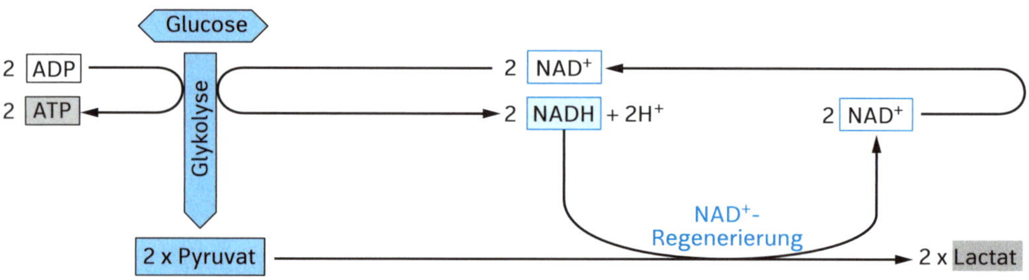

Milchsäuregärung

2. Die aerobe Energiebereitstellung unter Verwendung von Sauerstoff wird als Zellatmung bezeichnet. Sie ist ein komplexer, aber auch sehr effizienter Prozess, läuft zum großen Teil in den Mitochondrien ab und führt zum vollständigen Abbau der organischen Verbindungen.

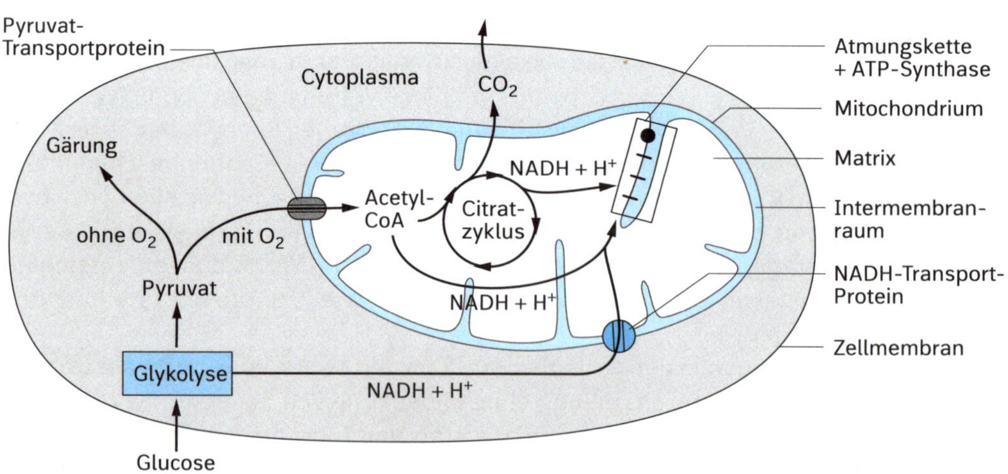

Reaktionsorte der Zellatmung in der Zelle

Verhaltensbiologie

Physiologische Grundlagen

a. Bau und Funktion eines Neurons (vgl. Aufg. 11, 12)

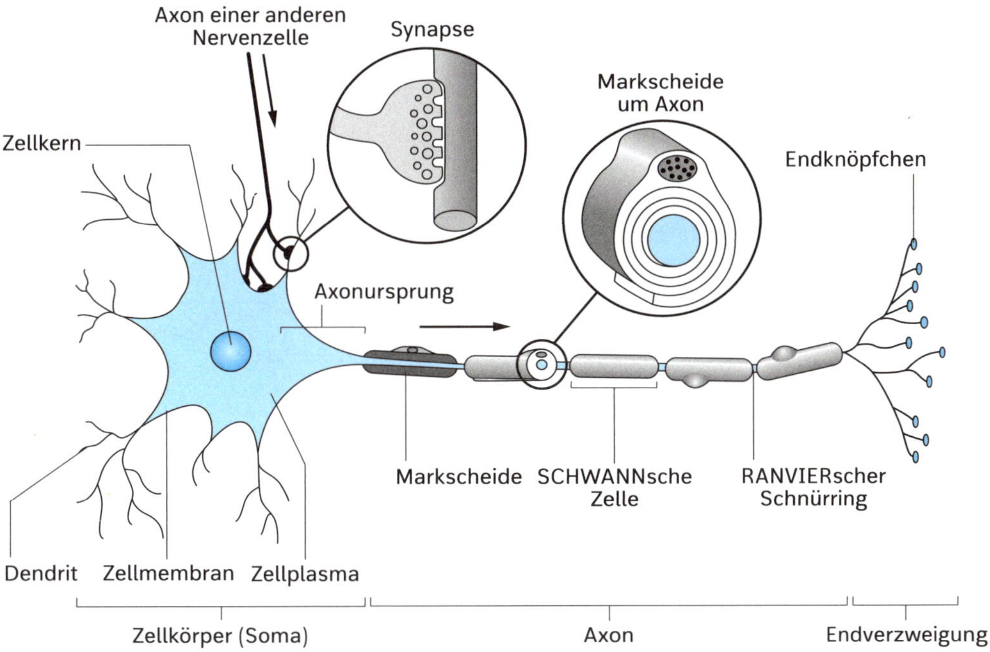

Bau eines Neurons

Bauelemente eines Neurons

Axon (Neurit): Fortsatz von Nervenzellen, der Aktionspotenziale fortleitet. Die Erregung wird am Endknöpfchen mittels Neurotransmitter auf weitere Zellen übertragen.
Endknöpfchen: verbreitertes Axonende mit synaptischen Vesikeln, die mit Neurotransmitter gefüllt sind
Glia: Gewebe aus Stützzellen, das für die Festigkeit des Nervengewebes, den Stofftransport im Nervensystem und die Isolierung der Neurone von Bedeutung ist
Mark- bzw. Myelinscheide: schützende Hülle aus der Zellmembran von Gliazellen, die mehrfach um das Axon gewickelt ist. Axone mit dieser Hülle bezeichnet man als markhaltig. Diese Gliazellen nennt man SCHWANNsche Zellen. Sie grenzen nicht ganz aneinander, weil sie von RANVIERschen Schnürringen unterbrochen werden.
RANVIERscher Schnürring: An markhaltigen Axonen in regelmäßigen Abständen auftretender Bereich, an denen die Mark- bzw. Myelinscheide unterbrochen ist. Derartige Axone weisen nur dort spannungsgesteuerte Ionenkanäle auf, sodass bei ihnen nur an diesen Stellen Aktionspotenziale auftreten können.
Synapse: Kontaktstelle zwischen zwei Nervenzellen bzw. zwischen einer Nervenzelle und einer Muskel-, Sinnes- oder Drüsenzelle. Die meisten Synapsen übermitteln durch

chemische Neurotransmitter Information. Zwischen den Zellen, die eine chemische Synapse bilden, befindet sich ein schmaler Spalt, der sogenannte synaptische Spalt.

b. Erregungsentstehung, Erregungsleitung, Synapsenvorgänge einschließlich molekularer Grundlagen (vgl. Aufg. 11, 12)

Die Aufgabe der Neuronen liegt in der Aufnahme, Weiterleitung und Verarbeitung von Informationen in Form von elektrischen Impulsen. Daran sind Ionen beteiligt, deren Konzentrationen innerhalb und außerhalb des Neurons, getrennt durch die Zellmembran, meist unterschiedlich sind. Diese ungleiche Ionenverteilung wird durch die Natrium-Kalium-Pumpe aktiv aufrechterhalten. Die dadurch an der Membran entstehende elektrische Spannung wird als Ruhepotenzial bezeichnet: das Zellinnere ist gegenüber dem äußeren Milieu negativ geladen. Das Ruhepotenzial verändert sich, wenn ein Neuron z. B. durch Einwirkung eines Reizes oder durch eine vorangegangene Erregung erregt wird.

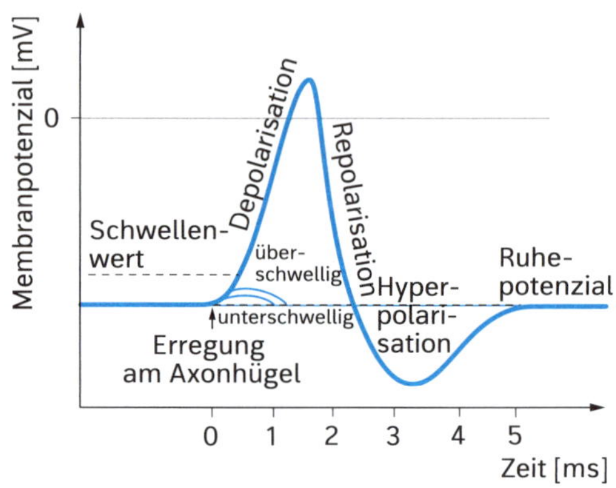

Phasen des Aktionspotenzials

Dies erfolgt durch einen vorübergehenden Einstrom von Na^+-Ionen aus dem Außenmedium ins Zellinnere durch spannungsgesteuerte Na^+-Ionenkanäle. Hierdurch kann die negative Ladung nicht nur ausgeglichen werden, es kann sogar ein Überschuss an positiver Ladung entstehen. Dieser Vorgang wird als Depolarisation bezeichnet. Sie entsteht lokal und breitet sich unter Abschwächung (Dekrement) elektrotonisch über die Zelle aus. Durch einen langsamer einsetzenden verstärkten Ausstrom von K^+-Ionen aus der Zelle durch spannungsgesteuerte K^+-Ionenkanäle kehrt dann das veränderte (graduierte) Membranpotenzial zum Ruhepotenzial zurück. Erfolgt beispielsweise durch einen starken Reiz eine Depolarisation über einen Schwellenwert hinaus, so entsteht durch verstärkten Einstrom von Na^+-Ionen durch die spannungsgesteuerten Ionenkanäle ein kurzzeitiges Aktionspotenzial. APs bilden sich nur am Axonhügel der erregbaren Zelle und werden dann rasch über das Axon bis zur Synapse weitergeleitet.

Aktionspotenzial: Kurzzeitige Depolarisation einer erregbaren Zelle über einen Schwellenwert hinaus. Der Ablauf folgt dem Alles-oder-Nichts-Gesetz.

Depolarisation: Veränderung des Membranpotenzials zu Werten, die positiver als das Ruhepotenzial der Zelle sind

Hyperpolarisation: Veränderung des Membranpotenzials zu Werten, die negativer als das Ruhepotenzial der Zelle sind

Ionenkanal: Protein in der Zellmembran, das Ionen passieren lässt. Das Öffnen eines Ionenkanals kann durch eine Spannungsänderung über der Membran (spannungsgesteuerte Ionenkanäle, z. B. Natriumkanäle), durch Bindung bestimmter Moleküle (Liganden gesteuerte Ionenkanäle) oder durch mechanische Einflüsse (mechanisch gesteuerte Ionenkanäle) ausgelöst werden.

Ionenpumpe: aktives Transportsystem, das unter ATP-Verbrauch Ionen gegen das Konzentrationsgefälle durch Biomembranen schleust
Membranpotenzial: elektrische Spannung über der Zellmembran. Sie kommt durch die unterschiedlichen Ladungen beiderseits der Membran zustande. Die Ladungsdifferenz beruht auf der unterschiedlichen Verteilung der Ionen zwischen dem Cytoplasma (u. a. viel K^+, wenig Na^+) und dem Außenmedium (u. a. wenig K^+, viel Na^+).
Repolarisation: Wiederherstellung des Ruhepotenzials nach einer Potenzialänderung
Ruhepotenzial: Membranpotenzial von erregbaren Zellen im unerregten Zustand

Erregungsleitung

Die Erregung eines Neurons wird, wenn sie am Axonhügel bzw. Axonursprung überschwellig ist, als Aktionspotenzial weitergeleitet. Die Leitung erfolgt in Nervenfasern ohne Myelinscheide als kontinuierliche, langsame Erregungsleitung, in myelinisierten Nervenfasern als saltatorische, relativ schnelle Erregungsleitung mit Bildung von Aktionspotenzialen nur an den RANVIER-Schnürringen. Dabei sorgt die Refraktärzeit dafür, dass das Aktionspotenzial nur in eine Richtung weitergeleitet wird und nicht zurücklaufen kann. Als Refraktärzeit bezeichnet man den kurzen Zeitraum nach einem Aktionspotenzial, währenddessen die Membran des Axons zunächst unerregbar (absolute Refraktärzeit) und anschließend vermindert erregbar ist (relative Refraktärzeit).

Synapsenvorgänge mit molekularen Grundlagen

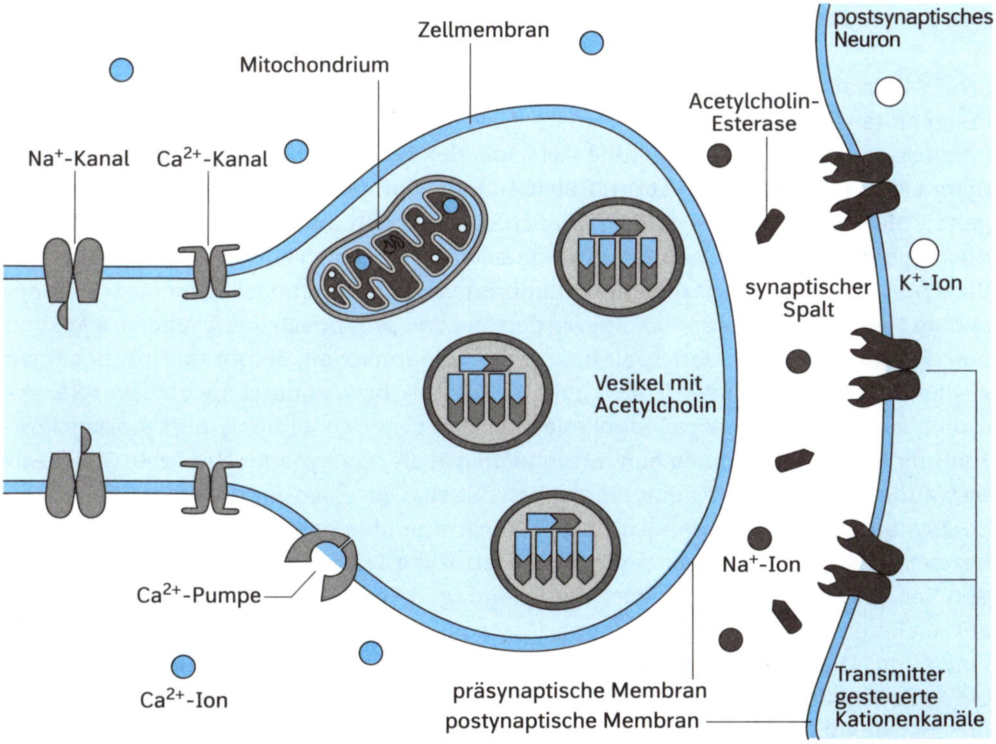

Bau einer Synapse

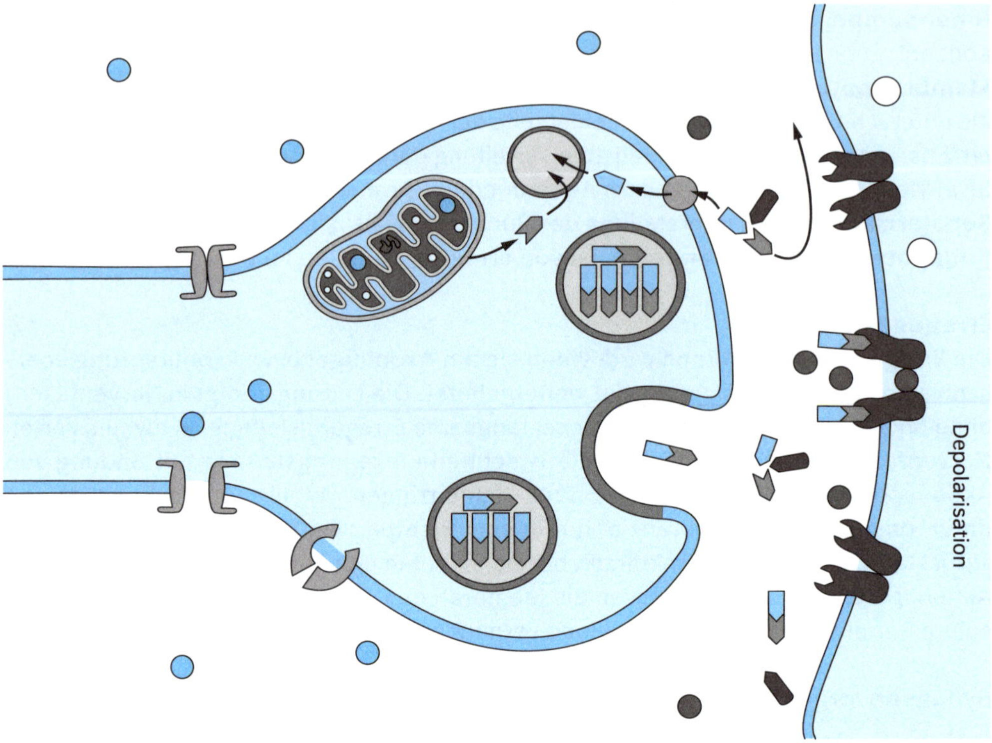

Ankommende APs bewirken das Verschmelzen der Vesikel mit der Membran

Erreicht ein Aktionspotenzial (AP) das Endknöpfchen, öffnen sich kurzzeitig spannungsabhängige Calciumionen-Kanäle: Calciumionen strömen in das Zellinnere, da für diese ein Konzentrationsgefälle zwischen der extrazellulären Flüssigkeit und dem Cytosol der Nervenzelle besteht. Calciumionen-Pumpen transportieren eingedrungene Calciumionen unter ATP-Verbrauch wieder nach außen. Der vorübergehende Anstieg der Calciumionen-Konzentration bewirkt, dass sich ein Teil der synaptischen Bläschen mit der präsynaptischen Membran verbindet. Acetylcholinmoleküle (oder andere Neurotransmittermoleküle) werden aus den synaptischen Bläschen freigesetzt und diffundieren durch den Spalt bis zur postsynaptischen Membran. Dort besetzen sie die Bindungsstellen der Acetylcholinrezeptoren (bzw. anderer spezifischer Rezeptoren), sodass benachbarte Ionenkanäle geöffnet werden. Entlang ihres starken Konzentrationsgefälles strömen nun Natriumionen in die postsynaptische Zelle. Gleichzeitig wandern nur wenige Kaliumionen nach außen. Diese Ladungsveränderung an der postsynaptischen Membran wird als EPSP, erregendes postsynaptisches Potenzial, bezeichnet. Es breitet sich über die postsynaptische Zelle aus. Wenn es am Axonhügel den Schwellenwert erreicht, wird die Erregung in Form eines Aktionspotenzials bis zur nächsten Synapse weitergeleitet. Das postsynaptische Potenzial wirkt nur über kurze Zeit. Die Acetylcholinmoleküle lösen sich schnell von ihren Rezeptoren und die Kationenkanäle schließen sich wieder, sodass der Einstrom von Natriumionen in die postsynaptische Zelle unterbleibt. Im synaptischen Spalt befindet sich das Enzym Acetylcholinesterase. Sobald die Acetylcholinmoleküle an dieses Enzym gelangen,

werden sie in ein Acetation und einen Cholinrest gespalten. Die Acetationen werden abtransportiert. Der Cholinrest wird wieder in die Nervenendigung aufgenommen und zusammen mit Acetationen aus den Mitochondrien erneut in Vesikel verpackt.
Die Erregungsübertragung kann durch verschiedene Substanzen (Synapsengifte, Stimulanzien, Drogen) vorübergehend stimuliert, gehemmt oder auch ganz unterbunden werden. Das nutzt man u. a. in der Medizin: Synapsengifte werden etwa als Schmerzmittel oder Mittel zur Muskelentspannung eingesetzt. Die Gifte wirken sehr spezifisch entweder prä- oder postsynaptisch.
Auch verschiedene neurologische Erkrankungen führen zu einer Störung der Erregungsleitung. So werden bei der multiplen Sklerose (MS) die Markscheiden fortschreitend geschädigt. In Schüben oder seltener schleichend treten entzündlich-demyelinisierende Läsionen auf, deren Ursache bisher nicht zweifelsfrei geklärt ist. Die Symptome der Erkrankung sind abhängig von der Lokalisation der Entzündungsherde und vom Ausmaß der Entmarkung; sie umfassen sowohl sensorische als auch motorische Störungen (Lähmungen, Krämpfe, Koordinationsverlust etc.), begleitet von Schmerzen und daraus resultierenden Auswirkungen auf die Psyche.
Im Gegensatz zur MS ist bei der Alzheimer-Erkrankung nur das Gehirn betroffen. An der Außenseite der Nervenzellen häufen sich Protein-Plaques an, die hauptsächlich aus Beta-Amyloiden bestehen. Parallel erfolgen in den Neuronen fibrilläre Ablagerungen von Tau-Proteinen. Im Laufe der Erkrankung kommt es zu einem massiven Absterben von Nervenzellen und damit zum Schrumpfen der Hirnmasse, was sich in einem dramatischen Rückgang der kognitiven Leistungen, Verhaltensauffälligkeiten und Desorientierung äußert, die bei den Betroffenen im fortgeschrittenen Stadium zum völligen Verlust der Fähigkeit führen, ihren Alltag ohne Hilfe zu bewältigen. Auch bei Alzheimer hat die Erforschung der Ursachen noch kein eindeutiges Ergebnis erbracht.

erregendes postsynaptisches Potenzial (EPSP): Depolarisation der postsynaptischen Membran aufgrund der Bindung eines Neurotransmitters an einen entsprechenden Rezeptor; erhöht die Wahrscheinlichkeit für die Ausbildung eines Aktionspotenzials

hemmendes postsynaptisches Potenzial (IPSP): Hyperpolarisation der postsynaptischen Membran aufgrund der Bindung eines Neurotransmitters an einen entsprechenden Rezeptor; erschwert die Ausbildung eines Aktionspotenzials

Neurotransmitter: chemische Substanz („Botenstoff"), z. B. Acetylcholin, die in der Synapse Information auf eine andere Zelle überträgt; wird von Nervenzellen hergestellt und an der präsynaptischen Membran der Synapse freigesetzt. Nach Diffusion durch den synaptischen Spalt bindet er an spezifische Rezeptoren in der postsynaptischen Membran.

postsynaptische Membran: zum synaptischen Spalt hin weisende Zellmembran der postsynaptischen (Signal aufnehmenden) Zelle

präsynaptische Membran: zum synaptischen Spalt hin weisende Zellmembran des Endknöpfchens

synaptischer Spalt: Raum zwischen prä- und postsynaptischer Membran in einer chemischen Synapse

Schwellenwert oder Schwellenpotenzial: Potenzial, das eine Nervenzelle am Axonhügel erreichen muss, damit ein Aktionspotenzial ausgelöst wird

synaptische Vesikel: kleine, mit Neurotransmitter gefüllte Membranbläschen, die in den Endknöpfchen von Axonen gebildet werden und ihren Inhalt in den synaptischen Spalt freisetzen, wenn ein Aktionspotenzial das Axonende erreicht

c. Synaptische Verschaltung und Verrechnung

Ein Neuron einer Nervenfaser wird nicht nur über eine einzelne Synapse erregt. Es werden vielmehr die Signale von zahlreichen Synapsen in einer Nervenzelle registriert. Die an den Synapsen ausgelösten postsynaptischen Potenziale (PSPs) breiten sich anders als Aktionspotenziale unter Abschwächung (Dekrement) über die Zelle aus. Sie können erregend oder hemmend wirken und dazu von unterschiedlicher Stärke sein. Diese PSPs unterschiedlicher Synapsen werden alle dann miteinander verrechnet, wenn sie nahezu gleichzeitig auftreten (räumliche Summation). Erreichen sie am Axonhügel den Schwellenwert, lösen sie gemäß ihrer Erregungsstärke ein oder mehrere Aktionspotenziale aus.
Auch die PSPs an einer einzigen Synapse können summiert werden, wenn präsynaptisch mehrere Aktionspotenziale kurz hintereinander einlaufen. Dies nennt man zeitliche Summation.

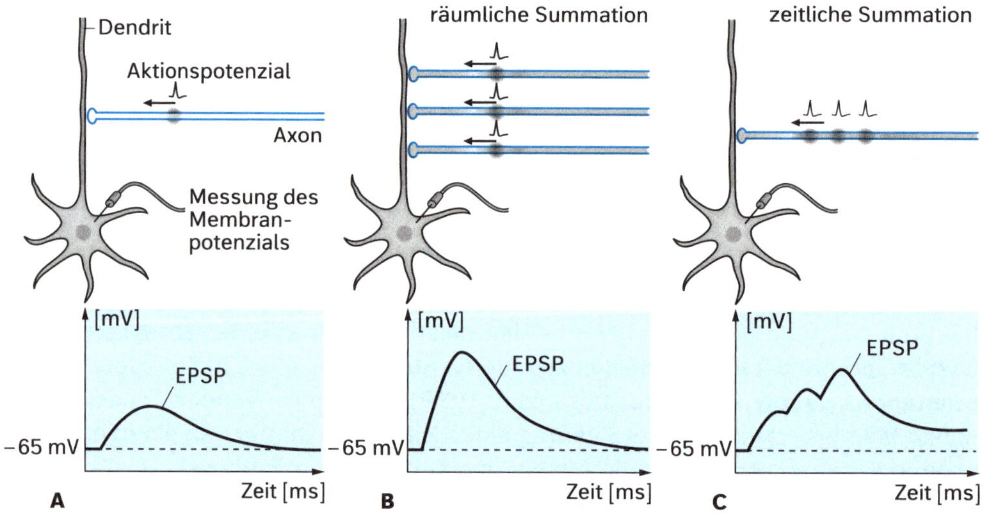

Summation

Erläuterung: Ein einzelnes Aktionspotenzial löst ein geringes EPSP aus (A). Wenn einzelne Aktionspotenziale an verschiedenen Synapsen gleichzeitig eintreffen (B) oder viele Aktionspotenziale rasch nacheinander an derselben Synapse (C), tritt Summation auf. Anmerkung: Nicht die Aktionspotenziale werden summiert, sondern deren Wirkungen, d. h. hervorgerufene PSPs.

d. Sinneswahrnehmung (vgl. Aufg. 12)

Um Informationen (Reize) aus der Umwelt oder aus dem eigenen Körper aufnehmen zu können, sind spezielle Sinneszellen (Rezeptoren) nötig. Diese sind mittels spezieller Strukturen in der Lage, einen spezifischen Reiz – mechanischer Druck, Licht, Tem-

peratur, chemische Substanzen, Schmerz, Schwerkraft oder elektrische Felder – zu rezipieren und proportional zu seiner Stärke in ein Rezeptorpotenzial umzuwandeln (Signaltransduktion). Ist das Signal stark genug, wird die Information als elektrisches Erregungsmuster über Neurone (sensorische Nerven) zum Gehirn weitergeleitet. Dort lösen die neuronalen Impulse die Wahrnehmung aus. Daraufhin kann eine Reaktion erfolgen: Über motorische Nerven wird die neuronale Antwort in Form von Aktionspotenzialen weitergeleitet zu motorischen Endplatten, die als spezifische Form einer Synapse die Erregung mithilfe des Transmitters Acetylcholin auf Muskelfasern übertragen, sodass eine Kontraktion ausgelöst wird. Die einlaufenden Aktionspotenziale selbst geben keinen Hinweis auf den ursächlichen Reiz, die Art der Wahrnehmung ist vielmehr abhängig davon, über welchen Nerv (z. B. Hörnerv) die Information zum Gehirn geleitet wird: Leitungscode. Sinneszellen sind oft in komplexen Sinnesorganen mit besonderen Hilfsstrukturen zusammengefasst, sodass die Reizaufnahme durch Filterung oder Verstärkung verbessert werden kann (z. B. Auge).
Auch wenn es sehr unterschiedliche Rezeptortypen gibt, die jeweils spezifisch für einen adäquaten Reiz sind, läuft die Transduktion nach demselben Grundprinzip: Die Rezeptormembran wird durch den Reiz so beeinflusst, dass sich die Permeabilität für Ionen und damit das Membranpotenzial verändert (Rezeptorpotenzial). Dies kann entweder direkt erfolgen wie bei Mechanorezeptoren, bei denen durch Druck von außen die Membran so verbogen wird, dass Kanalproteine verformt werden und Ionen durchlassen können, oder wie bei Chemorezeptoren, bei denen die Signalmoleküle (etwa Na^+-Ionen) direkt einströmen und damit das Potenzial verändern. Das Rezeptorpotenzial ist meist direkt proportional zur Reizstärke. Damit ist es mit dem PSP an einem Neuron vergleichbar.
Die Signaltransduktion kann auch indirekt über second messenger erfolgen und auf diese Weise verstärkt werden, etwa bei Geruchsrezeptoren. Hier docken die Signalmoleküle an entsprechende Membranrezeptoren, wodurch weitere Membranproteine aktiviert werden, die ihrerseits über die Aktivierung eines second messengers (etwa cAMP) eine Signalkaskade innerhalb der Zelle auslösen.
Die Dauer eines Reizes wird von den Rezeptoren entweder phasisch (kurze Zellantwort auf Dauerreiz), tonisch (lange Antwort auf langen Reiz) oder phasisch-tonisch (erst hohe, dann niedrige Impulsfrequenz) codiert. Erst die Umwandlung eines Rezeptorpotenzials in Aktionspotenziale ermöglicht die Weiterleitung des durch den Reiz bewirkten Signals. Primäre Sinneszellen und Sinnesnervenzellen können wie Neurone am eigenen Axon selbst Aktionspotenziale generieren. Sekundäre Sinneszellen besitzen kein Axon und können daher nur über eine synaptisch verbundene Nervenzelle Aktionspotenziale auslösen.

e. Beispiel – Netzhaut des menschlichen Auges

Bau der Netzhaut

Die Netzhaut (Retina) besteht aus mehreren Zellschichten. Das Licht muss erst mehrere Schichten durchdringen, bevor es auf die Fotorezeptoren trifft. In der Netzhaut finden sich zwei Typen von Sehsinneszellen (Fotorezeptoren). Die circa 130 Millionen Stäbchen finden sich vorwiegend in den Randbereichen der Netzhaut. Sie sind besonders lichtempfindlich und vermitteln Hell-Dunkel-Unterschiede.

Das Farbsehen erfolgt mit den Zapfen. Hier finden sich drei verschiedene Typen mit unterschiedlichen Absorptionsspektren. Die circa 7 Millionen Zapfen kommen vor allem im Zentrum der Netzhaut vor und übernehmend das Sehen bei Tageslicht, in dem die lichtempfindlichen Stäbchen kaum noch sensitiv sind.

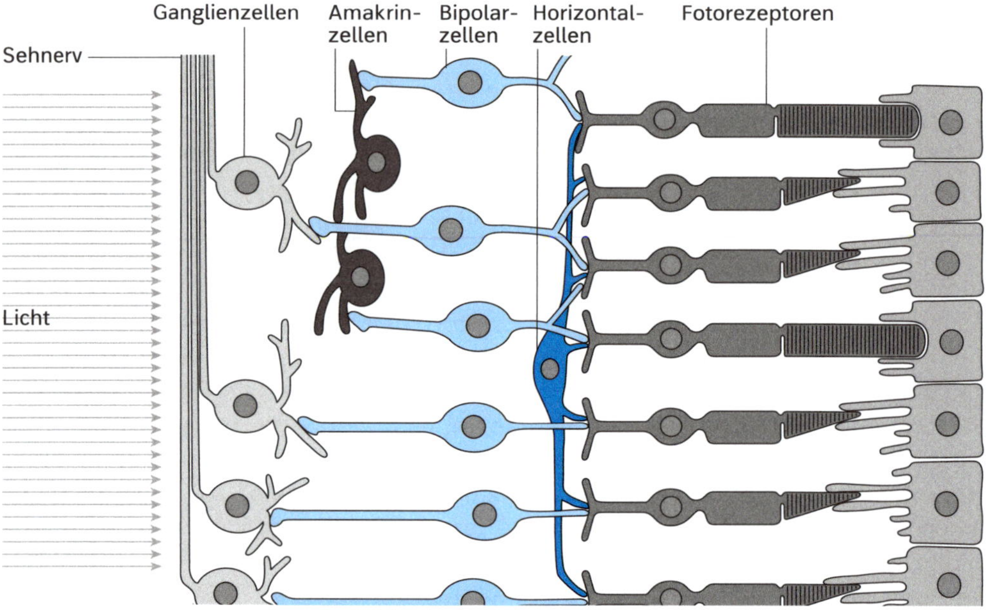

Bau der Netzhaut

Signaltransduktion in den Fotorezeptoren der Netzhaut

Die Signaltransduktion von Licht in einen elektrischen Impuls wird hier am Beispiel der Stäbchen beschrieben. In den Zapfen fungiert statt Rhodopsin je nach Zapfentyp ein unterschiedliches Iodopsin als fotosensibles Molekül. Rhodopsin ist ein Farbstoffmolekül, das in den Disc-Membranen des Außensegmentes eingelagert ist. Es besteht aus dem lichtabsorbierenden Molekül Retinal, das an das membranständige Molekül Opsin gebunden ist.

Trifft Licht auf Rhodopsin, wandelt sich Retinal aus der cis-Form in die trans-Form um. Dadurch wird das Gesamtmolekül Rhodopsin aktiviert. Dies führt zur Abspaltung des Retinals, das zur Regeneration in die Zellen des Pigmentepithels transportiert wird. Das verbleibende Opsin/aktivierte Rhodopsin aktiviert nun seinerseits das G-Protein Transducin, das wiederum Phosphodiesterase aktiviert. Dieses Enzym spaltet cGMP (zyklisches Guanosinmonophosphat), das bei Dunkelheit mit Na^+-Ionenkanälen in der Außenmembran des Stäbchens verbunden ist und sie dadurch geöffnet hält. Durch die Spaltung löst sich cGMP von den Na^+-Ionenkanälen. Als Folge schließen sich die betroffenen Na^+-Ionenkanäle, wodurch das Membranpotenzial im Innensegment des Stäbchens sinkt. Dies hat eine Reduzierung der Ausschüttung des Neurotransmitters Glutamat zur Folge. Glutamat kann an den nachfolgenden Bipolar- und Horizontalzellen je nach Rezeptortyp an der postsynaptischen Membran entweder eine Depolarisation oder eine Hyperpolarisation bewirken. Bipolarzellen, die auf Glutamatausschüttung mit einer Hyperpolarisation reagieren, werden durch Lichtabsorption im Stäbchen depolarisiert und leiten das Signal über Ganglienzellen und den Sehnerv in das Sehzentrum des Gehirns weiter. Bipolarzellen, die infolge von Glutamatausschüttung depolarisiert werden, werden durch Lichtabsorption und daraus folgender Einschränkung der Glutamatausschüttung hyperpolarisiert. Die Erregung wird nicht weitergeleitet.

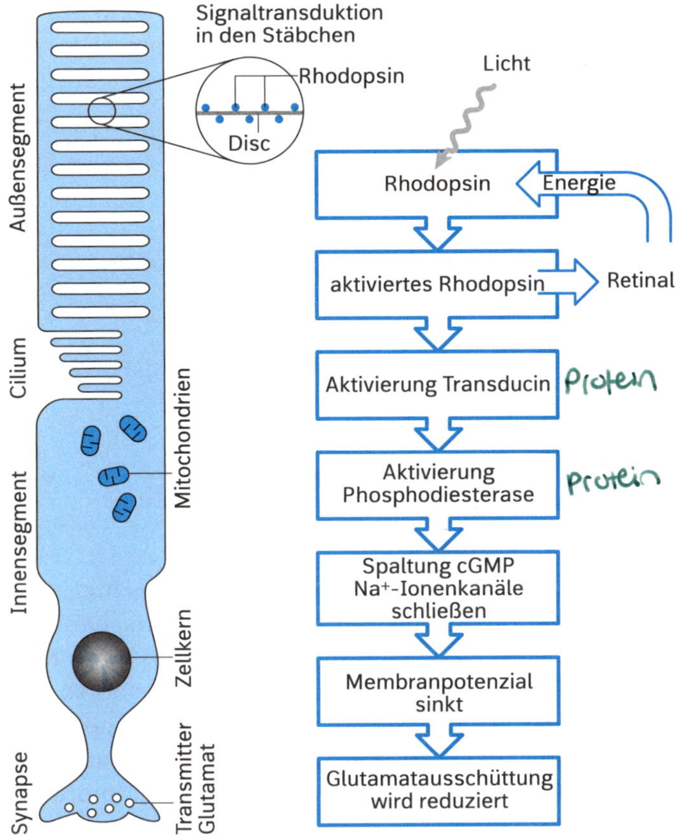

Signaltransduktion in den Stäbchen

Ethologische, ökologische und evolutionäre Aspekte des Verhaltens

a. Unbedingte Reflexe

Reflexe sind die einfachsten Verhaltensäußerungen. Auf einen bestimmten **Reiz** hin läuft die **Reaktion** des Lebewesens, ein bestimmtes Verhaltensmuster, immer in der gleichen Art und Weise ab, meist um vor einer drohenden Gefahr zu schützen. So verhindert beim Menschen beispielsweise der Lidschlussreflex durch das schnelle Schließen des Augenlids die Verletzung des Auges oder der Kniesehnenreflex durch das Vorschnellen des Unterschenkels das Hinfallen beim Stolpern. Woran erkennt man einen Reflex? Reflexe ...

... dienen vor allem dem **Schutz** des Körpers (bzw. hatten in der Stammesgeschichte eine solche Funktion).
... laufen sehr **schnell** ab und haben eine besonders kurze Reaktionszeit.
... **ermüden** auch bei häufiger Auslösung (fast) nicht.
... laufen **unbewusst** ab, sind jedoch u. U. vom Willen beeinflussbar.
... müssen **nicht erlernt** werden (sonst: [erfahrungs-]bedingte Reflexe, s. u.).

... laufen unter **gleichen Bedingungen** immer in **gleicher Art und Weise** ab.
... werden in einem **Reflexbogen** im Rückenmark verschaltet.

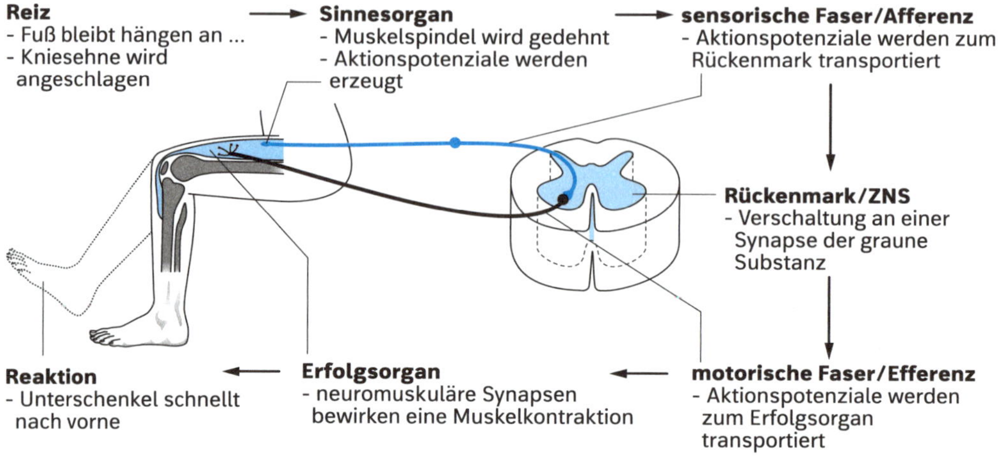

Der Kniesehnenreflex ist – vereinfacht betrachtet – ein **monosynaptischer Eigenreflex**. Das sensorische Neuron ist (ohne Zwischenneuron) direkt über nur eine Synapse („mono-synaptisch") mit dem motorischen Neuron verbunden, der Rezeptor („Muskelspindel") liegt innerhalb des Erfolgsorgans („Muskel"). Sind weitere zwischengeschaltete Nervenzellen an einem Reflex beteiligt, so spricht man vom **polysynaptischen Reflex**. Liegt bei einem Reflexbogen der Rezeptor außerhalb des Erfolgsorgans, so handelt es sich um einen Fremdreflex.

b. Ethologische Aspekte des Verhaltens (vgl. Aufg. 13)

Seit vielen Jahrtausenden beobachten Menschen das Verhalten von Tieren. Sei es, um gefährliche Raubfeinde einzuschätzen, potenzielle Beutetiere erfolgreich aufzuspüren und zu verfolgen oder Tiere als Nutz- und Haustiere mit spezifischen Eigenheiten und Ansprüchen zu halten.
Von punktuellen anekdotischen Einzelarbeiten wie z. B. von Falknern oder Tierzüchtern abgesehen begann eine systematische, wissenschaftliche Verhaltensforschung wohl erst mit den Arbeiten Darwins und seines Freundes Romanes. Zu Beginn des 20. Jahrhunderts legten einige Zoologen, Physiologen und Psychologen weitere Grundsteine zur Verhaltensforschung, die in die klassische Ethologie bzw. die vergleichende Verhaltensforschung (Lorenz, Tinbergen, Von Frisch u. a.) mündeten. Nachdem sich die (europäische) Ethologie und die amerikanischen Strömungen Behaviorismus und vergleichende Psychologie angenähert hatten, verschob sich vor etwa 40 Jahren der Fokus der Forschung von vorwiegend beschreibenden, vergleichenden und klassifizierenden Ansätzen, bei denen z. B. auch die Unterscheidung angeborener von gelernten Verhaltenselementen im Vordergrund stand, zu aktuell eher ökologisch (Verhaltensökologie) und evolutionsbiologisch orientierten Disziplinen (Soziobiologie). Ein weiteres Kennzeichen moderner Verhaltensbiologie ist ihre häufige Vernetzung mit der Neurobiologie, der Physiologie, der Genetik, der Ökonomie, der Psychologie, der Soziologie und den Kognitionswissenschaften.

Ein Forschungsschwerpunkt der klassischen Ethologie war das Studium von **Instinkthandlungen.** Unter einer Instinkthandlung versteht man eine adaptive, genetisch fixierte Verhaltensweise, die zentralnervös gesteuert wird und artspezifisch relativ formstarr abläuft. Voraussetzungen für eine solche Instinkthandlung sind die Handlungsbereitschaft (Motivation) des Tieres und ein auslösender Reiz. Beim Ablauf einer Instinkthandlung werden meist drei Phasen unterschieden:

- Zunächst führt die hohe Handlungsbereitschaft (z. B. Hunger, Paarungsbereitschaft) zu einem ungerichteten Suchverhalten (Appetenzverhalten).
- Wird das Objekt der Suche (z. B. Beute, Sexualpartner) wahrgenommen (Schlüsselreiz, Auslöser), so richtet sich das Tier auf dieses Ziel hin aus und nähert sich ihm an (Orientierungsreaktion, Taxiskomponente). Die Identifizierung des auslösenden Reizes geschieht dabei über einen angeborenen auslösenden Mechanismus (AAM).
- Den Abschluss der Instinkthandlung bildet die erbkoordinierte Endhandlung (Beutefang, Balz oder Paarung).

Manchmal sind Instinkthandlungen zu Folgen aneinandergereiht, es entstehen **Handlungsketten**. Insbesondere bei der Balz finden sich häufig doppelte Handlungsketten, bei denen wechselseitig das Verhalten des einen Partners den Auslöser für die reaktive Instinkthandlung des anderen Partners darstellt.
Zum Studium des tierischen Verhaltens in Freiland und Labor dienen neben der klassischen Dauerbeobachtung u. a. experimentelle Methoden wie

- Versuche mit Attrappen (unterschiedlich stark an die Naturobjekte angenäherte Nachbildungen, mit denen Schlüsselreiz-Komponenten analysiert und kontrollierte, reproduzierbare Verhaltensstudien durchgeführt werden),
- isolierte Aufzucht (Kaspar-Hauser-Versuche),
- neurophysiologische und endokrinologische Untersuchungen sowie
- Kreuzungsexperimente und zahlreiche andere genetische Techniken.

Ein zweiter – und im Gegensatz zum oben genannten – immer noch aktueller Schwerpunkt ethologischer Forschung ist die Analyse von **Lernvorgängen**.
Sehr häufig werden z. B. Instinkthandlungen durch Lernen modifiziert (vgl. nachstehende Abbildung), dabei entstehen **bedingte Reaktionen** (bedingte Reflexe, klassische Konditionierung).

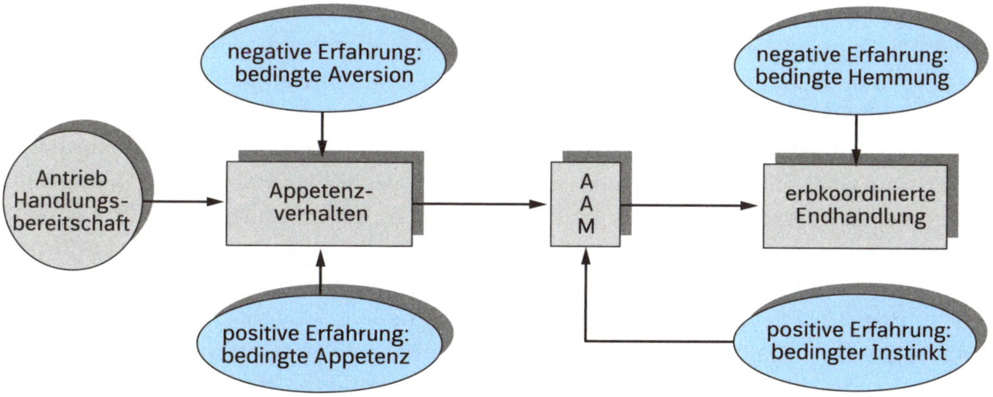

Abwandlung von Instinkthandlungen durch Lernen (bedingte Reaktionen)

Eine sehr einfache Lernform ist die **Gewöhnung** (Habituation). Dabei wird die Reaktion eines Tieres auf einen sich als bedeutungslos erweisenden Reiz nach einer wiederholten Begegnung immer schwächer und hört schließlich ganz auf. Das Tier lernt, nicht mehr zu reagieren und spart somit Energie. So gewöhnen sich zum Beispiel Tiere in der Nähe von Verkehrswegen an das stets gleichartige Reizmuster vorüberfahrender Autos oder Züge.
Bewirkt eine spontane Handlung eines Tieres unmittelbar danach eine angenehme Empfindung (z. B. Belohnung in Form von Nahrung) und tritt diese Verknüpfung mehrfach und regelhaft auf, so bildet sich bei ihm eine **bedingte Aktion** aus. Das Tier lernt, die positive Erfahrung durch seine Aktion herbeizuführen, sein Verhalten wird zum Instrument des Erfolgs. Man nennt diesen Lernvorgang daher auch instrumentelles Lernen oder instrumentelle (operante) Konditionierung, Lernen am Erfolg oder Lernen durch Versuch und Irrtum. Assoziieren Tiere spontan gezeigte Handlungen mit negativen Empfindungen (Bedrohung, Bestrafung), so werden sie versuchen, diese Aktionen möglichst ganz zu vermeiden oder zumindest seltener durchzuführen (negative Verstärkung). Bedingte Aktionen finden – neben anderen Lernformen – insbesondere bei Dressuren Verwendung (Hunde- und Pferdeausbildung, Dressuren von Zirkustieren).

Hinweis

Ein Problem der Verhaltensbiologie besteht darin, dass es durch die verschiedenen Strömungen innerhalb der Ethologie eine Vielzahl von Begriffen gibt, die unterschiedlich bzw. nur in einem konkreten Kontext definiert wurden und schlecht verallgemeinerbar sind oder nicht immer zur Deckung mit anderen Begriffen ähnlicher Bedeutung gebracht werden können. Eine andere Systematik rechnet z. B. die in der Abbildung aufgeführten bedingten Reaktionen den bedingten Aktionen zu. Orientieren Sie sich daher an dem Gebrauch der Termini in Ihrem Unterricht und in dem von Ihnen dort eingesetzten Lehrbuch.

Wenn Tiere Artgenossen bei einer Tätigkeit beobachten und die abgeschaute Tätigkeit dann schneller in eigenes Handeln überführen können als ohne diese vorausgegangene Beobachtung, dann liegt ein Fall von Lernen durch **Nachahmung** (Imitationslernen, Lernen am Vorbild) vor. So übernehmen Jungvögel den arteigenen Gesang, indem sie dem Gesang ihres Vaters oder eines Reviernachbarn lauschen und diesen imitieren (oft verschränkt mit Prägung). Im Falle von „Spöttern" werden sogar Strophen artfremder Individuen und in Extremfällen selbst menschliche Laute und Geräusche von technischen Geräten nachgeahmt. Methoden und Strategien des Nahrungserwerbs werden ebenfalls häufig imitiert. Lernen durch Nachahmung ist eine wichtige Voraussetzung und oft Ausgangspunkt für die Ausbildung von **Traditionen** in sozial lebenden Gemeinschaften. Bei Schimpansen hat sich z. B. eine regelrechte Kultur des Werkzeuggebrauchs etabliert. Jungtiere beobachten ihre Mutter oder andere Erwachsene bei der Handhabung von Gebrauchsgegenständen und kopieren deren Technik, wobei freilich erst das eigene Ausprobieren (bedingte Aktion) – das sich u. U. über Jahre hinziehen kann wie beim Öffnen hartschaliger Nüsse durch

„Hammer und Amboss“ – zur Perfektionierung führt. Es ist dies ein Beispiel dafür, dass Lernen unter natürlichen Bedingungen meist nicht isoliert durch eine einzige Lernform erfolgt, sondern dass meist zwei oder mehrere miteinander verwoben sind und sich gegenseitig ergänzen.
Eine besondere und besonders schnelle und effektive Lernform stellt die **Prägung** dar. Sie findet nur während einer bestimmten, meist frühen und kurzen Zeitspanne – in der sensiblen Phase – statt und ist von Belohnung unabhängig. Das Ergebnis dieses Lernvorgangs ist sehr stabil (manche erworbenen Kenntnisse werden zeitlebens behalten und können nicht oder nur schwer revidiert werden). Man unterscheidet zwischen Objektprägung, bei der ein Objekt (z. B. Mutter, Sexualpartner) spezifische Verhaltensweisen (z. B. Nachfolgeprägung, sexuelle Prägung) auslöst, und motorischer Prägung, bei der Bewegungsfolgen oder Handlungen erworben werden (Gesangsprägung bei Vögeln; oft gekoppelt mit Imitationslernen). Weitere Prägungsarten oder prägungsähnliche Vorgänge sind die Nahrungsprägung, die Orts- oder Biotopprägung, die Prägung von Brutparasiten auf ihre Wirte und von Müttern auf ihre Jungen (Huftiere).
Als höchste Lernform der Tiere gilt das **Einsichtslernen** (kognitives Lernen, spontan neukombiniertes Verhalten). Einsichtiges Handeln beruht auf dem Erkennen und Verstehen einer Sachlage, dem Erfassen der Bedeutung einer Situation, dem Neukombinieren bekannter Einzelaktionen und dem vorausschauenden und zielorientierten Handeln ohne vorheriges Ausprobieren. Die Tiere haben auf der Grundlage ihrer Einsicht in kausale Zusammenhänge (Aha-Erlebnis) einen Plan entwickelt, der eine geistige Simulation der Lösung eines Problems darstellt, erst danach wird die Handlung zügig durchgeführt. Klassische Beispiele sind Umweg-Lösungen (kognitive Landkarten) und jene Versuche, bei denen man Menschenaffen Kisten oder Stöcke zur Verfügung stellte, um mit ihrer Hilfe an anders nicht erreichbare Bananen zu gelangen. Schimpansen und Orang-Utans schaffen es, durch Aufeinanderstapeln der Kisten bzw. Ineinanderstecken der Stöcke das begehrte Futter zu bekommen. Eng mit dem einsichtigen Verhalten verbunden ist die Fähigkeit vieler Tiere zur Abstraktion, zur Generalisation und zum averbalen Denken.

c. Ökologische und evolutionäre Aspekte des Verhaltens

Die durchschnittliche Gelegegröße von Kohlmeisen variiert von Region zu Region. Amseln und Wintergoldhähnchen treten regional unterschiedlich und je nach Ernährungs- und Witterungsbedingungen mal als Standvögel, mal als Strichvögel oder als Fernzieher auf (aktuelle Studien belegen auch eine Reaktion auf den Klimawandel). Füchse richten sich bei der „Komposition ihrer Speisekarte“ nach dem lokalen und saisonalen Angebot an Nahrung. Die Größe von Löwenrudeln wird u. a. vom Anteil an wehrhaften Großsäugern in ihren Revieren bestimmt. Ob Königsfischer-Männchen sekundäre Brutpflegehelfer akzeptieren, hängt davon ab, wie leicht sie Fische erbeuten können. Die Größe von Guppy-Schwärmen nimmt mit steigender Intensität des Räuberdrucks zu.
Alle diese Beispiele belegen, dass Tiere ihr Verhalten flexibel an die jeweiligen Umweltbedingungen anpassen. Die ökologischen Rahmenbedingungen beeinflussen signifikant den Überlebenswert von Verhaltensweisen und bestimmen maßgeblich

den **Fortpflanzungserfolg**, den Tiere mit unterschiedlichen Verhaltensstrategien erreichen. Um den Anpassungswert von Verhaltensweisen zu überprüfen, werden verschiedene Arten mit unterschiedlicher Lebensweise miteinander verglichen. Ein weiterer Forschungsansatz konzentriert sich auf Verhaltensunterschiede zwischen Individuen einer Art. Es wird gefragt, welche Überlebens- und Reproduktionsvorteile bzw. welche Nachteile ein bestimmtes Verhalten oder eine Taktik mit sich bringt (Kosten-Nutzen-Analyse). Im Gegensatz zu der klassischen Ethologie, die sich eher mit den **„proximaten Ursachen"** von Verhalten befasst, also den unmittelbaren Wirkursachen, die Verhalten auslösen und steuern, liegt der Fokus verhaltensökologischer Forschung auf den **„ultimaten Ursachen"**. Damit werden mittelbare, stammesgeschichtlich erklärbare Zweckursachen bezeichnet. Sie geben die biologische Funktion, den selektionsbedingten Wert bzw. den Nutzen von Verhaltensweisen und -strategien im Hinblick auf die Maximierung der **Fitness** (Gesamtfortpflanzungserfolg eines Individuums) an. Dabei wird implizit davon ausgegangen, dass sich im Laufe der Evolution der Organismen nur diejenigen Verhaltensweisen durchgesetzt haben, die eine positive Bilanz von Aufwand bzw. Kosten und Nutzen erbracht haben.
Die Fitnessmaximierung kann durch sehr unterschiedliche Strategien erreicht werden. Bei besonders spektakulären Varianten kommt es z. B. zum Mord an Kindern (**Infantizid**). Früher als anormales, ja „pathologisches" Verhalten einzelner gestörter Individuen verkannt, hat die soziobiologische Forschung für diese Erscheinungsformen sehr viel überzeugendere Deutungskonzepte bereitgestellt.
Löwenmännchen, die nach der Übernahme eines Rudels systematisch die jungen Nachkommen ihrer Vorgänger töten, profitieren davon in dreifacher Hinsicht. Erstens stellt sich so bei den Weibchen schnell wieder der Östrus ein und die Männchen können zeitnah eigene Nachkommen zeugen, sodass mehr Gene des neuen Rudelführers in den Genpool der Folgegeneration gelangen. Ohne Tötung der abhängigen Jungtiere dagegen müssten die neuen Rudelführer noch etliche Monate warten, bis die Löwenmütter wieder paarungsbereit wären. Dies steigert das Risiko erheblich, dass sie selbst von anderen Männchen vertrieben werden, bevor ihr Nachwuchs alt und groß genug ist, um nicht seinerseits Infantizid-Opfer zu werden. Zweitens beseitigen sie damit Nahrungskonkurrenten für ihre eigenen Kinder und drittens vergeuden sie keine Ressourcen durch ein nutzloses Investment in den Schutz und die Versorgung von Jungtieren, mit denen sie nicht verwandt sind.

Exkurs: Aggression

Ausgehend von der Beobachtung und Analyse tierischen Verhaltens entwickelten LORENZ und EIBL-EIBESFELD eine **Instinkttheorie** der Aggression, die sie unter Betonung des stammesgeschichtlichen Erbes auch auf den Menschen anwendeten. Da sich einige Implikationen als nicht zutreffend erwiesen haben, kann sie heute als überholt angesehen werden. In den Kontext dieser Theorie gehören die **triebdynamischen Modelle psychoanalytischer Herkunft** (FREUD u. a.), die einen Aggressionstrieb postulieren, der jedem Menschen innewohnt. Die Vielgestaltigkeit aggressiven Verhaltens spricht jedoch gegen eine einheitliche Ursache. Aufbauend auf die psychoanalytische Theorie formulierten DOLLARD u. a. die **Frustrations-Ag-**

gressions-Theorie. Nach dieser Theorie folgt aggressives Verhalten des Menschen auf eine vorausgegangene Frustration. BANDURA & WALTERS hingegen entwickelten eine **Lerntheorie** der Aggression, da eine Vielzahl von Studien belegt, dass sich aggressive Verhaltensweisen beim Menschen dann gehäuft zeigen, wenn sie für den Aggressor positive Folgen haben („belohnt werden“). Eine umfassende, allgemeingültige Theorie zur Aggression in all ihren Facetten steht noch aus.

5 Überprüfung der Methoden- und Kommunikationskompetenz

In den Abitur- und Klausuraufgaben ist nicht nur Ihr Fachwissen wie die Kenntnis biologischer Fachbegriffe und deren Definitionen oder biologischer Phänomene und deren Abläufe gefragt. Auch Ihre Methoden- und Kommunikationskompetenz (siehe Kap. 1) wird überprüft. Abitur- und Klausuraufgaben sind daher materialgebunden. Operatoren in der Aufgabenstellung fordern Sie dazu auf, die in dem Aufgabenmaterial enthaltenen Texte, Diagramme, Schemata, Bilder etc. richtig zu „lesen“, d. h. genau zu erfassen, zu deuten und zur Lösung der gestellten Aufgaben zu verwenden. Sie werden z. B. aufgefordert, Daten einer Tabelle in eine Grafik umzuformen oder ein geschildertes Experiment so zu verstehen, dass Sie seine Fragestellung angeben oder Hypothesen entwickeln können. Es wird also festgestellt, wie gut Sie mit den angegebenen Materialien umgehen können. In den folgenden Abschnitten erhalten Sie dazu gezielte Tipps. Zudem werden Musterlösungen vorgestellt.

Umgang mit Texten (vgl. Aufg. 1 –13)

Viele Aufgabenformate enthalten Sachtexte, die zusammengefasst, erläutert, verglichen, interpretiert oder in Diagramme, schematische Darstellungen, Modelle oder Stammbäume übersetzt werden sollen. Geben Sie sich Mühe, die einzelnen Aussagen zu erfassen und entsprechend der Aufgabenstellung in eigenen Worten wiederzugeben. Und denken Sie nicht, das stehe doch alles schon da. Meist sind die Texte so komprimiert, dass jedes Detail wichtig ist.

Erfassen der Inhalte

- Welche Aussagen enthält der Text?
- Welche Aussagen sind wichtig in Bezug auf die Aufgabenstellung?
- Werden Fragen durch den Text aufgeworfen, die zunächst nicht beantwortet werden können?

Tipp

Überlesen Sie nicht die kurzen Texthinweise im Zusammenhang mit Abbildungen oder Diagrammen.

Eigenes Formulieren von Texten

Sie werden bei der Bearbeitung von Klausuraufgaben dazu aufgefordert, eigenständig Texte zu formulieren. Strukturieren Sie ihren Text durch Absätze. Jeder Absatz greift einen neuen Gedanken auf. Formulieren Sie kurze und klare Sätze. Bauen Sie Ihre Darstellung logisch schlussfolgernd Satz für Satz auf. Vermeiden Sie Gedankensprünge. Benutzen Sie die Fachsprache.

Beispiel für die Erfassung eines Textes zur E. coli Mutante

Vom Bakterium *E. coli* gibt es eine speziell entwickelte Mutante *E. coli* K12, die weder den menschlichen Darm besiedeln kann noch außerhalb des Labors lebensfähig ist. Ihr fehlen bestimmte Eigenschaften des Wildtyps. Mit dem „Sicherheitsstamm" *E. coli* K12 sind Klonierungsexperimente in der Schule erlaubt. So kann man z. B. das *lacZ*-Gen, das K12 im Gegensatz zum Wildtyp nicht besitzt, übertragen. Dieses Gen codiert ein Enzym, das das Disaccharid Lactose zu Glucose und Galactose spaltet. Bietet man statt Lactose das synthetisch hergestellte Substrat X-Gal an, so entsteht neben Galactose ein blauer Farbstoff, der den erfolgreichen Einbau des *lacZ*-Gens nachweist.

Das Erfassen des Textes sollte zu folgenden Aussagen führen:
1. K12 ist eine ungefährliche *E. coli*-Variante, mit der man in der Schule experimentieren kann.
2. K12 besitzt normalerweise kein *lacZ*-Gen.
3. Das Enzym LacZ, codiert vom *lacZ*-Gen, spaltet Lactose in Galactose und Glucose.
4. Statt Lactose kann X-Gal als Substrat genommen werden. LacZ spaltet dies in Galactose und blauen Farbstoff.
5. Das Auftreten des blauen Farbstoffs beweist den Einbau des *lacZ*-Gens in *E. coli* K12.

Umgang mit Ethogrammen (vgl. Aufg. 13)

Als Ethogramm bezeichnet man die schriftliche oder grafische Darstellung der Verhaltensweisen von Individuen oder Arten. Grundlage sind Beobachtungsprotokolle zur Häufigkeit und zum Verlauf dieser Verhaltensweisen unter bestimmten Rahmenbedingungen, etwa Naturbeobachtungen oder Experimente im Labor. Hierbei kann es sich um das ganze Verhaltensinventar einer Tierart (oder des Menschen), aber auch um abgrenzbare Verhaltensweisen handeln (Teilethogramm).
Schriftliche Darstellungen sind oft in grafische (Pfeildiagramme, z. B. Soziogramme oder Handlungsketten) umzuwandeln, grafische Darstellungen in beschreibende Texte zu übersetzen. Die **Beschreibung** muss präzise und objektiv sein und soll definierte beschreibende Begriffe der Fachsprache – z. B. Gleitflug – verwenden, jede Vermenschlichung, Interpretation und Wertung muss unterbleiben – z. B. Futterflug.
Anhand von Ethogrammen können Sie u. a. Fragen zu den Ursachen von Verhalten untersuchen:
1. Welche biologische Funktion hat die zu analysierende Verhaltensweise? So **ordnen** Sie z. B. das vorliegende Ethogramm einem Funktionskreis **zu**: Ernährung, Brut- oder Körperpflege, Revier- oder Paarungsverhalten u. a.

2. Welche Strukturen und Mechanismen liegen diesem Verhalten zugrunde, wodurch wird es ausgelöst? Wie hat es sich im Laufe des individuellen Lebens entwickelt? Sie **untersuchen**, ob das Verhalten angeboren oder erlernt ist, welche inneren oder äußeren Ursachen vorliegen (**Analyse** von proximaten Ursachen).
3. Welchen Nutzen bringt dieses Verhalten und wie ist es im Verlauf der Evolution entstanden? Sie **untersuchen**, wie sich die beobachtete Verhaltensweise auf die biologische Fitness auswirkt (ultimate Ursachen).

Tipp

Ultimate Ursachen lassen sich experimentell oft nur mit großem Aufwand nachweisen. Proximate Ursachen lassen sich leicht im Experiment bestimmen, etwa durch Attrappenversuche zum Nachweis auslösender Reize.

Beispiel zur Interpretation eines Ethogrammes:

Der Dreistachelige Stichling *(Gasterosteus aculeatus)*, der den Winter als Schwarmfisch verbringt, bezieht im Frühjahr, wenn Tageslänge und Temperatur zunehmen, ein eigenes Revier in flachen Gewässerzonen. Sein Testosteronspiegel (männliches Sexualhormon) steigt, sein Bauch färbt sich leuchtend rot. Es baut ein Nest aus Pflanzenteilen, Sand und Schlamm. Dringt ein anderes Männchen in das Revier ein, wird es vom Revierbesitzer durch Imponierverhalten, Aufstellen der Stacheln und Beißen vertrieben. Erscheint dagegen im Revier ein laichbereites Stichlingsweibchen, erfolgt eine Kette von Handlungen (Zickzacktanz, Bauchweisen, Nestweisen, Nestzugang, Schnauzentriller, Ablaichen, Besamung, Vertreibu85ng). Danach beginnt die Brutpflege durch das Männchen. Es konnte beobachtet werden, dass die Intensität der roten Färbung fortpflanzungsbereiter Männchen ein Zeichen für deren Gesundheit ist. Kräftige, gesunde Männchen zeigen eine prächtige Färbung, von Parasiten befallene Männchen sind nur schwach gefärbt. Prächtig gefärbte Stichlingsmännchen bauen gut getarnte Nester und können sogar mehrere Weibchen zur Eiablage bewegen.

Zu 1: Zuordnung: Fortpflanzungsverhalten
Zu 2: Proximate Ursachen für die Bildung des gefärbten Bauchs sind die Umweltveränderungen (Zunahme von Tageslänge und Temperatur, flache Gewässerzone), der steigende Testosteronspiegel und eine gute Konstitution (kein Parasitenbefall, ausreichende Ernährung). Das Merkmal „roter Bauch“ ist ein Schlüsselreiz für erbkoordinierte Handlungen.
Zu 3: Ultimate Ursachen: Die Färbung des Bauches beeinflusst die biologische Fitness. Ist der Bauch eines Männchens intensiv rot gefärbt, werden sogar mehrere Weibchen zur Eiablage bewegt. Dadurch wird der Fortpflanzungserfolg gesteigert. Gene prächtig gefärbter Männchen werden stärker in den Genpool der nächsten Generation eingebracht als die der weniger erfolgreichen, schwachen oder kränklichen blassen Männchen. Andererseits werden die Männchen durch ein kräftiges Rot weitaus häufiger angegriffen. Die Kämpfe gegen Artgenossen oder Fressfeinde kosten Energie und bergen ein hohes Risiko. Dennoch ergibt sich für die Träger eines roten Bauches eine positive Kosten-Nutzen-Bilanz.

Umgang mit Diagrammen (vgl. Aufg. 6, 7, 8, 9, 11, 13)

In vielen Aufgabenstellungen wird eine Beschreibung und Interpretation von Diagrammen gefordert. Diese halten in komprimierter und übersichtlicher Form Daten aus Untersuchungen, Experimenten, Naturbeobachtungen usw. fest.

Tipp

Hilfreich ist es zunächst, den Bezug des Diagramms zur Aufgabe zu erfassen. Ist die Legende nicht aussagekräftig genug, findet man häufig im Aufgabentext einen Abbildungshinweis, der Aufschluss gibt über den Zusammenhang zwischen Grafik und Aufgabe.

Erfassen der Inhalte

- Mit welchen Größen sind die x-Achse und die y-Achse bezeichnet?
- Was sagt ein Punkt, ein Linienabschnitt oder ein Balken in dem Diagramm aus?
- Welche Besonderheiten, die eventuell zunächst noch nicht erklärbar sind, fallen auf?
- Sind zusätzliche Interpretationshilfen wie z. B. Pfeile, Hervorhebungen, Beschriftungen enthalten?
- Werden Angaben zur Streuung der Messwerte gemacht?

Beschreiben eines Diagramms

In der Regel wird in der Aufgabenstellung die Beschreibung (s. Kap. 2, Operator **beschreiben**) gefordert. Aber auch wenn eine Erklärung, Erläuterung oder Interpretation gefordert wird, empfiehlt es sich, zunächst das Diagramm in der Reihenfolge zu beschreiben, wie man es erfasst hat.
In einem einleitenden Satz geben Sie Auskunft über die Grundaussage der grafischen Darstellung, und falls angegeben, auch über Quelle und Entstehungsdatum und -zeitraum. Nennen Sie den Diagrammtyp (z. B. Säulendiagramm, Balkendiagramm, Streifendiagramm, Kreisdiagramm, Liniendiagramm, Streudiagramm). Geben Sie die Größenbezeichnungen auf den Achsen mit Skalierung (evtl. logarithmisch?) an.
Geben Sie die Inhalte des Diagramms wieder, auch dann, wenn diese Informationen an anderer Stelle (z. B. in der Aufgabenstellung) schon erwähnt sind. Beschreiben Sie bei einem Liniendiagramm den Verlauf der Kurve mit Angaben zu Beginn, Ende, Steigung, Extremwerten (Maxima, Minima, Nullstellen) sowie Regelmäßigkeiten (periodische Schwankungen). Wenn Sie sich auf spezielle Punkte oder Bereiche einer Kurve beziehen, geben Sie bei Ihrer Beschreibung die Koordinaten an.

Tipp

Schreiben Sie **nicht** „Von 2004 bis 2008 steigt die Kurve von 1000 auf 1500 und hat 2009 ein Maximum von 1700“ **sondern** „In den Jahren 2004 bis 2008 nimmt die Population der Mäuse um 500 Individuen zu. Ihre maximale Größe hat sie im Jahre 2009 mit 1700 Individuen erreicht.“

Wenn möglich, geben Sie Kurven oder Kurvenabschnitten einen Namen (z. B. Wachstumskurve, Häufigkeitsverteilungskurve, Sättigungskurve, Optimumskurve, linearer Bereich, exponentieller Anstieg, Maximum). Einige Kurven kann man in spezielle Phasen einteilen, wie beispielsweise Wachstumskurven: Anlaufphase, exponentielle Wachstumsphase, Verzögerungsphase, stationäre Phase, evtl. Absterbephase.

Beispiel für die Beschreibung der Abbildung M1

In M1 ist in einem Kurvendiagramm das Wachstum einer Hefekultur in einer Nährsalzlösung bei einer Temperatur von 22 °C über eine Dauer von elf Tagen dargestellt. Auf der Abszisse sind die Tage abgetragen, auf der Ordinate die Anzahl der Hefezellen pro ml Kulturmedium in einem logarithmischen Maßstab. Die Punkte auf der Kurve grenzen die Phasen des Wachstums voneinander ab. Am 1. Tag befinden sich in der Anlaufphase etwas über 10 000 Hefezellen in einem Milliliter des Kulturmediums. Diese vermehren sich in den nächsten drei Tagen exponentiell auf über 100 000 Zellen pro ml. Das geschieht in der exponentiellen Phase. Vom 4. Tag an verzögert sich das Wachstum der Kultur in der sogenannten Verzögerungsphase. Die Anzahl der Zellen bleibt vom 9. Tag an konstant bei über 10^6 Zellen pro ml Kulturmedium. Somit ist die stationäre Phase erreicht. Beim Wachstum von Bakterienpopulationen ergeben sich qualitativ identische Verläufe.

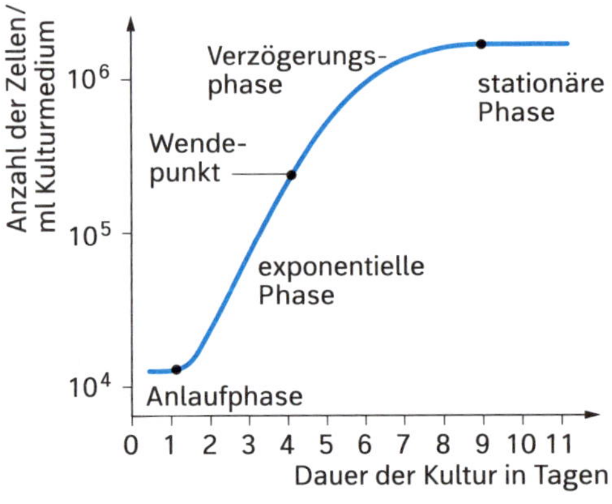

M1 Wachstum einer Hefekultur in einer Nährlösung (Temperatur 22 °C)

Interpretation eines Diagramms

Nachdem Sie in der Beschreibung gezeigt haben, dass Sie Aussagen des Diagramms erfasst haben, stellen Sie nun eine Beziehung zum Kontext der Aufgabe her. **Erklären** Sie die von Ihnen beschriebenen Teilaspekte/Kurvenabschnitte möglichst vollständig.

- Lassen sich die Aussagen des Diagramms in Beziehung setzen zur Aufgabenstellung? Lassen sie sich für die Beantwortung von Teilaufgaben heranziehen?
- Lassen sich die Aussagen des Diagramms zur Bestätigung eines beschriebenen Phänomens oder einer aufgestellten Hypothese heranziehen oder widerlegen sie diese?
- Werden neue Fragen durch die Informationen des Diagramms aufgeworfen?
- Was sind mögliche Ursachen für die aus der Kurve abgeleiteten Sachverhalte?

Tipp

Können Sie bestimmte Auffälligkeiten im Diagramm nicht erklären, erwähnen Sie diese trotzdem und stellen Sie dazu Vermutungen an, die Sie vielleicht sogar (mit weiteren Materialien oder Ihrem Vorwissen) begründen können. Oder stellen Sie sich dazu Fragen, z. B.: „Diesen Sachverhalt kann ich mir (z. B. mit dem Konkurrenzausschlussprinzip) nicht erklären. Dafür muss es eine andere Erklärung geben." Nutzen Sie für die Erklärung des Diagramms und dessen Bedeutung für die Aufgabenstellung unbedingt Fachbegriffe, Modellvorstellungen etc. Wenden Sie dabei die Fachausdrücke an, indem Sie diese im Kontext definieren.

Beispiel für die Interpretation der Abbildung M1

Mögliche Aufgabenstellung: **Beschreiben** (s. o.) und **erklären** Sie die Art des Wachstums der Hefekultur in M1.
Hefezellen vermehren sich durch Teilung exponentiell. Aus einer Zelle werden so 2, daraus 4, dann 8, 16, 32 und so fort. Dies geschieht, solange die Umweltfaktoren nahezu optimal sind, also im Vorzugsbereich (Präferendum) der Art liegen. Das ist hier gegeben. Die Temperatur als abiotischer Umweltfaktor liegt konstant bei 22 °C und das Kulturmedium enthält genügend Nährstoffe, von denen sich die Hefezellen ernähren können. Allerdings verzögert sich das Wachstum nach dem 4. Tag. Das bedeutet, dass in der Kultur nicht mehr nur neue Zellen entstehen, es sterben möglichwerweise auch einige ab. Die Kapazität des Lebensraums ist offensichtlich begrenzt, d. h. für die Gesamtheit aller Zellen steht nun nicht mehr unbegrenzt Raum, Nahrung oder Sauerstoff zur Verfügung. Stoffwechselendprodukte grenzen das Wachstum ein. Das Wachstum stagniert in der stationären Phase: Es sterben ebenso viele Hefezellen wie neue entstehen. Hier endet die in der Grafik festgehaltene Beobachtung. Es handelt sich also um ein begrenztes Wachstum einer Hefekultur in einem Nährmedium. Allerdings ist zu vermuten, dass nach weiteren Tagen mehr Zellen absterben als neue gebildet werden, wenn der Hefekultur keine weiteren Nährstoffe zugefügt werden. Damit folgt auf die stationäre Phase die Absterbephase.

Vergleich von Diagrammen

Häufig müssen Sie mehrere Diagramme bzw. Kurvenverläufe in einem Diagramm miteinander in Beziehung setzen, also z. B. vergleichen oder zuordnen. Suchen Sie bei dem Vergleich von Diagrammen sowohl nach Gemeinsamkeiten als auch nach Unterschieden im Kurvenverlauf (Anfang, Ende, Steigung, Maxima, Minima, Nullstellen, Symmetrieverhältnisse, periodische Schwankungen).
Achten Sie darauf, ob die zu vergleichenden Diagramme/Kurven evtl. unterschiedliche Skalen oder Achsen haben. Berücksichtigen Sie diese Unterschiede bei Ihren Aussagen.

Erstellen eines Diagramms

Gelegentlich wird Ihre Methodenkompetenz dadurch überprüft, dass Sie die Ergebnisse eines Experiments oder die Daten aus einer Tabelle in einem Diagramm darstellen sollen. Dabei wird nicht nur die inhaltliche Korrektheit, sondern auch die Darstellungsweise bewertet. Stellen Sie dazu folgende Überlegungen an:

- Welcher Diagrammtyp ist am besten geeignet?
- Welche Messgrößen sollen miteinander in Beziehung gesetzt werden, wie beschrifte ich die waagerechte und die senkrechte Achse? Auf der x-Achse wird die unabhängige Größe/Variable, auf der y-Achse die davon abhängige Größe/Variable dargestellt.
- Wie skaliere ich Ordinate (y-Achse) und Abszisse (x-Achse)?
- Wie formuliere ich die Legende?

Umgang mit Tabellen (vgl. Aufg. 1, 2, 6, 12)

In einer Tabelle werden in kurzer und knapper Form Daten oder Aussagen übersichtlich zusammengestellt, um diese miteinander vergleichen oder Beziehungen zwischen ihnen herstellen zu können. Sie dienen auch als Grundlage zur Erstellung von Diagrammen. Die darzustellenden Inhalte werden dabei in Zeilen (waagerecht) und Spalten (senkrecht) gegliedert. Daraus ergeben sich die Tabellenfelder. Die erste Spalte einer Tabelle heißt Vorspalte, die erste Zeile Kopfzeile. Es ist wichtig, die Gliederung einer Tabelle richtig zu erfassen, Werte miteinander in Beziehung zu setzen und den Aussagekern zu erkennen. Um aus Tabellen die relevanten Informationen entnehmen zu können, gibt es einige Anhaltspunkte:

1. **Aufbau und Struktur einer Tabelle:**
- In einer Über- oder Unterschrift wird meist der sachliche Zusammenhang kurz beschrieben. Im Begleittext finden Sie eventuell Hinweise auf die Datengewinnung oder auf wichtige Aussagen der Tabelle.
- In der Vorspalte wird die unabhängige Variable, die primär gesetzte Größe oder die gegebene Bedingung notiert. Sie wird von Zeile zu Zeile in verschiedenen Variationen angegeben.
- In der Kopfzeile werden verschiedene Vergleichsaspekte angegeben. Achten Sie auf die verwendeten Größen und Maßeinheiten im Kopf jeder Spalte.
- Für Spalten und Zeilen sind manchmal Summen (oder Durchschnitte) angegeben. Das ermöglicht die Überprüfung der Tabellenwerte.

2. **Beschreiben einer Tabelle:** Ermitteln Sie Maximal- und Minimalwerte, beschreiben Sie Veränderungen, Entwicklungen oder Trends. Geben Sie dabei genaue Zuordnungen an. Benennen Sie auffällige Werte. Fassen Sie die Hauptaussage zusammen.

3. **Auswerten einer Tabelle:** Stellen Sie Zusammenhänge zwischen den Daten oder Aussagen her. Vergleichen Sie dazu die Angaben in den verschiedenen Spalten und Zeilen miteinander. Leiten Sie daraus eventuelle Gesetzmäßigkeiten ab. Erklären Sie auf der Basis des fachlichen Hintergrundwissens die Zusammenhänge, Entwicklungen und Besonderheiten.

4. **Beurteilen einer Tabelle:** Stellen Sie die wesentlichen Ergebnisse heraus, stellen Sie diese in den Gesamtzusammenhang, ziehen Sie Schlussfolgerungen, formulieren Sie Auswirkungen und Probleme.

Beispiel zum Umgang mit Tabellen:

	CO_2-Produktion in ml/min · g Körpergewicht		
Umgebungs-temperatur in °C	**Kleine Maus**	**Große Maus**	**Frosch**
10	0,23	0,17	0,003
15	0,21	0,13	0,004
20	0,19	0,07	0,005

Tabelle: CO_2-Produktion von Wirbeltieren in Abhängigkeit von der Umgebungstemperatur. Quelle: Linder Biologie Arbeitsbuch, Schroedel 2005, S. 26, Tab. 26.3

Beschreibung: In der Tabelle werden drei Wirbeltiere (kleine Maus, große Maus und Frosch) (Kopfzeile) in Bezug auf ihre CO_2-Produktion (Felder) in Abhängigkeit von der Umgebungstemperatur (Vorspalte) in drei verschiedenen Temperaturbereichen miteinander verglichen. Bei 10 °C produziert die kleine Maus bezogen auf ihr Körpergewicht mit 0,23 ml CO_2/min mehr als die große Maus (0,17 ml) und viel mehr als der Frosch (0,003 ml). Auch bei 15 °C und bei 20 °C produziert die kleine Maus körpergewichtsbezogen jeweils mehr CO_2 als die große Maus und der Frosch. Vergleicht man die Werte jeweils eines Wirbeltieres bei unterschiedlichen Temperaturen, so ergibt sich, dass die CO_2-Produktion bei den Mäusen mit zunehmender Temperatur geringer wird (kleine Maus von 0,23 ml bei 10 °C bis zu 0,19 ml bei 20 °C; bei der großen Maus von 0,17 ml bis zu 0,07 ml). Dabei fällt auf, dass die große Maus selbst bei 10 °C (0,17 ml) weniger CO_2 produziert als die kleine Maus bei 20 °C (0,19 ml). Beim Frosch steigt die CO_2-Produktion mit zunehmender Temperatur (von 0,003 ml/min · g Körpergewicht bei 10 °C auf 0,005 ml bei 20 °C).

Auswertung: Die CO_2-Produktion ist ein Maß für die Energiebereitstellung oder auch Wärmeproduktion durch die Zellatmung. Wenn die Mäuse mit zunehmender Temperatur weniger atmen, dann brauchen sie bei höherer Temperatur weniger Energie oder müssen weniger Wärme produzieren, denn aufgrund einer geringeren Temperaturdifferenz zwischen Umgebungs- und Körpertemperatur wird weniger Wärme abgegeben. So kann die Körpertemperatur auf einem Niveau gehalten werden, wie es für homoiotherme Organismen, zu denen die Mäuse gehören, typisch ist. Der Frosch hingegen weist eine Steigerung der Atmung bei zunehmender Außentemperatur auf, je wärmer es wird, umso aktiver wird sein Stoffwechsel. Der Frosch ist ein poikilothermes Tier, dessen Körpertemperatur weitgehend der Umgebungstemperatur entspricht und nicht durch endotherme Wärmeproduktion reguliert werden kann.
Die kleine Maus produziert relativ (körpergewichtsbezogen) mehr CO_2 und damit mehr Wärme als die große Maus bei vergleichbarer Außentemperatur. Da die kleine Maus über ihre relativ große Körperoberfläche mehr Wärme an die Umgebung abgibt, benötigt sie viel Energie, um die Körpertemperatur auf einem Niveau zu halten.

Beurteilung: Mäuse sind in ihrer Aktivität relativ unabhängig von der Umgebungstemperatur, benötigen aber viel Nahrung, weil sie viel Energie umsetzen. Frösche benötigen relativ wenig Nahrung, da sie durch die Außentemperatur gesteuert werden.

Umgang mit Bildern (vgl. Aufg. 1, 3, 4, 5, 6, 7, 9, 10, 11, 12)

Zu den typischen Materialien in biologischen Aufgabenstellungen gehören Bilder. Sie bieten die Möglichkeit, Einzelmerkmale zu benennen, zu beschreiben oder zu analysieren.
Sieht der Arbeitsauftrag vor, Bilder zur Lösung einer Aufgabe hinzuzuziehen, erwähnen Sie zunächst **formale Aspekte**, die Sie der Quellenangabe oder der Legende entnehmen können:
Wie ist das Bild entstanden? Handelt es sich z. B. um eine Zeichnung oder ein Foto, um eine schwarz-weiße oder eine farbige Fotografie, um ein licht- oder elektronenmikroskopisches Bild?

Machen Sie dann **allgemeine Aussagen zu den Inhalten des Bildes**:
- Handelt es sich zum Beispiel um eine mikroskopische Struktur in einer Zelle, um eine Vergrößerung eines Insektenorgans oder ein Satellitenbild bei Nacht?
- Benennen Sie den Ausschnitt und die Größenverhältnisse der Ihnen vorliegenden fotografischen Abbildung.

Jetzt erst ermitteln Sie die **zentrale(n) Aussage(n)** des Bildes. Interpretieren Sie diese in Beziehung zur Aufgabenstellung und vor dem Hintergrund Ihrer Fachkenntnisse und Fachbegriffe. Ordnen Sie die Aussage der fotografischen Abbildung in den Kontext aller weiteren Materialien ein und bewerten Sie die Aussagekraft des Bildes hinsichtlich seines Lösungsbeitrags.

Beispiel für die Interpretation der Abbildung M2

Vorgegebener Text zur Abbildung: „Schaflausfliegen leben im Fell von Schafen. Diesen saugen sie Blut durch die Haut ab. Sie ähneln eher Läusen als Fliegen. Zur Ausbreitung der Tiere gibt der enge Kontakt der Schafe in der Herde reichlich Gelegenheit."
Mögliche Aufgabenstellung: **Beschreiben** Sie die Eigenschaften einer Schaflausfliege, die diese als Parasiten kennzeichnet.
Lösung: Schaflausfliegen besitzen lange, mit Haken versehene Beine, mit denen sie sich gut im Fell der Wirte festhalten können. Vorne am Kopf besitzen sie ein Saugorgan. Ihre Flügel sind verkümmert und ihr Körper ist abgeflacht, sodass sie sich gut im Haarkleid der Schafe vorwärts bewegen können.

M2 Schaflausfliege

Umgang mit schematischen Abbildungen (vgl. Aufg. 2, 3, 4, 5, 6, 7, 10, 11,12)

Viele Aufgabenstellungen enthalten schematische Zeichnungen, die vereinfachte Strukturen (z. B. Bau einer Zelle) oder Abläufe (z. B. Stoffwechselwege, Verlauf eines Experiments) veranschaulichen.

Beschreibung schematischer Darstellungen

Ordnen Sie in einem ersten Schritt diese Abbildungen in einen größeren thematischen Rahmen bzw. Sachzusammenhang ein, erfassen Sie allgemeine Aspekte und beschreiben Sie:

- Welchem Themengebiet kann die Abbildung zugeordnet werden?
- Welche Informationen geben Ihnen Beschriftungen und Legende einer Abbildung?
- Werden Strukturen, Abläufe oder Funktionszusammenhänge dargestellt?
- Beschreiben Sie die gezeigten Strukturen, Abläufe oder Bezüge. Gehen Sie dabei möglichst systematisch vor, z. B. von links nach rechts, von unten nach oben oder von außen nach innen. Ausgangspunkt können auch auffällige Elemente im Schema sein. Halten Sie ihr gewähltes Beschreibungssystem konsequent ein.

Interpretation schematischer Darstellungen

- Nennen Sie die Funktion der Abbildung im Kontext der Aufgabenstellung. Dient sie z. B. als Veranschaulichung, Begründung, Erläuterung, Versuchsbeschreibung?
- Gliedern Sie die in der Abbildung enthaltenen Informationen.
- Beziehen Sie sich in Ihrer Auswertung auf diese Gliederung und stellen Sie Bezüge zu den Arbeitsanweisungen bzw. Operatoren der Aufgabe und zu den übrigen Materialien her.
- Wirft die Abbildung evtl. neue Fragen auf? Nennen Sie diese.

Anfertigung einer Skizze

Oft werden Sie in einer Aufgabenstellung aufgefordert, eine Skizze zu einem bekannten Sachverhalt anzufertigen. Gefordert ist eine markante, nicht detailliert ausgearbeitete Übersichtsdarstellung, die metrisch nicht korrekt sein muss, die Größenverhältnisse sollten aber stimmen. Eine gute Skizze ist dadurch gekennzeichnet, dass

- sie alle wesentlichen Strukturen oder Aspekte enthält,
- sie klar und übersichtlich gezeichnet wird: klare Linien und abgrenzbare Strukturen, sinnvolle Größe der Skizze
- die Strukturen deutlich erkennbar und unterscheidbar sind
- alle Elemente beschriftet sind

Beschreibung und Interpretation eines Regelkreis-Modells

Ein Regelkreismodell als Blockschalt- oder Pfeilbild ist eine schematische Darstellung, um Funktionszusammenhänge bei Regulationsvorgängen zu verdeutlichen. Das oft komplexe Blockschaltbild wird eher für physiologische Prozesse, das einfachere Pfeilschema eher in der Populationsökologie verwendet.

Das Blockschaltbild für einen Regelkreis nutzt die Terminologie der Regeltechnik. Suchen Sie zunächst die wichtigen Größen eines Regelkreises: Führungsglied, Sollwert, Regler, Stellgröße, Stellglied, Regelgröße, Störgröße, Messfühler, Istwert (siehe Abb. M3). Ordnen Sie diese dem konkreten Beispiel zu. Stellen Sie dann die Beziehungen der Größen anhand des Schemas dar.

Tipp

Denken Sie daran, dass der Regelung einer Größe ein Kreisprozess mit negativer Rückkopplung zugrunde liegt. Die Abweichung des gemessenen Istwertes vom Sollwert bewirkt eine Antwort, die der störenden Abweichung entgegenwirkt und damit den Istwert wieder korrigiert: „je mehr – desto weniger“ oder „je weniger – desto mehr“.

Regelmechanismen sind oft aus mehreren Regelkreisen zusammengesetzt. Ein Regelkreis muss eine oder eine ungerade Zahl an negativen Rückkopplungen enthalten, kann aber erweitert werden durch „Je mehr – desto mehr“- bzw. „Je weniger – desto weniger“-Beziehungen.

Beispiel Interpretation des Regelkreises zur Pupillenreaktion

Kommt man aus dem Dunkeln ins Helle, ist man geblendet. Wenig später empfindet man die Helligkeit als angemessen. Dies lässt sich auf folgenden Zusammenhang zurückführen (Erklärung): Es erfolgt eine schnelle Anpassung an einen plötzlichen Helligkeitswechsel. Im Dunkeln ist die Pupille erweitert, sodass möglichst viel Licht auf die Netzhaut fallen kann (Ausgangssituation). Beim Eintritt ins Helle ist die Pupille zunächst noch geöffnet, sodass zu viel Licht einfällt, was zur Blendung führt. Schnell verengt sich die Pupille und lässt damit weniger Licht auf die Netzhaut, man kann wieder sehen. Durch die Pupillenreaktion soll die Beleuchtungsstärke auf der Netzhaut im optimalen Bereich gehalten werden. (Zusätzlich wirkt als langsamer Anpassungsprozess die Adap(ta)tion, die Empfindlichkeitsänderung der Lichtsinneszellen).
Erklärung als regulativer Prozess:
Sollwert: vom Individuum vorgegebener/genetisch bedingter Wert (definierte Pupillenweite bei bestimmten Lichtverhältnissen), gilt als Vergleichsgröße, wird durch das **Führungsglied** verstellt (bei Hell-, Dunkeladaptation).
Regler: Mittelhirn, vergleicht Istwert mit Sollwert und gibt Antwort an das Stellglied (regelt die Größe der Pupille durch Erregung der motorischen Nervenfasern)
Stellgröße: Korrekturbefehl (Erregungsstärke der motorischen/efferenten Nervenfasern und Maß für die Verengung der Pupille)
Stellglied/Effektor: Irismuskulatur, die die Pupille als zentrale Öffnung der Iris verengt
Regelgröße: Beleuchtungsstärke auf der Netzhaut
Störgröße: aktueller Lichteinfall/Helligkeitsänderung
Messfühler/Rezeptor: Fotorezeptoren der Netzhaut, diese schicken über den sensorischen Sehnerv Erregungen zum Gehirn.
Istwert (der Regelgröße): aktuelle Beleuchtungsstärke auf der Netzhaut
Je mehr Licht einfällt, desto enger wird die Pupille (negative Rückkopplung), je enger die Pupille ist, desto weniger Licht kann einfallen.

Umgekehrt gilt es ebenso: je weniger Licht einfällt, desto weiter wird die Pupille (negative Rückkopplung), je weiter die Pupille geöffnet ist, desto mehr Licht kann einfallen. Dies ist ein zweiter Regelkreis.

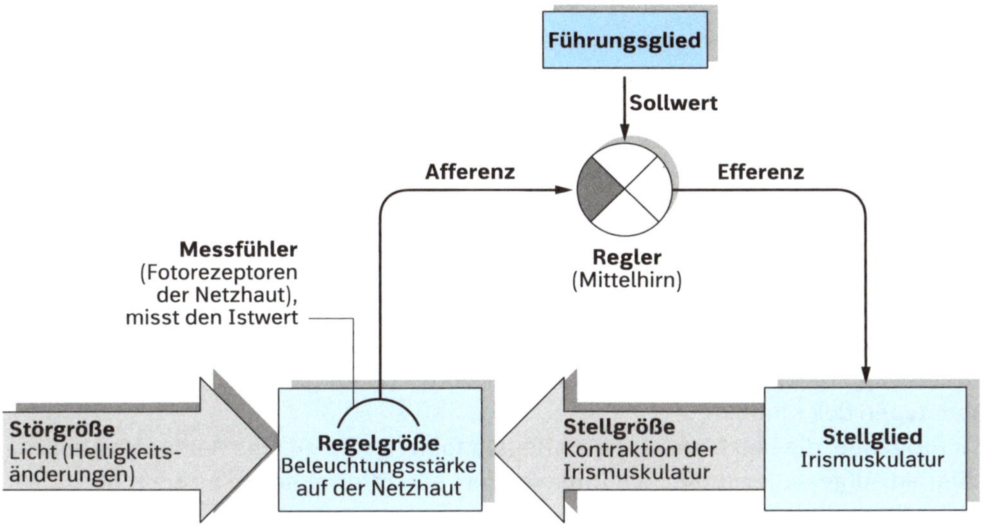

M3 Regelkreis der Pupillenreaktion

Beispiel Interpretation des Regelkreises zur Populationsökologie

Populationsökologische Abläufe werden oft in Pfeilschemata dargestellt. Dabei werden Populationszyklen – meist stark vereinfacht – als Regelkreisprozesse mit negativen Rückkopplungen beschrieben. „Je mehr – desto weniger" oder „je weniger – desto mehr"-Beziehungen werden charakterisiert durch ein Minuszeichen an der Pfeilspitze, „Je mehr – desto mehr"- bzw. „Je weniger – desto weniger"-Beziehungen entsprechend mit einem Pluszeichen (siehe Abb. M4).

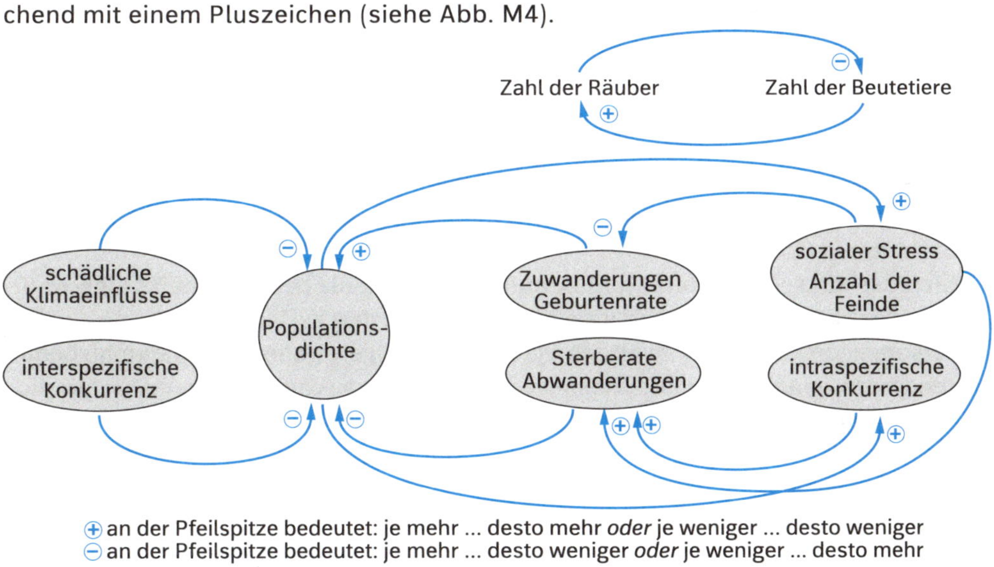

M4 Einfaches und komplexes Regelkreisschema

Stammbaumanalyse in der Klassischen Genetik (vgl. Aufg. 3)

In der Genetik geben Stammbaumschemata nicht nur das Verwandtschaftsverhältnis der erfassten Personen wieder, sondern zeigen auch das Vorkommen bestimmter Merkmale, meistens Krankheiten, in der Generationenfolge. Das bedeutet, dass auf der Basis eines Familienstammbaumes der Erbgang eines veränderten, evtl. krankhaften Merkmals ermittelt werden kann. Es werden meist nur Phänotypen dargestellt.
Immer gilt:
Eine männliche Person wird durch das Symbol ♂ oder durch ein Quadrat, eine weibliche durch ♀ oder durch einen Kreis symbolisiert. Sind die Symbole gefüllt, handelt es sich um Merkmalsträger. Geschwister werden gemäß ihrem Alter von links nach rechts angeordnet. Eine Symbolerklärung ist meist als Legende in den Abbildungen enthalten. Bei der Analyse von Familienstammbäumen wird von Phänotypen auf Genotypen geschlossen, z. B. vom Phänotyp der Nachkommen auf den Genotyp der Eltern und weiterer Verwandten oder vom Phänotyp der Eltern auf mögliche Genotypen des Kindes.
Für Erbgänge, die den MENDELschen Regeln folgen, können eine Reihe von Analysekriterien aufgestellt werden, die Ihnen helfen, alle Informationen zu erkennen, die in einem Stammbaum enthalten sind.
Die Vorgehensweise bei der Analyse eines Familienstammbaums sollte folgendermaßen aussehen:

1. Festlegung und Begründung, ob das Merkmal (die Krankheit) dominant oder rezessiv vererbt wird,
2. Festlegung und Begründung, ob es sich um einen autosomalen oder gonosomalen (normalerweise X-chromosomalen) Erbgang handelt.

Tipp

Y-chromosomale Erbgänge gibt es kaum (das Y-Chromosom enthält fast keine Information), trotzdem sollte ein solcher Erbgang ausgeschlossen werden, da es dafür eventuell einen Punkt geben kann.

Kriterien für autosomal-dominante Erbgänge (M5):

1) Jede von dem Merkmal (meist: Krankheit) betroffene Person hat mindestens einen betroffenen Elternteil.
2) Für jedes Kind eines heterozygot betroffenen Elternteils besteht eine 50%ige Wahrscheinlichkeit, ebenfalls von dem Merkmal betroffen zu sein.
3) Personen, die das Merkmal phänotypisch nicht zeigen, geben das merkmalsbedingende bzw. krankmachende Gen nicht weiter. Die Krankheit kann keine Generation überspringen.
4) Weibliche und männliche Personen sind – statistisch gesehen – phänotypisch und genotypisch gleich häufig betroffen.
   Ausnahmen von den genannten Kriterien sind durch Neumutationen, Spätmanifestationen (wenn die Krankheit erst im fortgeschrittenen Alter auftritt, wie z. B. bei Chorea Huntington) und Penetranzunterschiede möglich. Als Penetranz bezeichnet

man die Wahrscheinlichkeit, mit der ein Genotyp im Phänotyp ausgebildet wird. Eine unvollständige Penetranz kann durch modifizierende Gene oder auch durch Umwelteinflüsse zustande kommen.

Kriterien für autosomal-rezessive Erbgänge (M6):

1) Personen, die das Merkmal bzw. die Krankheit phänotypisch aufweisen, kommen selten in aufeinanderfolgenden Generationen vor.
   Ausnahme: Vereinzelt kann es vorkommen, dass zwei nicht verwandte Überträger (Heterozygote) aufeinandertreffen und aus ihrer Verbindung homozygot kranke Kinder hervorgehen.
2) Autosomal-rezessive Krankheiten treten statistisch gehäuft bei Familien mit Verwandtenehen auf, da bei diesen die Wahrscheinlichkeit des „Aufeinandertreffens" krankmachender rezessiver Gene höher ist.
3) Die Erkrankungswahrscheinlichkeit für ein Kind von phänotypisch gesunden, jedoch heterozygoten Eltern liegt bei 25 %.
4) Weibliche und männliche Personen sind – statistisch gesehen – phänotypisch und genotypisch gleich häufig betroffen.

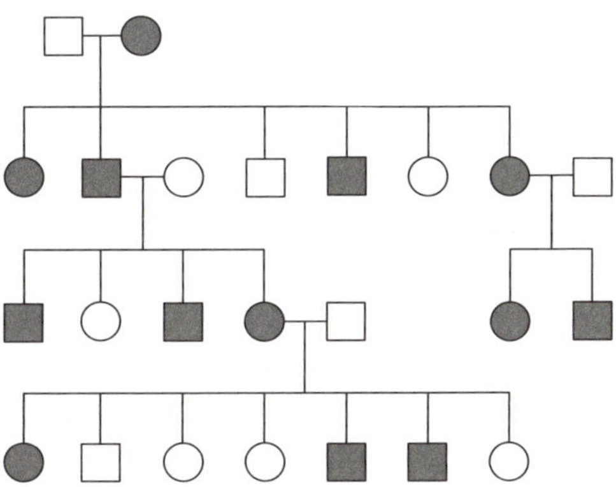

M5 Beispiel eines Stammbaums für Kurzfingrigkeit (autosomal-dominant)

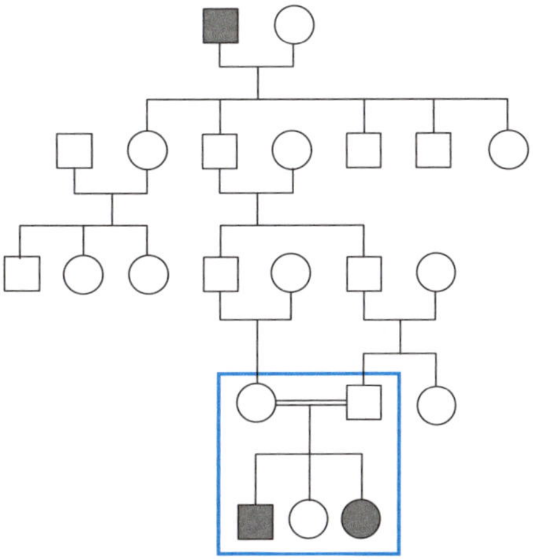

M6 Beispiel eines Stammbaums mit erblicher Taubstummheit (autosomal-rezessiv); Verwandtenehe durch Kasten hervorgehoben

Kriterien für gonosomal-(X-chromosomal-)rezessive Erbgänge (M7):

1) Merkmalsträger sind meist männliche Personen.
2) Töchter können nur dann Merkmalsträger sein, wenn der Vater phänotypisch betroffen und die Mutter Überträgerin (Konduktorin) oder ebenfalls betroffen ist.
3) Alle Töchter von betroffenen Vätern und homozygot nicht betroffenen Müttern sind auf jeden Fall Konduktorinnen und können das Gen für das Merkmal an ihre Kinder weitergeben.
4) Söhne von nicht betroffenen Vätern und Konduktorinnen, also heterozygoten Müttern, die phänotypisch gesund sind, sind mit einer Wahrscheinlichkeit von 50 % betroffen.

5) Töchter von nicht betroffenen Vätern und Konduktorinnen sind phänotypisch gesund. Mit einer Wahrscheinlichkeit von 50 % sind sie wiederum Konduktorinnen.
6) Eine Vererbung des Merkmals von Vätern auf Söhne ist nicht möglich, da die Söhne von den Vätern nur das Y-Chromosom erhalten.

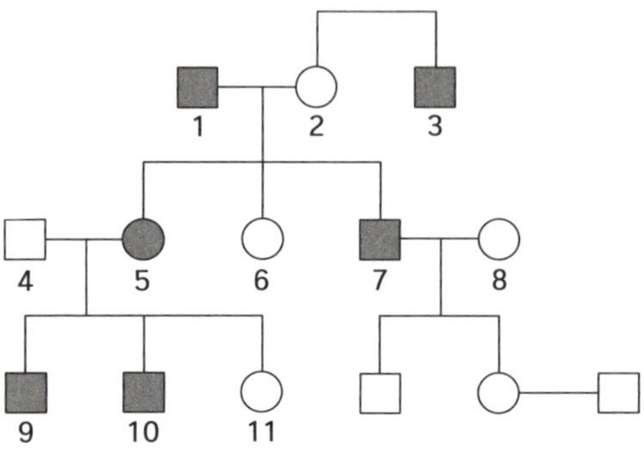

M7 Beispiel eines Stammbaums mit Rot-Grün-Sehschwäche (gonosomal-rezessiv)

Mögliche Aufgabenstellung: **Bestimmen** Sie die Genotypen der Personen 1 bis 11 der Abb. M7.

Lösung: Allel für die Sehschwäche f (rezessiv), Allel eines Gesunden F (dominant); Genotyp f0 bei Person 1, 3, 7, 9 und 10 (0 steht dafür, dass auf dem zweiten Gonosom, also dem Y-Chromosom, kein Gen für das Merkmal vorhanden ist, Männer sind also bezüglich des Gens für die Farbtüchtigkeit hemizygot), Person 2 Ff (die Frau muss Konduktorin sein, weil ihr Sohn 7 die Sehschwäche zeigt), 5 ff, 6 Ff (die Frau muss Konduktorin sein, weil ihr Vater die Sehschwäche hat), 8 FF oder Ff (mit geringerer Wahrscheinlichkeit gegenüber FF, weil in der Bevölkerung die Genfrequenz für f kleiner ist als die für F), 11 Ff (die Frau muss Konduktorin sein, weil ihre Mutter betroffen ist und sie selbst bzw. ihr Vater nicht).

Umgang mit Experimenten (vgl. Aufg. 1, 12)

Der biologische Erkenntnisprozess geht von einer wissenschaftlichen Naturbeobachtung aus, die meist planmäßig durchgeführt wird und objektive Daten liefert. Sie lässt sich zunächst nicht erklären, ihr kann also keine Ursache zugeordnet werden. Der Forscher formuliert verschiedene **Fragestellungen**, die sich aus der Beobachtung ergeben. Die Fragen werden präzisiert und so formuliert, dass sie beantwortet werden können (Operationalisierung). Als vorläufige Antwort auf eine Frage werden dann Vermutungen über mögliche Ursachen geäußert, die begründet und als **Hypothesen** formuliert werden. Hypothesen müssen überprüfbar sein und schließen die Vorhersage eines Ergebnisses unter einer bestimmten Voraussetzung ein: wenn ..., dann ... Zur Überprüfung einer Hypothese wird unter der spezifischen Fragestellung ein **Experiment entwickelt**. Im Protokoll des Experiments sind neben der Frage und der Hypothese die verwendeten Materialien anzugeben und der Versuchsaufbau, die **Versuchsdurchführung** sowie die gewählten Auswertungsmethoden zu beschreiben.

Die **Beobachtungsergebnisse** (die registrierten Daten) werden zur Auswertung zusammengestellt und in Tabellen oder Diagrammen übersichtlich dargestellt. Die wichtigsten Ergebnisse werden nun beschrieben und gedeutet. In der **Schlussfolgerung** wird der Bezug zu Fragestellung und Hypothese hergestellt: Wird die Ausgangsfrage beantwortet? Lässt sich die formulierte Hypothese bestätigen (verifizieren) oder muss sie modifiziert oder sogar vollständig verworfen werden (falsifizieren)?
Dann erfolgt die **Diskussion** der Ergebnisse, d. h. sie werden in Beziehung gesetzt zu anderen Untersuchungsergebnissen, die im sachlichen Zusammenhang in der Literatur beschrieben sind. Die eigenen Daten werden einer kritischen Reflexion bezüglich der Messgenauigkeit und der statistischen Aussagekraft unterzogen, gefolgt von Überlegungen zu weiterführenden Fragestellungen oder alternativen Versuchsansätzen.
Eine bestätigte Hypothese gilt erst dann als bewiesen oder als gesichertes Wissen, wenn sie immer wieder unabhängig voneinander bestätigt werden kann.

Gängige Formen des zu bearbeitenden Aufgabenmaterials aufgrund eines Experiments:

1) Es wird die Durchführung eines Experiments geschildert. Sie haben die Aufgabe, die zugrunde liegende Fragestellung, die Hypothese und/oder das Ergebnis vorherzusagen.

Tipp

Lassen Sie sich nicht dadurch entmutigen, dass Ihnen das Experiment unbekannt ist. Häufig ist Ihnen die eingesetzte Methode bekannt: Dann beschreiben Sie diese in einem ersten Schritt. Erst dann versuchen Sie, Bezüge zur Aufgabenstellung herzustellen. Formulieren Sie in jedem Fall eine Frage und eine Hypothese. Stimmen Sie das Beobachtungsergebnis mit Ihrer aufgestellten Hypothese ab.

In einem Aufgabentext erfahren Sie z. B. über Rotalgen, dass sie im Gegensatz zu Grünalgen auch in den tieferen Schichten des Meeres Fotosynthese betreiben. Um mehr über Rotalgen zu erfahren, wird ein Farbstoffextrakt der Rotalgen chromatografiert. Folgendermaßen sollten Sie vorgehen:

- **Beschreiben** Sie zunächst kurz das, was Ihnen bekannt ist: die Methode der Farbstoffextraktion und der Chromatografie von Blattfarbstoffen der Grünalgen. Dazu können Sie voraussagen, dass in dem Chromatogramm Chlorophyll a und b (grüne Banden) und Carotinoide (gelbe Bande) zu erkennen sein werden.
- Nun erst **stellen** Sie das Bekannte dem Unbekannten **gegenüber**. Es liegt auf der Hand, dass Rotalgen andere Blattfarbstoffe enthalten als Grünalgen, sonst wären sie ja nicht rot. Allerdings ist auch bei Ihnen Chlorophyll für die Fotosynthese nötig.
- Leiten Sie aus der Gegenüberstellung und dem Vergleich zunächst ein mögliches **Beobachtungsergebnis** ab: Neben den grünen Banden des Chlorophylls, die Sie auch bei der Chromatografie des Rotalgenextraktes erwarten, gibt es möglicherweise noch eine andersfarbige, rötliche Bande, die einen weiteren Blattfarbstoff der Rotalgen nachweist. Die **Hypothese** lautet also: Wenn Rotalgen das Licht noch in größeren Tiefen des Meeres für die Fotosynthese nutzen können, dann müssen

sie noch einen anderen Blattfarbstoff als die Grünalgen besitzen. Die dazugehörige **Ausgangsfrage** lautet: Aus welchen Gründen können Rotalgen im Gegensatz zu Grünalgen noch in tieferen Schichten des Meeres Fotosynthese betreiben? Dazu war es hier nur nötig, das Statement im Aufgabentext zu einer Frage umzuformen.

Tipp

Gehen Sie, auch wenn das nicht ausdrücklich in der Aufgabe gefordert wird, darauf ein, ob dieses Experiment Ihrer Meinung nach wirklich die von Ihnen formulierte Hypothese und auch die Ausgangsfrage bestätigt. Schließen Sie also eine Diskussion an.
In diesem Fall wird nur ein Teil der Hypothese bestätigt: Es kann keine Aussage darüber gemacht werden, ob der vorhergesagte Farbstoff das Licht in größeren Tiefen tatsächlich absorbiert und für Fotosynthese nutzen kann. Auch die Ausgangsfrage kann noch nicht eindeutig beantwortet werden.

2) Aufgrund einer Fragestellung oder Hypothese sollen Sie ein geeignetes Experiment schildern.
- Machen Sie sich klar, dass das geeignete Experiment eine Hypothese nicht nur bestätigen (verifizieren), sondern auch widerlegen (falsifizieren) kann.
- Erwägen Sie den Einsatz verschiedener fachspezifischer Methoden, z. B. Mikroskopieren, Anfärben, radioaktive Markierung, Einsatz von Enzymen, genetischer Fingerabdruck, DNA-Hybridisierung, Einsatz von Gen-Sonden.
- Ist eine bestimmte Methode geeignet, stellen Sie diese mit den erforderlichen Fachbegriffen oder auch Geräten vor.
- Ordnen Sie Ihr Experiment wie ein Protokoll in Materialien, Versuchsaufbau, Durchführung, voraussichtliches Beobachtungsergebnis.
- Illustrieren Sie die Durchführung des Experiments mit einer Skizze, z. B. mit einem Versuchsaufbau oder einem Verlaufsschema.

3) Aufgrund eines skizzierten Versuchsaufbaus sollen Sie Fragestellung, Beobachtungsergebnis und Deutung der Ergebnisse ableiten.
- In einem ersten Schritt beschreiben Sie den dargestellten Versuchsaufbau, auch wenn dies nicht ausdrücklich gefordert wird. Während dieser Beschreibung wird Ihnen i. d. R. klar, wie das zugrunde liegende Experiment durchzuführen ist.
- Gehen Sie dann vor wie in 1): Vom Bekannten zum noch nicht Bekannten.
- Erst im letzten Schritt leiten Sie Beobachtungsergebnis, Hypothese und Fragestellung ab und überprüfen, ob diese widerspruchsfrei zueinander formuliert sind.

4) Im Zusammenhang mit Beobachtungsergebnissen, deren Daten häufig in unübersichtlicher Form dargestellt sind, werden Sie gelegentlich aufgefordert, diese in eine übersichtlichere Form zu überführen.
- Beachten Sie dazu den Abschnitt „Umgang mit Diagrammen" (S. 81).

Umgang mit Hypothesen (vgl. Aufg. 7, 8, 11, 13)

Materialgebundene Aufgaben sehen manchmal vor, dass Sie nicht nur im Rahmen von Experimenten Hypothesen aufstellen, sondern erst über das Aufstellen von Hypothesen und deren Diskussion zu einer Lösung kommen.

Aufstellen von Hypothesen

Eine Hypothese ist eine begründete Vermutung, dass bestimmten Beobachtungen eine Gesetzmäßigkeit zugrunde liegt. Eine Hypothese muss mit den objektiven Daten in Einklang stehen und darf in sich keine Widersprüche aufwerfen.

- Sichten Sie zunächst das gesamte Material und stellen Sie für sich eine Beziehung zur Thematik der Aufgabe her.
- Arbeiten Sie das Material gemäß den Anweisungen durch und tragen Sie auf diese Weise möglichst viele Informationen zusammen, die Grundlage für die Bildung einer Hypothese sein können.
- Ordnen Sie dann die von Ihnen ausgewählten Informationen, fassen Sie diese unter bestimmten Gesichtspunkten zusammen.
- Formulieren Sie nun auf der Basis dieser Übersicht eine möglichst klare und präzise Hypothese, evtl. auch mehrere Hypothesen.
- Belegen Sie die formulierten Hypothesen mit Daten oder Fakten aus dem Arbeitsmaterial und wägen Sie dabei die Argumente genau ab. Wichtig dabei ist es, auch die (möglichen) Gegenargumente zu prüfen.
- Es kommt bei der Aufstellung von Hypothesen nicht darauf an, druckreife Formulierungen zu erstellen. Möglich sind alle, die sich logisch aus dem Arbeitsmaterial ableiten lassen.

Tipp
Aufgestellte Hypothesen nicht ohne Prüfung stehen lassen!

Überprüfen von Hypothesen: So bestätigen (verifizieren) oder widerlegen (falsifizieren) Sie vorgegebene oder selbst aufgestellte Hypothesen

Nachdem Sie Ihre Hypothese aufgrund aller Daten mit eigenen Worten formuliert haben, blicken Sie noch einmal zurück (nach folgenden Punkten überprüfen Sie auch vorgegebene Hypothesen):

- Stehen alle Angaben und Informationen aus den Materialien mit der Hypothese im Einklang?
- Belegen Sie Ihre Hypothese umfassend mithilfe aller relevanten Materialien und stellen Sie diese in einen Begründungszusammenhang.
- Werden Widersprüche deutlich, verwerfen Sie die Hypothese und halten sich nicht weiter mit ihrer Begründung auf. Eine Hypothese ist widerlegt, wenn z. B. ein Versuchsergebnis nicht im Einklang mit der formulierten Hypothese steht.

Tipp

Beachten Sie bei den Formulierungen, dass Hypothesen stets vorläufigen Charakter haben und keine feststehenden Fakten sind.
Haben Sie den Auftrag, selbst eine Hypothese aufzustellen, und hält die erste einer Prüfung nicht stand, suchen Sie ohne viel Zeit zu verlieren nach einer neuen Hypothese. Wenn Ihnen keine weitere einfällt, begründen Sie die Widersprüche und schlagen Sie vor, wie man vorgehen könnte, um eine Lösung herbeizuführen.
Sind mehrere Hypothesen vorgegeben, stellen Sie vor einer Überprüfung zunächst die Unterschiede klar heraus.

Umgang mit Modellen (vgl. Aufg. 5, 8)

Modelle bilden die Wirklichkeit nach. Sie erfassen dabei nicht alle Merkmalseigenschaften des Naturobjekts, sondern dienen nur der Erklärung weniger, oft nur einer Eigenschaft. Sie können Strukturelemente oder Funktionszusammenhänge veranschaulichen. Dabei können sie die Wirklichkeit spiegeln oder aber nur hypothetischer Natur sein. Meist vereinfachen sie komplexe Sachverhalte und machen sie leichter vermittelbar.
Bei der Beschreibung und Erklärung von Modellen ist in den Formulierungen darauf zu achten, dass das Modell nicht mit der Wirklichkeit verwechselt wird. Das können Sie dadurch erreichen, dass Sie

- die Modellebene und die Ebene der Wirklichkeit getrennt beschreiben und nicht miteinander vermischen,
- Elemente des Modells bestimmten Eigenschaften der Wirklichkeit zuordnen oder
- bei einem Funktionsmodell zunächst nur beschreiben, wie das Modell funktioniert, und erst dann erklären, welche Vorgänge in der Natur damit veranschaulicht werden sollen.

Tipp

Die Zuordnung von Modellelement und Naturmerkmal sowie seine Erklärungsfunktion können gut in einer Tabelle veranschaulicht werden.

So könnte etwa die Funktion des Isoleucins in dem in M8 skizzierten Stoffwechselweg mithilfe eines Schwammmodells (M9) verdeutlicht und in Tabellenform erklärt werden:

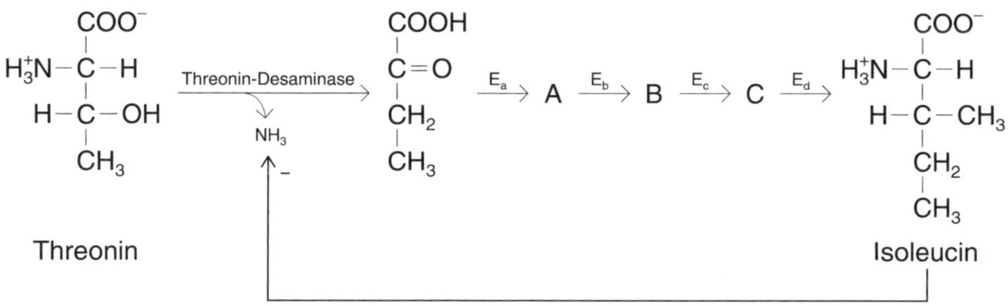

M8 Ausschnitt aus dem Threoninstoffwechsel

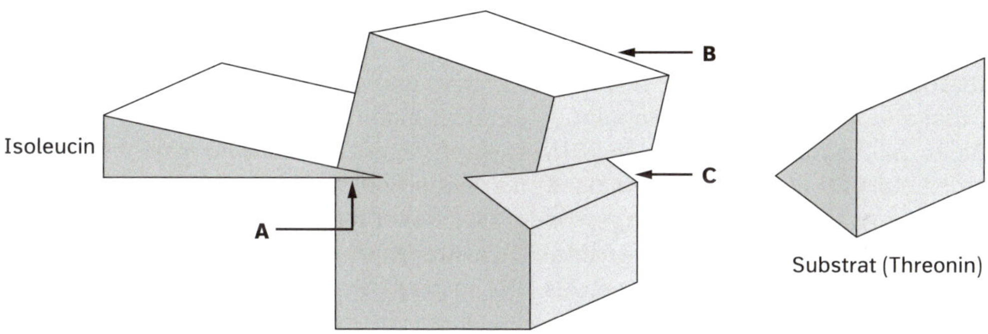

M9 Schwammmodell zur Erklärung der Funktion des Isoleucins im Threoninstoffwechsel

Modellstruktur (Funktion)	veranschaulichtes Objekt	Funktion
Schwammmodell der Abbildung M9	allosterisch gehemmte Threonin-Desaminase	allosterische Hemmung der Threonin-Desaminase durch Isoleucin
kleiner Keil aus Schwammmaterial, rechts	Threonin	Substrat
A (Wird der lange Keil in den Schlitz des Schwamms gesteckt, verändert dieser seine Gestalt.)	allosterisches Zentrum mit angelagertem Hemmstoff (Isoleucin)	bei Anwesenheit des Inhibitors Isoleucin wird Enzymstruktur verändert
B großer, veränderbarer Schwamm	Enzym Threonin-Desaminase	kann Threonin umsetzen (wenn nicht gehemmt)
C (Steckt der lange Keil nicht im Schlitz, kann die Lücke im Schwamm den kurzen Keil aufnehmen.)	aktives Zentrum	hier kann Threonin an das Enzym angelagert und dann umgesetzt werden

6 Übungsaufgaben

Angewandte Genetik: Methoden der Gentechnik am Beispiel der PCR und des genetischen Fingerabdrucks

Aufgabe 1: CODIS, das genetische Fingerabdruck-system des FBI

Einleitung

CODIS bedeutet **CO**mbined **D**NA **I**ndex **S**ystem und ist entwickelt worden, um möglichst alle Individuen einer Population unterscheiden zu können.
Basis dafür sind 13 verschiedene DNA-Abschnitte mit Wiederholungseinheiten. Die Molekulargenetiker bezeichnen diese sich wiederholenden DNA-Muster, deren Wiederholungseinheiten eine Länge von 2 bis 7 Basenpaaren haben, als STRs (short tandem repeats). In den untersuchten DNA-Anschnitten enthalten diese STRs etwa 10–100 Wiederholungseinheiten. Als VNTRs (variable number of tandem repeats) bezeichnet man DNA-Abschnitte, die eine Länge von insgesamt nur etwa 10–100 bp (Basenpaaren bzw. Nukleotiden) besitzen.
VNTRs und STRs macht man sich in der Forensik bei der Identifikation von Personen zunutze. Sie liegen in bekannten DNA-Abschnitten, die mit Symbolen bezeichnet werden. Ein solcher Abschnitt heißt z. B. D7S280. Er liegt auf dem Chromosom 7. In der Bevölkerung der USA kann er zwischen 310 und 346 Basenpaaren lang sein.

Aufgabenstellung

1. **Untersuchen** Sie die Basensequenz des DNA-Abschnitts D7S280 in M1:
   (a) **Geben** Sie **an**, um welche Wiederholungseinheit es sich hier handelt und wie oft sie in der Abbildung M1 wiederholt wird.
   (b) **Berechnen** Sie aufgrund der Angaben im Text und der Abbildung M1 die exakte Anzahl der Wiederholungseinheiten der variablen STRs im DNA-Abschnitt D7S280 für die amerikanische Bevölkerung. (Tipp: **Ermitteln** Sie dazu die Länge des DNA-Abschnitts D7S280, also die Gesamtzahl der Nukleotide, sowie die Anzahl der Repeats in M1. Die unterschiedliche Länge von D7S280 kommt in der Bevölkerung der USA ausschließlich durch eine unterschiedliche Anzahl an Repeats zustande. Rechnen Sie nun mit den Zahlen im letzten Satz der Einleitung.)
2. **Beschreiben** Sie, wie man aufgrund einer DNA-Spur in der Forensik experimentell vorgehen muss, um für eine bestimmte Person die STRs des DNA-Abschnitts D7S280 zu ermitteln, also einen genetischen Fingerabdruck herzustellen. Wählen Sie folgende Methoden:

(a) PCR

(b) Gelelektrophorese

(c) **Zeichnen** Sie das Ergebnis der Gelelektrophorese für den DNA-Abschnitt D7S280 von Peter.

3. **Erläutern** Sie den Rechenweg für die Bestimmung der Wahrscheinlichkeit, einem Menschen zu begegnen, der das gleiche CODIS-STR-Muster aufweist wie Peter (vgl. M2).
4. (a) **Erklären** Sie, welche Schlussfolgerung ein Molekulargenetiker aufgrund des CODIS-STR-Musters bezüglich der Eigenschaften oder der Persönlichkeit der untersuchten Personen ziehen kann.

   (b) **Beurteilen** Sie Möglichkeiten und Grenzen dieses gentechnischen Verfahrens in der Kriminalistik.

Material

M1 DNA-Abschnitt D7S280 mit darin enthaltenen Wiederholungseinheiten

3'-Ende	1	[AATTTTTGTA	TTTTTTTTAG	AGACGGGGTT	TCACCATGTT
	41	GGTCAGGCTG	ACTATGGAGT	TATTTTAAGG	TTAATATATA
	81	TAAAGGGTAT	GATAGAACAC	TTGTCATAGT	TTAGAACGAA
	121	CTAACGATAG	ATAGATAGAT	AGATAGATAG	ATAGATAGAT
	161	AGATAGATAG	ATAGACAGAT	TGATAGTTTT	TTTTTATCTC
	201	ACTAAATAGT	CTATAGTAAA	CATTTAATTA	CCAATATTTG
	241	GTGCAATTCT	GTCAATGAGG	ATAAATGTGG	AATCGTTATA
	281	ATTCTTAAGA	ATATATATTC	CCTCTGAGTT	TTTGATACCT
	321	CAGATTTTAA	GGCC] 5'-Ende		

M1 Nukleotidsequenz des DNA-Abschnitts D7S280 auf dem Chromosom 7 eines Amerikaners. Die Zahlen am Beginn der Zeile kennzeichnen die Nummer der ersten Base bzw. des ersten Nukleotids des folgenden DNA-Abschnitts. Nach jeder 10. Base wurde zur besseren Übersichtlichkeit eine Lücke gesetzt.

M2 Die CODIS-DNA-Abschnitte

DNA-Abschnitt	D3S1358	vWA	FGA	D8S1179	D21S11	D18S51	D5S818
STR-Muster (Peter)	15, 18	16,16	19, 24	12, 13	29, 31	12, 13	11, 13
Häufigkeit USA	8,2 %	4,4 %	1,7 %	9,9 %	2,3 %	4,3 %	13,0 %

DNA-Abschnitt	D13S317	D7S280	D16S539	THO1	TPOX	CSF1PO
STR-Muster (Peter)	11, 11	10, 10	11, 11	9, 9	8, 8	11, 11
Häufigkeit USA	1,2 %	6,3 %	9,5 %	9,6 %	3,5 %	7,2 %

M2 Alle 13 DNA-Abschnitte, die von CODIS erfasst werden. Darunter ist jeweils eine mögliche STR-Kombination einer bestimmten Person (Peter) angegeben zusammen mit der Häufigkeit, mit der diese bestimmte Kombination in der Bevölkerung der USA auftritt. Peter hat z. B. im DNA-Abschnitt FGA einmal 19 und auf dem anderen homologen Chromosom 24 Tandem Repeats. Nur 1,7 % der Bevölkerung weisen an diesem FGA-Ort das gleiche STR-Muster von 19/24 auf.

Benötigte Fachkenntnisse

DNA: Aufbau aus Nukleotiden, Informationsgehalt codierende und nichtcodierende Abschnitte (S. 22 ff.)

Benötigte Methodenkenntnisse

PCR, Gelelektrophorese, Restriktionsenzyme, Umgang mit Tabellen (S. 31 f., 84 ff.)

Lösungen

1. (a) Länge der Wiederholungseinheit: 4 bp aus GATA; GATA tritt 12-mal auf in einem 334 bp langen D7S280 DNA-Abschnitt.
   (b) In einem 310 bp langen D7S280 DNA-Abschnitt 6-mal GATA. In einem 346 bp langen D7S280 DNA-Abschnitt 15-mal GATA. Für die amerikanische Bevölkerung gibt es im DNA-Abschnitt D7S280 variable STR-Muster von 6 bis 15 GATA-Wiederholungseinheiten.

2. (a) Ablauf der PCR: In der Polymerase-Kettenreaktion wird die Replikation der zellulären DNA im Reagenzglas nachgestellt. Zur Replikation muss der Doppelstrang zunächst in seine beiden Einzelstränge getrennt werden. Anschließend kann die DNA-Polymerase jeweils einen Einzelstrang als Matritze nutzen, an die sie Nukleotide in komplementärer Weise zu einem neuen, gegenläufigen Strang zusammenbaut. Dabei gilt, dass die DNA Kettenverlängerung nur über das 3' Ende der Ribose erfolgt. Nach der semikonservativen Replikation liegt dann ein Doppelstrang aus einem „alten" und einem neu zusammengesetzten Einzelstrang vor.
   Anders als bei der natürlichen Replikation werden bei der PCR nicht die gesamte DNA der Zelle, sondern nur spezifische Fragmente vermehrt. Die Startpunkte der DNA-Polymerase – und damit die Größe des vermehrten DNA-Fragmentes – wird durch die Wahl von sogenannten Primern bestimmt. Ein Primer ist ein etwa 20 Nukleotide langes DNA-Fragment, welches chemisch synthetisiert werden kann und an dessen 3' Ende eine Kettenverlängerung erfolgen kann. Die Primersequenz ist ein kurzes, einzelsträngiges DNA-Stück.
   Für eine PCR benötigt man zwei unterschiedliche Primer, von denen einer komplementär zu einer Sequenz auf dem einem Einzelstrang der DNA und der zweite komplementär zu einer Sequenz auf dem gegenläufigen Einzelstrang ist. Die zwischen den Primern liegende Sequenz kann dann in der PCR vermehrt werden. Zu der DNA wird ein Reaktionsansatz gegeben, der aus einem Puffer, DesoxyNukleotiden und aus einer thermostabilen Variante des Enzyms DNA-Polymerase besteht, der Taq-Polymerase (aus dem Bakterium *Thermus aquaticus*).
   Die PCR ist eine zyklische Reaktion. Jeder PCR-Zyklus besteht aus drei wesentlichen Schritten:
   - Denaturierung: Durch kurzzeitiges Erhitzen der DNA-Lösung auf 95 °C werden die beiden Stränge des DNA-Moleküls getrennt.
   - Hybridisierung: Bei 56 °C lagern sich die beiden Primer an die DNA-Stränge an.
   - Polymerisierung: Bei 72 °C werden die DNA-Stränge durch die Taq-Polymerase repliziert.

   Für die aufeinander folgenden PCR-Zyklen verwendet man einen Thermocycler, in dem die drei Schritte der Reaktion in der Regel etwa 30- bis 35-mal wiederholt werden.

(b) Beschreibung des Grundprinzips der Gelelektrophorese:
Die Stofftrennung beruht auf der unterschiedlich schnellen Wanderung elektrisch geladener Moleküle zwischen den Elektroden eines Gleichspannungsfeldes. Dabei wird ein Trägermaterial verwendet, dass wie ein engmaschiges Netz wirkt und die zu trennenden Moleküle bei ihrer Wanderung behindert. DNA ist aufgrund der Phosphatgruppen negativ geladen. Die DNA-Fragmente wandern also zur Anode. Je kürzer die Fragmente sind, desto besser können sie die Maschen des Gels durchdringen und umso schneller bewegen sie sich duch das Gel.

(c) Das Ergebnis der Gelelektrophorese sieht für Peter an der Stelle D7S280 folgendermaßen aus:

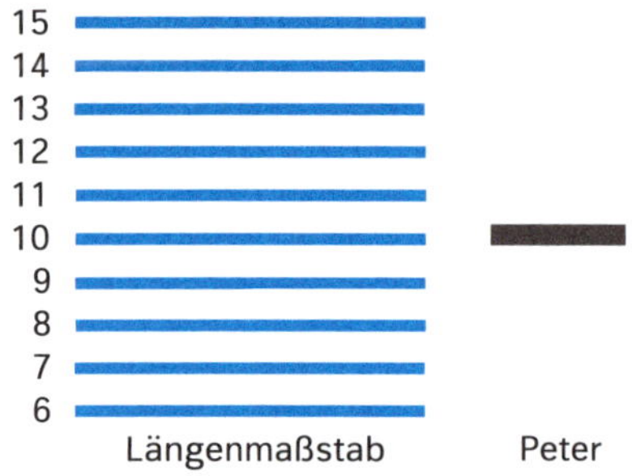

Ergebnis der Gelelektrophorese des DNA-Genabschnitts D7S280 für Peter

Erklärung zur Abbildung: Der Längenmaßstab von 6 bis 15 Wiederholungseinheiten wurde deshalb gewählt, weil im D7S280 DNA-Abschnitt nur diese Möglichkeiten von STRs vorkommen können. In der DNA-Probe von Peter taucht nur eine Bande auf, da gemäß dem STR-Muster von Peter von 10/10 in diesem Bereich jeweils 10 Wiederholungseinheiten auf den homologen Chromosomen liegen.

3. Der Rechenweg für die Bestimmung der Wahrscheinlichkeit, einem Menschen zu begegnen, der das gleiche CODIS-STR-Muster aufweist wie Peter (vgl. M2), besteht in der Multiplikation der Wahrscheinlichkeiten (Prozentangaben): 0,082 x 0,044 x 0,017 x 0,099 x 0,023 usw.

4. (a) Da sich die STRs in nicht codierenden Abschnitten der DNA befinden, enthalten sie keine Information über die Merkmale, auch nicht über die Persönlichkeitsmerkmale eines Individuums. Das Wissen um diese STRs berührt daher keine Persönlichkeitsrechte. Der Einsatz des genetischen Fingerabdrucks dient also lediglich der Identifizierung einer Person und nicht einer Merkmalsbeschreibung.
(b) Da das Verfahren keine Persönlichkeitsrechte verletzt, zudem relativ sicher ist und eine hohe Nachweiswahrscheinlichkeit hat, ist sein Einsatz zu begrüßen.

Selbstdiagnosebogen

Aufgabe Nr.	Kernkompetenz	AFB	Punkte	erreichte Punkte	Förderung
1(a) 1(b)	Tandem-Repeats der DNA in einer vorgegebenen Basensequenz erkennen Erfassung der variablen Wiederholungen von Basenfolgen innerhalb eines DNA-Abschnitts	II II	8 10		molekularer Aufbau der DNA (S. 22 f.), Unterscheidung Exon, Intron (S. 25 f.), Tandem-Repeats Berechnung von Basensequenzeinheiten, Dreisatz
2(a) 2(b) 2(c)	Beschreibung PCR Beschreibung Gelelektrophorese Erfassung eines vorgegebenen STR-Musters und Zeichnung des entsprechenden Gelelektropherogramms	I I II	8 7 7		PCR (S. 31), Gelelektrophorese (S. 31), Auswertung und Zeichnung (S. 87) von Gelelektropherogrammen, Bedeutung der Banden und des Längenmaßstabs
3	einfache Wahrscheinlichkeitsberechnung	II	2		Wahrscheinlichkeitsrechnung
4(a) 4(b)	Schlussfolgerungen aus dem molekularen Aufbau der DNA ziehen können. Urteilsbildung aufgrund der vollständigen Erfassung eines gentechnischen Verfahrens	III III	6 4		Bedeutung von Introns und Exons (S. 25), Bedeutung des genetischen Fingerabdrucks (S. 31)

Gesamtpunkte: 50, davon AFB I: 15 Punkte (30 %); AFB II: 25 Punkte (50 %); AFB III: 10 Punkte (20 %)

Materialgrundlage:

Köhnemann S.: Einsatz spurenkundlicher und molekulargenetischer Untersuchungen in der Rechtsmedizin. Institut für Rechtsmedizin, Universitätsklinikum Münster 2009

http://campus.uni-muenster.de/fileadmin/einrichtung/rechtsmedizin/medizin/molekulargenetik.PDF

http://www.fbi.gov/about-us/lab/codis

http://www.biology.arizona.edu/human_bio/activities/blackett2/str_description.html

Proteinbiosynthese bei Eukaryonten, Gensonde als Werkzeug der Gentechnik

Aufgabe 2: HbM Boston, eine seltene Hämoglobinopathie

Einleitung

Hämoglobinopathien sind Erkrankungen, die durch Defekte des Hämoglobins, also des Blutfarbstoffs in den roten Blutkörperchen, verursacht werden. Hämoglobinopathien sind in der Regel erblich und können je nach Gendefekt unterschiedlich schwere Krankheitsbilder verursachen.
Nach Schätzungen der Weltgesundheitsorganisation (WHO) sind weltweit bis zu sieben Prozent der gesamten Weltbevölkerung Träger einer Genmutation, die sich in Form einer Hämoglobinopathie äußert. Damit sind die Hämoglobinopathien weltweit gesehen die häufigsten Erbkrankheiten. So werden jährlich allein bis zu 450 000 Kinder mit einer schweren Form der Hämoglobinopathie geboren.
Neben der häufigsten und bekanntesten Form, der Sichelzellenanämie, gibt es eine Vielzahl weiterer Formen dieser Erbkrankheit.

Aufgabenstellung

1. **Stellen** Sie die zentralen Vorgänge bei der Translation im Rahmen der Proteinbiosynthese zusammenhängend **dar**.
2. **Werten** Sie die Angaben in M2 a und M2 b im Hinblick auf den Mutationstyp und daraus entstehende molekulare und physiologische Folgen (M1) **aus**.
3. **Entwerfen** Sie einen beispielhaften codogenen Strang für den in M3 dargestellten Fall. **Erläutern** Sie an diesem Beispiel die Ursachen für die „Fehldiagnose" und **beurteilen** Sie die Aussagekraft des angewandten Verfahrens.

Material

M1 Nachweis mittels Gensonden

Einige der Hämoglobinopathien gehören zu den seltenen Formen der sogenannten Methämoglobinopathien HbM Hyde Park, HbM Boston oder HbM Saskatoon. Sie beruhen auf einer Mutation in der α-Kette des Hämoglobins. Hierdurch wird dreiwertiges Eisen im Hämoglobin (Hb) zu zweiwertigem oxidiert ($Fe^{3+} \rightarrow Fe^{2+}$), es entsteht Methämoglobin (MetHb). Dieses kann keinen Sauerstoff binden. Im homozygoten Zustand ist diese Erbkrankheit tödlich, Heterozygote leiden an Kurzatmigkeit und einer unnatürlichen blauen Verfärbung der Haut, der Schleimhäute, der Lippen und der Fingernägel, die man als Zyanose bezeichnet.
Der Nachweis dieser Erbkrankheiten kann über eine Gensonde erfolgen. Dabei handelt es sich um ein künstliches, kurzes DNA-Stück, das mit einem fluoreszierenden

Farbstoff markiert ist. Anhand der DNA erbgesunder Personen wird die Basensequenz für die α-Kette des Hämoglobins ermittelt und auf dieser Grundlage die einsträngige DNA-Gensonde zur Diagnose der Krankheit hergestellt. Diese Gensonde kann sich nur dann an einen DNA-Strang anlagern, wenn alle Basen komplementäre Partner finden. Zur Durchführung des Tests benötigt der Arzt nur wenige Zellen des Embryos, die z. B. leicht aus dem Fruchtwasser der Mutter gewonnen werden können. Die DNA dieser Zellen wird isoliert und durch langsames Erhitzen in ihre Einzelstränge aufgespalten. Anschließend wird die Gensonde zugegeben und die Temperatur gesenkt. Ob die Bindung an den codogenen Strang der DNA vollzogen wurde, lässt sich durch die fluoreszierende Markierung leicht nachweisen.

M2 Molekulargenetische Ursachen

Ausschnitt aus dem codogenen Strang der DNA des normalen Hämoglobins (M2 a) und des entsprechenden Ausschnitt des Hämoglobins M Boston (M2 b). Die Zahlen entsprechen der Nummer der jeweiligen Aminosäure im Hämoglobin.

	55	56	57	58	59	60	61	
3'-Ende	GAT	TTT	CCT	GTA	CCT	TTC	TTC	5'-Ende

M2 a Ausschnitt aus dem codogenen Strang des Gens für Hämoglobin beim gesunden Menschen

	55	56	57	58	59	60	61	
3'-Ende	GAT	TTT	CCT	ATA	CCT	TTC	TTC	5'-Ende

M2 b Ausschnitt aus dem codogenen Strang des Gens für Hämoglobin M Boston

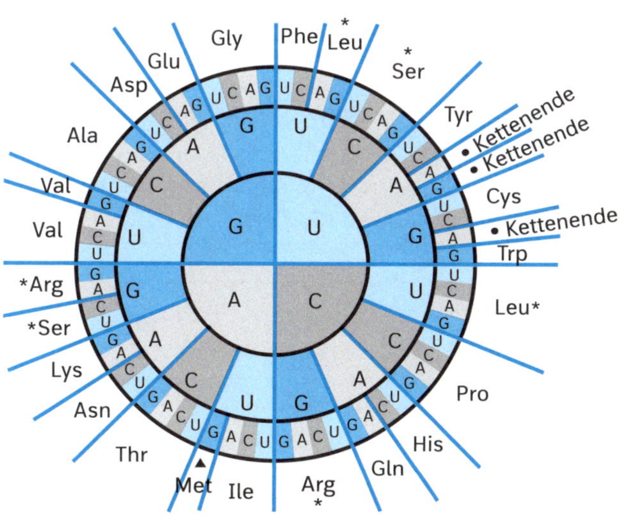

* zweimal auftretende Aminosäuren
• Stopp-Codon
▲ Start-Codon

M2 c Der genetische Code (als Code-Sonne)

Erste Base	Zweite Base				Dritte Base
5'	U	C	A	G	3'
	Phe	Ser	Tyr	Cys	U
	Phe	Ser	Tyr	Cys	C
	Leu	Ser	Stopp	Stopp	A
U	Leu	Ser	Stopp	Trp	G
	Leu	Pro	His	Arg	U
	Leu	Pro	His	Arg	C
	Leu	Pro	Gln	Arg	A
C	Leu	Pro	Gln	Arg	G
	Ile	Thr	Asn	Ser	U
	Ile	Thr	Asn	Ser	C
	Ile	Thr	Lys	Arg	A
A	Met (Start)	Thr	Lys	Arg	G
	Val	Ala	Asp	Gly	U
	Val	Ala	Asp	Gly	C
	Val	Ala	Glu	Gly	A
G	Val	Ala	Glu	Gly	G

M2 c Der genetische Code (in Tabellenform)

M3 Fallbeispiel

Eine schwangere Frau aus einer Familie, in der in der Vergangenheit bereits Fälle von Hämoglobin M Boston aufgetreten waren, wurde auf die oben beschriebene Art mit einer Gensonde getestet. Diese Gensonde verband sich nicht mit der DNA des ungeborenen Kindes.
Bei den Tests nach der Geburt des Kindes ließen sich jedoch keine Krankheitssymptome feststellen. Eine Untersuchung der Aminosäuresequenz der α-Kette des Hämoglobins ergab eine identische Sequenz mit der α-Kette erbgesunder Personen, das Kind war folglich gesund.

Benötigte Fachkenntnisse

DNA: Aufbau aus Nukleotiden, Informationsgehalt, Proteinbiosynthese, Translation, Mutationsformen, Aufbau und Struktur von Proteinen (S. 22 ff.)

Benötigte Methodenkenntnisse

Hybridisierung von Nukleotidsträngen

Lösungen

1. Ablauf der Translation
   Initiation: Die kleinere Untereinheit des Ribosoms lagert sich an das 5'-Ende der mRNA an. Sobald das Ribosom das Startcodon (AUG) erreicht, tritt die große Untereinheit hinzu. Eine mit einer Aminosäure beladene t-RNA tritt hinzu (nach dem Prinzip der komplementären Basenpaarung zwischen Anticodon der t-RNA und Codon der mRNA) und bindet an der P-Stelle des Ribosoms.
   Elongation: Eine zweite t-RNA tritt hinzu (Anticodon komplementär zum zweiten Triplett der mRNA) und bindet an der A-Stelle des Ribosoms. Es erfolgt eine Verknüpfung der beiden Aminosäuren unter Energieverbrauch durch die große Ribosomeinheit zum Dipeptid.
   Das Ribosom rückt ein Triplett auf der mRNA weiter und die t-RNA auf der P-Stelle rückt aus dem Ribosom und löst sich ab. Die t-RNA auf der A-Stelle rückt auf die P-Stelle und die A-Stelle wird mit einer neuen passenden t-RNA besetzt. Es erfolgt die Verknüpfung von Dipeptid + Aminosäure zum Tripeptid. Dieser Vorgang wiederholt sich bis zum Stoppcodon.
   Termination: Wird ein Stoppcodon erreicht, bindet ein Terminationsfaktor an die A-Stelle. Daraufhin zerfällt das Ribosom in seine Untereinheiten und setzt das Polypeptid frei.

2. Für den gesunden Menschen gilt für die Tripletts 55 bis 61 auf dem Gen für die α-Kette des Hämoglobins:

Triplett		55	56	57	58	59	60	61	
codogener Strang	3'-Ende	GAT	TTT	CCT	GTA	CCT	TTC	TTC	5'-Ende
mRNA	5'-Ende	CUA	AAA	GGA	CAU	GGA	AAG	AAG	3'-Ende
Aminosäuren		Leu	Lys	Gly	His	Gly	Lys	Lys	

Eine Punktmutation an der ersten Stelle im Triplett 58 des Gens für die α-Kette des Hämoglobins hat folgende Konsequenzen:

Triplett		55	56	57	58	59	60	61	
codogener Strang	3'-Ende	GAT	TTT	CCT	ATA	CCT	TTC	TTC	5'-Ende
mRNA	5'-Ende	CUA	AAA	GGA	UAU	GGA	AAG	AAG	3'-Ende
Aminosäuren		Leu	Lys	Gly	Tyr	Gly	Lys	Lys	

Der Einbau von Tyrosin statt Histidin an 58. Stelle führt offensichtlich auch zu einer Veränderung der Sekundär- und Tertiärstruktur in der α-Kette des Hämoglobins. Das entstandene Hämoglobin kann nur zweiwertiges Eisen einbauen, sodass es zur Bildung von Methämoglobin und in der Folge zu einem verringerten Sauerstofftransport und damit zum Krankheitsbild der Zyanose bei Hämoglobin M Boston kommt.

3. In folgendem konstruierten Fall läge ebenfalls eine Punktmutation wie bei Hämoglobin M Boston vor. Sie träte ebenfalls im Triplett 58, allerdings an der dritten Stelle, auf:

Triplett		55	56	57	58	59	60	61	
codogener Strang	3'-Ende	GAT	TTT	CCT	GTG	CCT	TTC	TTC	5'-Ende
Sonde	5'-Ende		AAA	GGA	CAT	GGA	AAG		3'-Ende
mRNA	5'-Ende	CUA	AAA	GGA	CAC	GGA	AAG	AAG	3'-Ende
Aminosäuren		Leu	Lys	Gly	His	Gly	Lys	Lys	

Da sich die Gensonde nur mit dem codogenen Strang verbindet, wenn alle Basen komplementäre Partner finden, kommt in diesem Fall keine Bindung zustande. Diese Tatsache lässt den Arzt und die betroffene Patientin auf eine Erkrankung des ungeborenen Kindes an Hämoglobin M Boston schließen.
In der Aminosäuresequenz kommt diese Punktmutation nicht zum Tragen, sodass die gleiche Proteinstruktur wie bei Gesunden vorliegt und das Kind phänotypsich gesund ist.
Dieses Phänomen wird als „stumme Mutation" bezeichnet und beruht auf der Redundanz des genetischen Codes, d. h. es existieren mehr Tripletts als zu codierende Aminosäuren, sodass eine Aminosäure durch mehrere Tripletts codiert wird.
In einem bestimmten DNA-Abschnitt ist die Anzahl der möglichen „stummen Mutationen" durch den genetischen Code begrenzt. Die Anzahl möglicher Mutationen liegt um ein Vielfaches höher. Daher ist trotz dieses Beispiels von einer hohen Aussagekraft einer Untersuchung mittels einer Gensonde auszugehen. Letztendlich ließe sich für jeden untersuchten Genabschnitt eine statistische Wahrscheinlichkeit (Möglichkeiten stummer Mutationen in diesem Abschnitt/Anzahl möglicher Mutationen) ermitteln.

Selbstdiagnosebogen

Aufgabe Nr.	Kernkompetenzen	AFB	Punkte	erreicht	Förderung
1	zusammenfassende Darstellung der Translation	I	14		Ablauf der Proteinbiosynthese (S. 24 ff.)
2	Transkription des codogenen Stranges in mRNA (gesund) Translation der mRNA in Aminosäuresequenz (gesund) Transkription des codogenen Stranges in mRNA (HbM) Translation der mRNA in Aminosäuresequenz (HbM) Vergleich der Aminosäuresequenzen Schlussfolgerung aus dem Vergleich	II II II II II II	3 3 3 3 2 3		Bau der DNA, codogener Strang, Transkription, genetischer Code, Translation (S. 22 ff.)
3	Skizze eines codogenen Stranges mit einer stummen Mutation Skizze Gensonde Transkription des codogenen Stranges in mRNA Translation der mRNA in Aminosäuresequenz Begründung der „Fehldiagnose“ mittels Gensonde	III I II II III	6 2 3 3 5		Mutationsformen (S. 27), Redundanz des genetischen Codes, Hybridisierung von Nukleotidsträngen

Gesamtpunkte: 50, davon AFB I: 16 Punkte (32 %); AFB II: 23 Punkte (46 %); AFB III: 11 Punkte (22 %)

Materialgrundlage:

Bahadir M., Parlar H., Spiteller M.: Springer Umweltlexikon, Berlin, Heidelberg, New York, 2000: S. 501/502
Buselmaier W., Tariverdian G.: Humangenetik, Berlin, Heidelberg, New York, 2007
Weatherall D.J.: Hemoglobinopathies worldwide: present and future. Curr Mol Med. 2008 Nov; 8 (7): 592–9
Bunn H.F., Steinberg M.H., Forget B.G., Higgs D.R., et al.: Disorders of Hemoglobin: Genetics, Pathophysiology, and Clinical Management, Cambridge, 2000: S. 103
Zanella-Cleon I., Joly P., Becchi M., Francina A.: Phenotype determination of hemoglobinopathies by mass spectrometry in: Clin Biochem. 2009 Dec; 42 (18): 1807–17

Proteinbiosynthese und Genwirkketten, Gensonde als Werkzeug der Gentechnik, Stammbaumanalyse

Aufgabe 3: Glutarazidurie Typ I bei den Amish

Einleitung

Die Glutarazidurie Typ I (GA I) ist eine sehr seltene Stoffwechselerkrankung, die weltweit mit einer Häufigkeit von 1 auf 100 000 Neugeborenen vorkommt. Dagegen leidet eins von 400 Kindern bei den Amish an dieser Erbkrankheit. Die Amish gehören einer Glaubensgemeinschaft an, die heute vornehmlich in den USA und Kanada lebt. Sie sind bekannt dafür, dass sie viele Formen des technischen Fortschritts ablehnen und Neuerungen nur nach sorgfältiger Überlegung akzeptieren. Sie legen großen Wert auf Familie, Gemeinschaft und Abgeschiedenheit von der Außenwelt. Überwiegend stammen sie von Südwestdeutschen oder Deutschschweizern ab und sprechen untereinander meist Pennsylvaniadeutsch.

Aufgabenstellung

1. **Berechnen** Sie mithilfe der HARDY-WEINBERG-Formel $p^2 + 2\,pq + q^2 = 1$ den Anteil homozygoter und heterozygoter Merkmalsträger für das Gen für Glutarazidurie Typ 1
   (a) weltweit und
   (b) bei den Amish.
   (c) Erklären Sie die abweichenden Ergebnisse bei den Amish.
2. **Beschreiben** Sie die Erbkrankheit Glutarazidurie Typ I durch Auswertung der Materialien M1 bis M5 und **begründen** Sie Ihre Schlussfolgerungen. **Benennen** Sie auch den genetischen Defekt.
3. **Geben** Sie mithilfe der Materialien M5 und M7 die Unterschiede im Bau der Glutaryl-CoA-Dehydrogenase von Gesunden und GA I-Patienten **an**.
4. **Untersuchen** Sie den Erbgang der Glutarazidurie Typ I aufgrund von M6, **benennen** und **erläutern** Sie ihn.
5. **Erläutern** Sie, wie mithilfe der Amniozentese und einer Gensonde festgestellt werden kann, ob ein menschlicher Embryo die Krankheit Glutarazidurie Typ I in den ersten Lebensjahren ausbilden oder nicht ausbilden könnte.
6. **Begründen** Sie mithilfe von M1, wie bei einem Neugeborenen die Krankheit Glutarazidurie Typ I biochemisch festgestellt werden könnte.
7. **Beurteilen** Sie die Aufnahme eines Glutarazidurie-Tests in die Testverfahren, die jedes Neugeborene durchlaufen muss (Neugeborenenscreening).
8. **Entwickeln** Sie eine **Hypothese** für eine Glutarazidurie-Typ I-Therapie.

Material

M1 Ausschnitt aus dem Aminosäurestoffwechsel

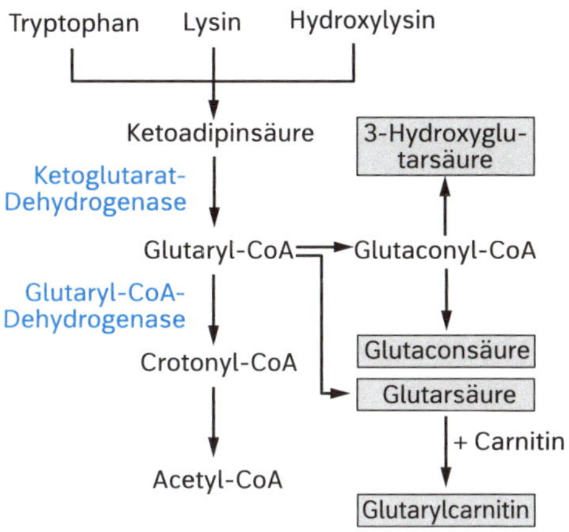

M1 Abbauwege der Aminosäuren Tryptophan, Lysin und Hydroxylysin. Das Abbauprodukt Acetyl-CoA kann z.B. im Citratzyklus weiterverarbeitet werden. Bei Patienten mit GA I kommt es zur Anreicherung von Glutaryl-CoA. Im Urin dieser Kranken findet man vor allem das *harmlose* Glutarylcarnitin, aber auch die *giftigeren* Stoffe Glutarsäure, Glutaconsäure und die *besonders gefährliche* 3-Hydroxyglutarsäure. Hinweis: Enzyme in blauer Schrift

M2 Symptome von GA I-Patienten

Die meisten Patienten mit GA I erleiden in den ersten Lebensjahren eine einzige enzephalopathische Krise. In wenigen Minuten werden dabei bestimmte Neurone im Bewegungszentrum des Gehirns zerstört. Die Folge ist eine äußerst schwere Bewegungsstörung. Die Intelligenz der Kinder dagegen ist weitgehend unbeeinträchtigt. Bleibt die Erkrankung unbehandelt, entwickelt sich in späteren Jahren oft zusätzlich eine geistige Retardierung. Ungefähr 25 Prozent der Patienten erleiden keine enzephalopathischen Krisen, sondern entwickeln schleichend eine Bewegungsstörung unterschiedlichen Ausmaßes.

M3 Strukturelle Ähnlichkeit des Neurotransmitters Glutamat

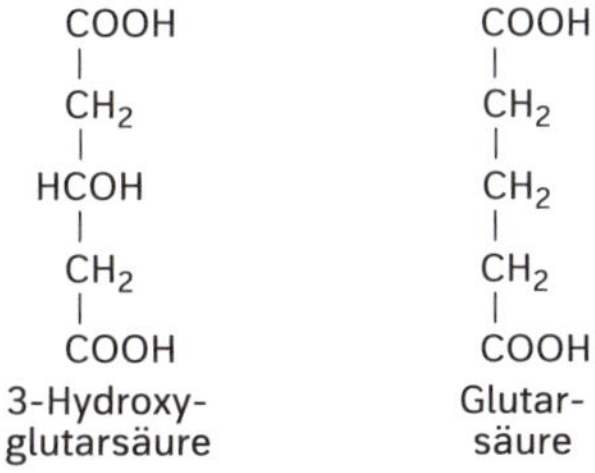

M3 Das Salz der Glutarsäure Glutamat ist ein wichtiger erregender Neurotransmitter im Gehirn. Die Glutarsäure ist der 3-Hydroxyglutarsäure strukturell sehr ähnlich.

M4 Lokalisation des Gens für das Enzym Glutaryl-CoA-Dehydrogenase

M4 Chromosoms 19 (schematisch): Das Gen für das Enzym Glutaryl-CoA-Dehydrogenase *GCGH* befindet sich auf dem kurzen Arm (p) des Chromosoms 19 an Position 13.2.

M5 Veränderung im *GCGH*-Gen

Das menschliche Glutaryl-CoA-Dehydrogenase-Gen *GCGH* enthält 11 Exons und umfasst 7 kb. Die Exons bestehen aus 438 Basentripletts. Das 421. Basentriplett von GA I-Patienten unterscheidet sich im codogenen Strang von dem der gesunden Menschen:

421. Basentriplett im Matrizenstrang des *GCGH*-Gens	**gesunde Person**	3′ CGT 5′
421. Basentriplett im Matrizenstrang des *GCGH*-Gens	**GA I-Patient**	3′ CAT 5′

M6 Stammbaum mit an GA I Erkrankten

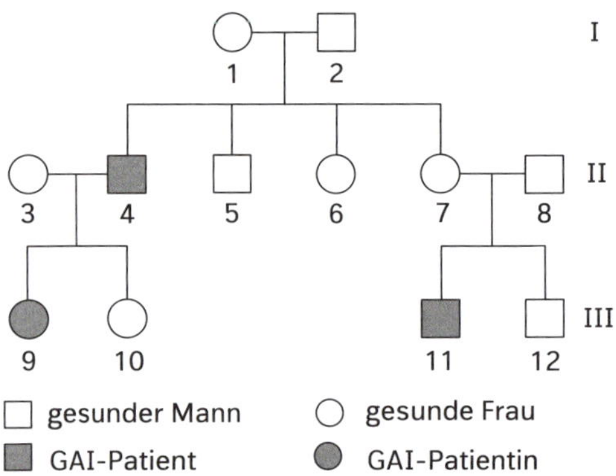

M6 Stammbaum über drei Generationen von einer Familie mit GA I-Patienten

M7 Genetischer Code (S. 105)

Benötigte Fachkenntnisse

Proteinbiosynthese, Ein-Gen-ein-Enzym-Hypothese, Punktmutation durch Basenaustausch als Form der Genmutation (S. 24 ff., 27 f.)

Benötigte Methodenkenntnisse

Stammbaumanalyse (S. 90 f.), populationsgenetische Modellberechnungen (Hardy-Weinberg), Umgang mit Texten, Diagrammen und Hypothesen (S. 78, 81, 95).

Lösungen

1. (a) Der Anteil der GA I-Kranken und damit der homozygoten Merkmalsträger entspricht weltweit 0,001 %, damit ist q^2 = 0,00001 und q rund 0,00316. Da p + q = 1, ist p 1 – 0,00316 = 0,99684. Der Anteil der Heterozygoten ist dann 2 x 0,99684 x 0,00316 = 0,0063, das sind 0,63 % der Bevölkerung weltweit.
   (b) Bei den Amish ist der Anteil der GA I-Kranken und damit der homozygoten Merkmalsträger 0,25 %, damit ist q^2 = 0,0025 und q rund 0,05. Da p + q = 1, ist p 1 – 0,05 = 0.95. Der Anteil der Heterozygoten ist dann 2 x 0.95 x 0,05 = 0,095, das sind 9,5 % der Amish, das heißt, etwa jeder 10. Amish trägt das defekte Gen in sich.
   (c) Dass der Anteil an Trägern des *GCGH*-Gens bei den Amish besonders hoch ist, liegt daran, dass sie sich anderen menschlichen Gruppen gegenüber abgrenzen und nur einen kleinen Genpool bilden, der sich nicht neu mischt. Dadurch können auch defekte Gene unter ihnen schneller Verbreitung finden.

2. Die Erbkrankheit Glutarazidurie Typ I ist eine Stoffwechselkrankheit, die aufgrund eines Enzymdefekts entsteht. Arbeitet die Glutaryl-CoA-Dehydrogenase nicht mehr, kann Glutaryl-CoA nicht mehr zu Crotonyl-CoA abgebaut werden (M1). Dann reichert sich das Glutaryl-CoA an und wird zu Glutarsäure, 3-Hydroxyglutarsäure und Glutaconsäure umgebaut. Diese Stoffe können den Körper schädigen und werden mit dem Urin ausgeschieden. Die Glutarsäure kann vorher noch zum weniger giftigen Glutarylcarnitin umgewandelt werden. M3 legt nahe, dass die 3-Hydroxyglutarsäure deshalb besonders gefährlich ist, weil sie im Gehirn aufgrund ihrer strukturellen Ähnlichkeit anstelle des Neurotransmitters Glutamat angelagert werden kann. Das kann zu Fehlfunktionen im Gehirn führen (M3). Während einer enzephalopathischen Krise werden in frühen Lebensjahren Neuronen des Bewegungszentrums zerstört, sodass es zu Fehlfunktionen in der Bewegung kommt (M2).
   Die Krankheit ist auf ein defektes Gen zurückzuführen, das auf dem kurzen Arm des Chromosoms 19 liegt (M4). Es ist, die Introns nicht eingerechnet, 438 Basentripletts lang. Das 421. Basentriplett ist gegenüber dem gesunden Gen verändert, im Basentriplett CGT befindet sich an der zweiten Position anstelle von Guanin Adenin (M5). Hier handelt es sich um eine Punktmutation. Als Folge davon wird in dem Enzym Glutaryl-CoA-Dehydrogenase an der 421. Stelle eine falsche Aminosäure eingebaut. Dieser Fehler macht das Enzym unbrauchbar, möglicherweise deshalb, weil das aktive Zentrum von der Mutation betroffen ist.

3. Mithilfe der Code-Sonne kann herausgefunden werden, dass bei der Krankheit als 421. Aminosäure in der Glutaryl-CoA-Dehydrogenase anstelle von Alanin (mRNA 5' GCA 3') Valin (mRNA 5' GUA 3') eingebaut wird.

4. Während die Eltern 1 und 2 in der Generation keine Glutarazidurie ausbilden, taucht diese Krankheit erst bei einem ihrer Kinder auf. Insofern wurde eine Generation übersprungen. Das deutet darauf, dass das Gen für die Krankheit rezessiv ist

und es sich somit um einen dominant-rezessiven Erbgang handelt. Die Krankheit tritt bei den eng miteinander verwandten Amish häufiger auf als in anderen Populationen. Da rezessive Krankheiten statistisch gehäuft bei Familien mit Verwandtenehen auftreten, da bei diesen die Wahrscheinlichkeit des „Aufeinandertreffens“ krankmachender rezessiver Gene höher ist, spricht dies auch für einen dominant-rezessiven Erbgang. Statistisch gesehen liegt die Erkrankungswahrscheinlichkeit für ein Kind von phänotypisch gesunden, jedoch heterozygoten Eltern bei 25 %. Im Stammbaum von M6 müssen die Eltern 1 und 2 (Generation I) und 7 und 8 (Generation II) jeweils heterozygot sein, sonst hätten sie keine phänotypisch kranken Kinder. Zwei von sechs ihrer Kinder, das sind 33 %, sind krank. Hier kann nicht ein statistisch abgesicherter Wert erwartet werden, weil die Strichprobe zu klein ist. Trotz der kleinen Stichprobe ist zu erkennen, dass sowohl Männer als auch Frauen gleichermaßen von dieser Krankheit betroffen sein können. Also handelt es wahrscheinlich sich um einen autosomal-rezessiven Erbgang. Hierfür spricht auch, dass das *GCDH*-Gen auf einem Autosom, hier auf Chromosom 19 (M4), liegt.

5. Wenn die Basensequenz des *GCDH*-Gens bekannt ist, lässt sich dazu eine komplementäre Gensonde, die mit einem Fluoreszenzfarbstoff markiert ist, synthetisieren. Sinnvoll wäre es, den entsprechenden DNA-Abschnitt des Chromosoms 19 mithilfe von Restriktionsenzymen herauszuschneiden und mit der PCR zu vervielfältigen. Oft benötigt man keine Restriktionsenzyme, wenn man geeignete Primer für die PCR zur Verfügung hat. Nach dem Auftrennen der isolierten DNA (durch erhöhte Temperatur) in die Einzelstränge könnte man nun die Gensonde hinzufügen. Nach dem Abkühlen sind dann DNA-Hybride aus DNA-Fragmenten mit dem *GCDH*-Gen und der Gensonde zu erwarten, allerdings nur dann, wenn alle Basentripletts des *GCDH*-Gens mit der Gensonde übereinstimmen. Findet man also fluoreszierende DNA-Hybride, ist das Kind mit Sicherheit gesund. Für diesen Nachweis lassen sich die Zellen des Embryos aus dem Fruchtwasser der Mutter gewinnen, da der Embryo abgestorbene Hautzellen in das Fruchtwasser abgibt.
   Findet man keine entsprechenden DNA-Hybriden, wäre es möglich, dass das Kind die Glutarazidurie in einer enzephalopathischen Krise ausbilden könnte. Allerdings kann die Gensonde auch dann keine DNA-Hybride bilden, wenn nicht das 421. Basentriplett betroffen wäre, sondern ein anderes, das z. B. aufgrund einer folgenlosen stummen Mutation vorliegen könnte.

6. Da kranke Neugeborene einen erhöhten Glutarylcarnitin-Spiegel im Urin aufweisen, könnte man diesen mit geeigneten Reagenzien nachweisen.

7. Beim Neugeborenenscreening werden alle Neugeborenen auf verschiedene genetische Erkrankungen untersucht. Die Aufnahme eines „Windeltests“ auf Glutarazidurie Typ I in das Neugeborenenscreening ist zu begrüßen, da die Krankheit vor allem in den ersten Lebensjahren in Erscheinung treten kann. Allerdings ist ein Test nur dann sinnvoll, wenn sich das Ausbrechen dieser schweren Krankheit nach der Diagnose verhindern ließe. Aus M2 geht hervor, dass die Erkrankung behandelbar ist, sodass sich auch eine in späteren Jahren zusätzliche geistige Retardierung

verhindern lässt. Aber auch diese Tatsache ist für den Gesetzgeber nicht allein maßgeblich, wenn ein solcher Test zusätzlich in einem Screening aufgenommen werden soll. Die Kosten dafür müssen in einem vernünftigen Verhältnis zur Häufigkeit dieser Krankheit stehen. Auch bei hohen Kosten sollten aufgrund der Schwere der Krankheit die Neugeborenen der Amish im Screening auf Glutarazidurie Typ I untersucht werden, da bei ihnen die Krankheit gehäuft auftritt. Sicherlich muss auch dann untersucht werden, wenn in bestimmten Familien die Krankheit schon aufgetreten ist und das Genom der Eltern noch nicht hinsichtlich eines defekten *GCDH*-Gens untersucht wurde. Um im Gesundheitssystem die Kosten nicht zu sehr in die Höhe zu schrauben, wäre es aufgrund des seltenen Auftretens dieser Krankheit volkswirtschaftlich vernünftiger, bei einem Massenscreening auf diesen Test zu verzichten. Solange die Kosten tragfähig sind, sollte man aber nicht darauf verzichten, da den Betroffenen viel Leid erspart würde.

8. Aufgrund der Materialien lassen sich für eine Therapie folgende Hypothesen aufstellen: Da der Abbau von Tryptophan, Lysin und Hydroxylysin bei einem Defekt der Glutaryl-CoA-Dehydrogenase zu einer Erhöhung der Glutaryl-CoA-Konzentration im Körper führt, die für die Krankheit verantwortlich ist, könnte eine Diät, die möglichst wenig Tryptophan, Lysin und Hydroxylysin enthält, und die vor allem in den ersten Lebensjahren eingehalten werden muss, weiterhelfen, sodass es gar nicht erst zu einer enzephalopathischen Krise kommt. Da zur Entgiftung der Glutarsäure Carnitin benötigt wird, könnte man diesen Stoff zuführen, sodass Glutarsäure sofort zu dem weniger giftigen Glutarylcarnitin umgesetzt werden kann. Weil die Bildung von Glutarsäure aus Glutaryl-CoA und ihre Weiterverarbeitung zu Glutarylcarnitin mit der Synthese der gefährlichen 3-Hydroxyglutarsäure aus Glutaryl-CoA konkurriert, wäre es möglich, durch die Carnitin-Gaben auch die Konzentration von 3-Hydroxyglutarsäure zu senken.
   Anmerkung: Diese beiden Maßnahmen reichen, wenn sie in den ersten sechs Lebensjahren beachtet werden, tatsächlich aus, um die Krankheit dauerhaft nicht ausbrechen zu lassen.

Selbstdiagnosebogen

Aufgabe Nr.	Kernkompetenzen	AFB	Punkte	erreicht	Förderung
1(a) 1(b) 1(c)	Berechnung von Genfrequenzen mithilfe der HARDY-WEINBERG-Formel Interpretation von Genfrequenzen	II II III	3 3 2		HARDY-WEINBERG-Formel und Üben ihrer Anwendung, MENDEL-Regeln, dominant-rezessive Erbgänge (S. 90 ff.)

Aufgabe Nr.	Kernkompetenzen	AFB	Punkte	erreicht	Förderung
2	Erfassen von Genwirkketten aufgrund eines Diagramms Erfassen der Symptome der Glutarazidurie sowie der Ursachen aufgrund von Textstellen und Abbildungen Analyse und Einordnung der Krankheit in einen größeren Zusammenhang	II I II II	2 2 4 4		Ein-Gen-ein-Enzym-Hypothese (S. 26), Enzyme (S. 23), Texterfassung und Umgang mit Diagrammen und Abbildungen (S. 78ff.), Aufbau der DNA (S. 22); Mutationstypen und ihre molekularen Grundlagen (S. 27ff.)
3	Umcodierung der DNA in mRNA und in Aminosäuren	II	3		Proteinbiosynthese und Anwendung des genetischen Codes auf Transkription und Translation (S. 24 ff.)
4	Ableiten eines autosomal-rezessiven Erbgangs aufgrund einer Stammbaumanalyse	II	4		MENDEL-Regeln, Stammbaumanalyse Kriterien für bestimmte Erbgänge (S. 90 ff.)
5	Darstellen eines gentechnischen Werkzeugs am Beispiel der Gensonde zur Genanalyse und Interpretation des Ergebnisses	I II	7 3		DNA-Hybridisierung, gentechnische Genomanalysen, z. B. mit Gensonden (S. 31f.); genetische Beratung
6	Ableitung einer Nachweismöglichkeit aufgrund der Analyse unterschiedlichen Aufgabenmaterials	III	2		Diagnose und Therapie von PKU, Umgang mit Diagrammen (S. 81)
7	Darstellung und Beurteilung von Tests im Massenscreening von Neugeborenen mit eigener Stellungnahme	I II III	3 2 2		Neugeborenenscreening, kriteriengeleitete Beurteilung
8	Aufstellen einer Hypothese zu Therapiemöglichkeiten aufgrund einer Materialanalyse (vgl. PKU-Diät, Analyse von M1)	III III	2 2		Therapie PKU, Umgang mit Abbildungen und Diagrammen (S. 81 ff.)

Gesamtpunkte: 50, davon AFB I: 12 Punkte (24 %); AFB II: 28 Punkte (56 %); AFB III: 10 Punkte (20 %)

Materialgrundlage:

Hoffmann G. f.: Glutarazidurie Typ I. In: Deutsches Ärzteblatt 94, Heft 15, April 1997
Bayrhuber H., Hauber W., Kull U. (Hrsg.): Linder Biologie, Schroedel 2010
http://www.welt.de/reise/article4769200/Amish-People-leben-noch-so-wie-vor-300-Jahren.html
http://www.uni-duesseldorf.de/AWMF/ll/027-018.htm
http://www.ncbi.nlm.nih.gov/

Zellzyklus und Kontrollpunkte, Mutationen, Wechselwirkung von ras-Genen und Tumorsuppressor-Genen bei der Regulation des Zellzyklus, mögliche Auslöser für Krebs

Aufgabe 4: Krebs

Einleitung

Derzeit erkranken jedes Jahr rund 500.000 Menschen in Deutschland neu an Krebs, rund 224.000 Menschen sterben jährlich daran. Damit bleibt Krebs nach den Herz-Kreislauferkrankungen die zweithäufigste Todesursache.
Krebs ist die Folge einer Veränderung des Zellgenoms. Diese ruft eine ungehemmte Zellvermehrung hervor, die sich in einer malignen (bösartigen) Neubildung von Gewebe (Tumor) manifestiert. Durch fortgesetztes Wuchern kommt es zu einer weiter voranschreitenden Zerstörung gesunder Gewebe und Organe. Schädliche Stoffe oder andere Umweltfaktoren (Cancerogene) können das Entstehen von Krebstumoren fördern. Dazu gehören unter anderem die UV-Strahlung der Sonne und Benzpyrene im Zigarettenrauch. Fehler im Erbgut entstehen aber oft auch mehr oder weniger zufällig.

Aufgabenstellung

1. **Definieren** Sie den Begriff Mutation. **Beschreiben** Sie die in M1 a dargestellten Auswirkungen von Mutagenen, **benennen** Sie die jeweilige Mutationsform und **stellen** Sie ihre Folgen für den Organismus **dar**.
2. **Begründen** Sie die im Vergleich zur Mitose lange Dauer der Interphase im Zellzyklus (M2 a), indem Sie die Abläufe in G1-, S- und G2-Phase **erläutern**.
3. **Erläutern** Sie anhand der Abbildung M2 b die Funktion von Ras-Proteinen. **Entwickeln Sie eine Hypothese** zur Bedeutung des ras-Gens für den Zellzyklus.
4. **Stellen** Sie die Beeinflussung des Zellzyklus durch das Tumorsuppressorprotein p53 anhand der Abbildung M3 b **dar**. **Begründen** Sie, dass die Zellzyklus-Regulation durch das p53-Protein an den in M3 a angegebenen Kontrollpunkten sinnvoll ist.
5. **Erklären** Sie auf der Basis der Materialien M2 und M3, inwiefern Ras- und Tumorsuppressor-Proteine antagonistisch wirken.
6. **Stellen** Sie unter Verwendung des Materials 1 bis 3 mehrere **Hypothesen auf**, unter welchen Bedingungen DNA-Schäden Krebs auslösen können. Berücksichtigen Sie dabei auch die Tatsache, dass die Krankheit meist erst im hohen Alter auftritt. **Entwerfen** Sie analog zur Abbildung M2 b eine Zeichnung, die eine Ihrer Hypothesen illustriert.

Material

M1 Cancerogene

Stressoren aus der Umwelt, die DNA-Schäden hervorrufen, werden als Mutagene bezeichnet. Sie werden dann zu Cancerogenen (cancer, engl. Krebs), wenn sie Krebs auslösen (s. Einleitungstext). Dazu gehört auch die UV-Strahlung, der man sich beim Sonnen oder im Bräunungsstudio aussetzt und die Hautkrebs verursachen kann. Benzpyrene aus dem Tabakrauch können in der Lunge leicht zu Epoxiden oxidiert und als Alkylreste an Guaninbasen der DNA angeheftet werden. Eine solche Veränderung einer Nukleinbase hat meist zur Folge, dass eine Replikation oder Transkription der DNA an dieser Stelle nicht mehr fortgesetzt werden kann. In der Abbildung M1 a sind einige mutagene Wirkungen schematisch dargestellt.

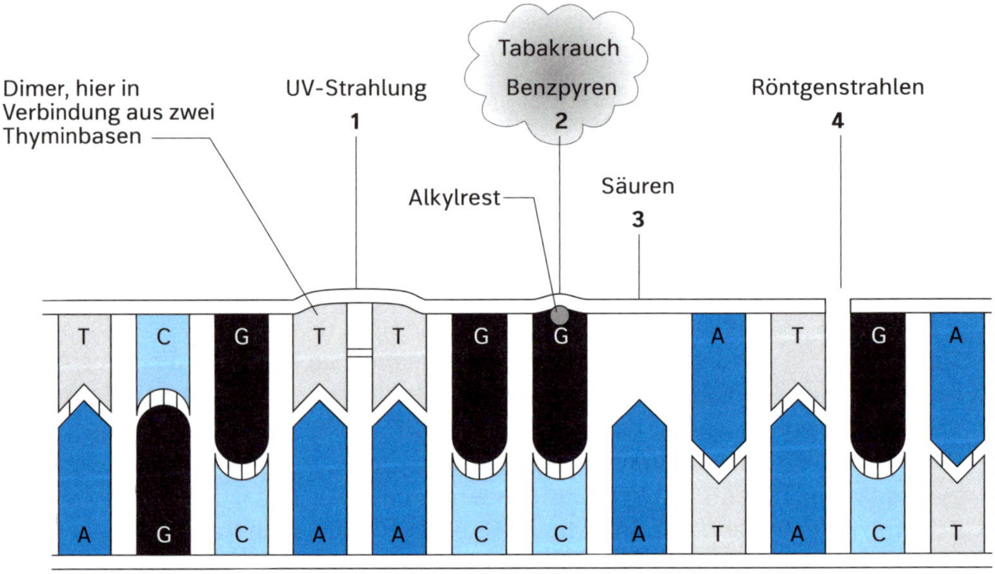

M1 a Auswirkungen von Mutagenen auf die DNA (Schema)

M2 Der Zellzyklus

Das Wachstum höherer Organismen wird durch Zellvermehrung vorangetrieben. Dazu muss sich jede Zelle viele Male immer wieder neu teilen. Diese Zellteilungen können jedoch nicht zeitlich direkt nacheinander ablaufen. Bei den Säugetieren benötigen die Zellen zwischen den Teilungen etwa 24 Stunden, in der sie ganz bestimmte Phasen durchlaufen. Die Mitose selbst benötigt dagegen nur etwa eine Stunde.

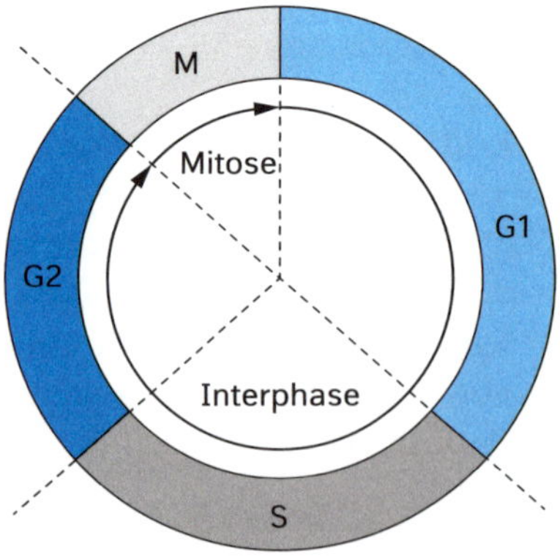

M2 a Die Phasen des Zellzyklus

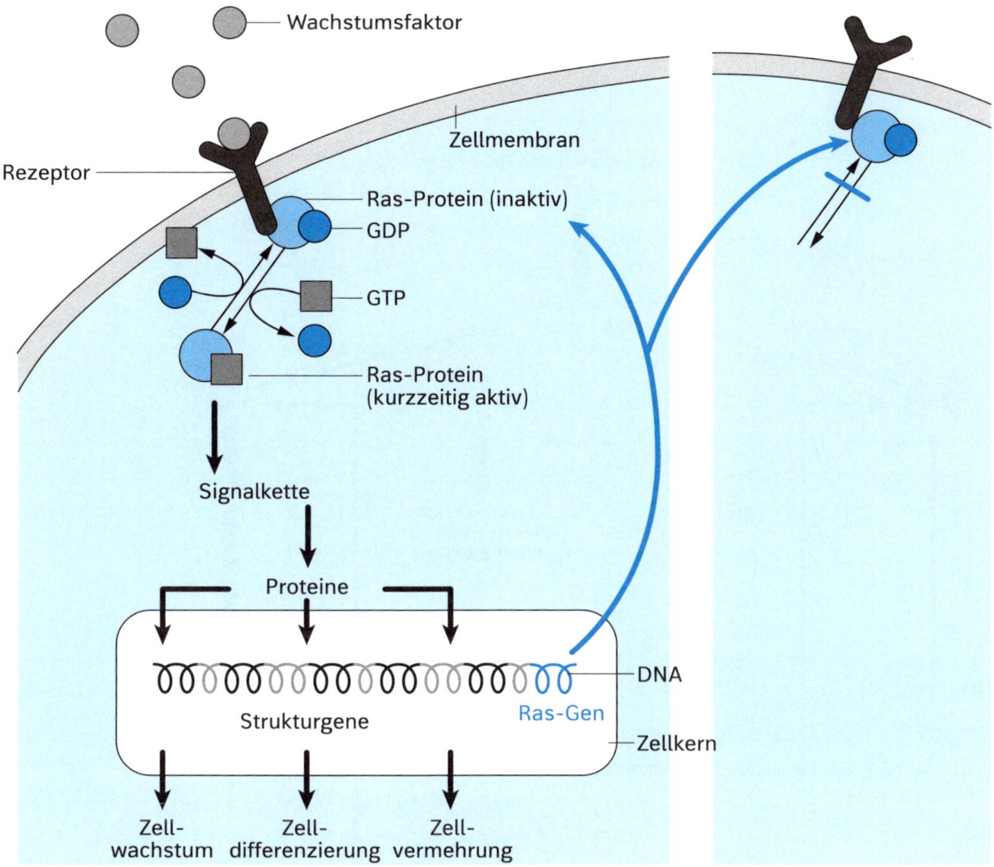

M2 b Die Bedeutung eines ras-Gens für den Zellzyklus

M3 Die Regulation des Zellzyklus

Der Zellzyklus wird von mehreren intrazellulären Proteinen reguliert und kontrol-liert. Dazu zählen vor allem das Ras-Protein und das Tumorsuppressor-Protein p53. Sie werden vom ras-Gen und vom Tumorsuppressor-Gen p53 codiert. In M3 a sind zwei Kontrollpunkte im Zellzyklus angegeben, an denen das p53-Protein seine Wirkung entfaltet.

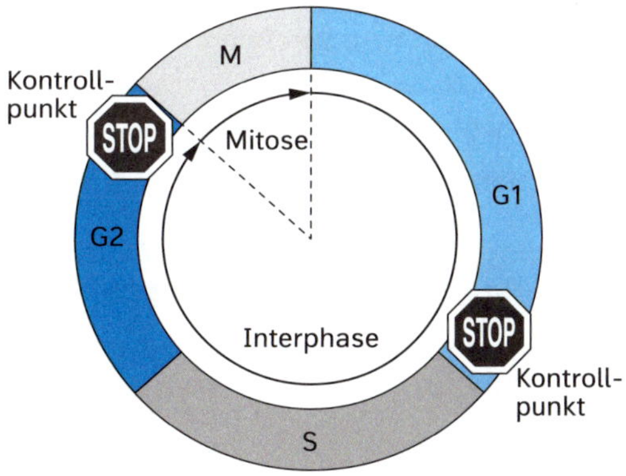

M3 a Positionen zweier Kontrollpunkte im Zellzyklus

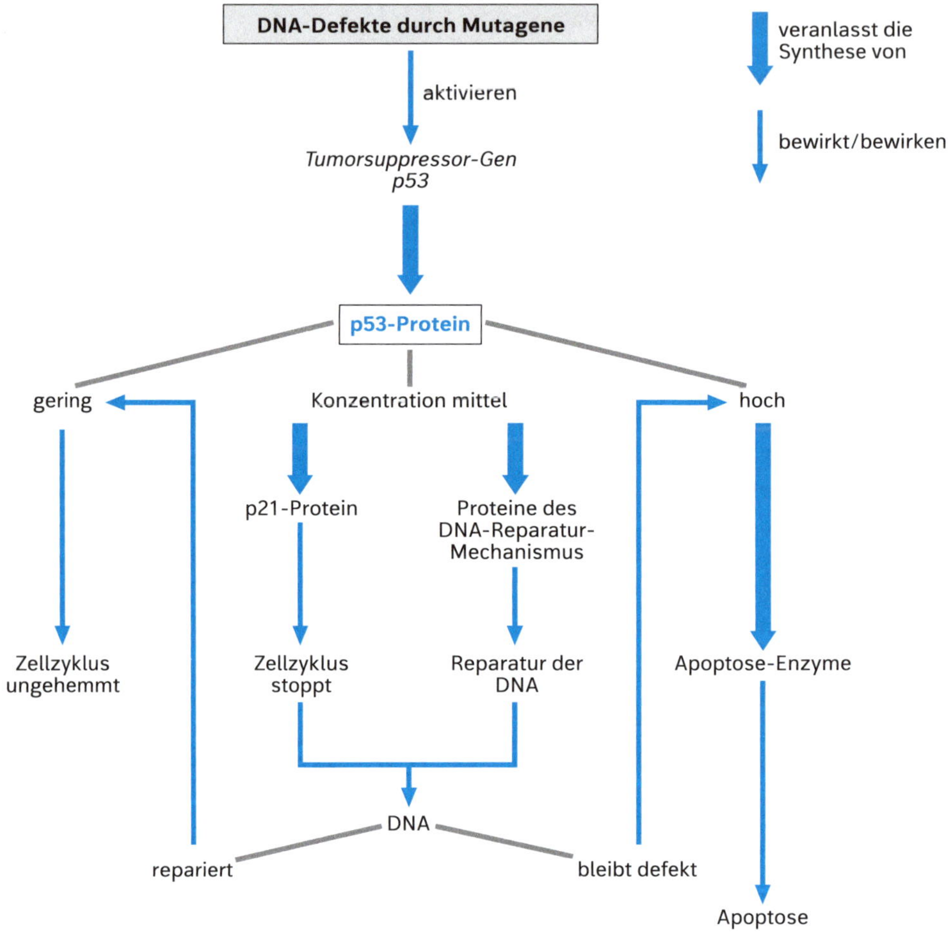

M3 b Die Bedeutung des Tumorsuppressor-Proteins p53

Benötigte Fachkenntnisse
Mutationen (S. 27 f.), Zellzyklus, Genregulation (S. 28 ff.), Krebs (S. 33)

Benötigte Methodenkenntnisse
Umgang mit Texten und Abbildungen (S. 78 ff., 87 ff.)

Lösungen

1. Mutationen sind spontan auftretende, zufällige Veränderungen des Zellgenoms. Sie können einzelne Gene auf einem Chromosom (Genmutation), aber auch ein ganzes Chromosom (Chromosomenmutation) oder den gesamten Chromosomensatz (Genommutation) betreffen. Mutagene können die Wahrscheinlichkeit ihrer Entstehung erhöhen.

In M1 a werden vier verschiedene Mutagene und ihre Auswirkungen auf die DNA dargestellt. Unter UV-Einwirkung (1) bildet sich ein Thymin-Dimer, d. h. zwei auf einem Strang benachbarte Thymin-Basen verbinden sich miteinander, nachdem die Wasserstoffbrückenbindungen zu ihren komplementären Adenin-Basen aufgelöst wurden. Dadurch verändert sich die räumliche Struktur der DNA, es entsteht eine kleine „Beule“. An dieser Stelle kann die DNA-Polymerase die Replikation nicht weiterführen, da sie das Dimer nicht ablesen kann. Der nicht betroffene komplementäre Strang kann repliziert werden. Das Ergebnis der Replikation ist ein ursprünglicher Strang und ein mutierter verkürzter Strang. Es gehen genetische Informationen verloren. Hier handelt es sich um eine Genmutation, die sich auch zu einer Chromosomenmutation ausweiten kann.
(2) Benzpyren wird zu Epoxid oxidiert, das als Alkylrest an Guanin angeheftet wird. Die Umstrukturierung der Base hat eine Strukturveränderung der DNA zur Folge (Punktmutation/Genmutation), die entweder wie bei Dimeren nicht abgelesen werden kann oder durch Zuordnung anderer Basen falsch abgelesen wird. Hier würde bei der Translation eine andere Aminosäure eingebaut (missense-Mutation) oder aufgrund des degenerierten Codes keine Änderung in der Aminosäurensequenz stattfinden (stumme Mutation).
(3) Durch die Einwirkung von Säuren kommt es zu dem Verlust einer Base (Deletion/Punktmutation). Bei einer Replikation oder Transkription der DNA führt das zu einem fehlerhaften DNA-Strang/mRNA. In der Translation bedingt dies eine Veränderung des Ableserasters (Rastermutation). Hier kann es entweder zu einer geänderten Aminosäuresequenz mit veränderter Proteinfunktion kommen (missense-Mutation) oder aber zu einem Abbruch der Translation aufgrund eines vorzeitig auftretenden Stoppcodons. Dann ist die Aminosäurenkette verkürzt und nicht funktionsfähig (nonsense-Mutation).
(4) Röntgenstrahlen lösen Genmutationen aus, die als DNA-Strangbruch bei der Replikation oder auch der Translation zu Problemen führen können. Der Bruch kann auch zur Destabilisierung der DNA-Struktur führen, was sich auf fehlerhafte Kondensation der DNA z. B. bei Zellteilungen auswirken und zu Fehlverteilungen in der Mitose beitragen könnte.

2. Da sich zum Ende der Mitose die Zelle teilt, wird das ursprüngliche Zellmaterial auf beide Tochterzellen verteilt. Diese kleineren Zellen wachsen nun in der G1-Phase zur ursprünglichen Größe heran. Dazu müssen neue Stoffe synthetisiert werden und die Protein- und RNA-Synthese ist in vollem Gange. In dieser Phase liegt die DNA noch in Form von Ein-Chromatidsträngen vor. Am Ende der G1-Phase beginnt die Synthese der für die DNA-Replikation benötigten Substanzen wie DNA-Polymerase und Elongationsfaktoren, sodass in der nachfolgenden S-Phase die DNA zügig verdoppelt werden kann. Schließlich liegt sie dann in Form von Zwei-Chromatidsträngen vor. Um diese Phase zu starten, sind S-Phase-Aktivatoren (Zykline) nötig. Die G2-Phase bereitet die Zelle dann auf die Mitose vor. Es werden nun verstärkt Proteine des Zellspindelapparats und weitere mitosespezifische Proteine und RNA-Moleküle synthetisiert. Schließlich bewirkt ein Wachstumsfaktor den Eintritt in die Mitose.
Die Interphase dauert also deshalb so lange, weil die Zelle erst viele Syntheseprozesse durchlaufen muss, sodass auf diese Weise eine erneute Zellteilung erst ermöglicht wird.

3. Das Ras-Protein wird in seiner inaktiven Form vom ras-Gen exprimiert. Dies lagert GDP an und bindet an einen membranständigen Wachstumsfaktor-Rezeptor. Das Ras-Protein bleibt inaktiv. Wird der Rezeptor von einem spezifischen Wachstumsfaktor besetzt, wird das inaktive Ras-Protein aktiviert, indem GDP durch GTP ersetzt wird. In der kurzfristig aktiven Form – GTP wird schnell wieder durch GDP ersetzt – setzt das Ras-Protein eine Signalkette in Gang, in der zelleigene Proteine aktiviert werden, die als Transkriptionsfaktoren das Ablesen von Strukturgenen im Zellkern ermöglichen. Diese sind für Zellwachstum, Zelldifferenzierung und Zellvermehrung zuständig. Besetzen die Wachstumsfaktoren die Rezeptoren an der Zellmembran nicht, unterbleibt die Aktivierung des Ras-Proteins und somit die Auslösung der Signalkaskade.
Das ras-Gen sorgt somit für die Exprimierung eines Ras-Proteins, das auf ein bestimmtes extrazelluläres Signal hin aktiviert wird und insbesondere Zellwachstum und Zellvermehrung auslöst und somit den Stoffwechsel des Zellzyklus antreibt.

4. DNA-Schädigungen aktivieren das Tumorsuppressor-Gen p53, das für das p53-Protein codiert und dessen Synthese veranlasst. Erreicht die Konzentration dieses Proteins einen bestimmten mittleren Wert, wird die Synthese des p21-Proteins veranlasst, das den Zellzyklus stoppt. Gleichzeitig wird die Synthese von Proteinen des DNA-Reparaturmechanismus angeregt, die nun, da der Zellzyklus abgebremst wurde, die geschädigte DNA reparieren können. Ist die Reparatur erfolgreich, sinkt die Konzentration des p53-Proteins und der Zellzyklus nimmt wieder Fahrt auf. Bleibt die DNA defekt, steigt die Konzentration des p53-Proteins so stark an, dass Apoptose-Enzyme gebildet werden, die den Tod dieser Zellen hervorrufen, sodass die Zellen mit zu stark geschädigter DNA vernichtet werden.
Der Kontrollpunkt in der G1-Phase liegt an einer Stelle, an der die Zelle auf die S-Phase vorbereitet wird und somit Substanzen für die DNA-Verdoppelung synthetisiert werden. Nicht sinnvoll wäre die Replikation einer beschädigten DNA. Daher ist der durch das p53-Protein eingeleitete Stopp zur Reparatur sinnvoll. So kann einerseits der Zellzyklus nach einer Reparatur fortgesetzt und nachfolgend die DNA synthetisiert werden. Andererseits wird die Zelle abgetötet, wenn die Schädigung zu groß und eine Reparatur nicht möglich ist, sodass der Organismus die Kosten für die DNA-Replikation einspart. Ähnlich verhält es sich am Kontrollpunkt am Ende der G2-Phase. Ist hier eine DNA-Schädigung so groß, dass sie nicht mehr repariert werden kann, belastet die Zelle den Organismus. Sie wird nicht mehr vermehrt, sondern abgetötet.

5. Aktivierte Ras-Proteine beschleunigen über Signalketten den Zellzyklus, die Zellteilungsrate wird gesteigert. Tumorsuppressor-Proteine fördern die Expression zellzyklushemmender Proteine, sodass DNA-Schädigungen beseitigt werden können. Die Zellteilung wird unterdrückt. Insofern arbeiten beide antagonistisch.

6. Wie jedes andere Gen können auch das ras-Gen sowie das Tumorsuppressorgen durch Mutagene verändert werden oder spontan mutieren, sodass die DNA in diesem Bereich geschädigt ist. Folglich können z. B. fehlerhafte Ras-Proteine ge-

bildet werden, etwa auch solche, die GTP anlagern können, ohne dass ein Signal von einem Wachstumsfaktor aufgenommen werden muss (a). Die Folge ist eine spontane und unkontrollierte Zellvermehrung.
Alternativ können auch Ras-Proteine gebildet werden, deren GDP von vornherein und dauerhaft durch GTP ersetzt wird und die sich nicht mehr in die inaktive Ursprungsform mit GDP zurückbilden lassen (b): Die Folge dieser Mutation ist eine ungebremste Zellvermehrung dieser mutierten Zelle, die zu einer Tumorbildung führen kann.
Auch ist eine Mutation des *Tumorsuppressor-Gens* denkbar. Infolgedessen können etwa keine funktionierenden p21-Proteine mehr gebildet werden, eine nötige DNA-Reparatur kann nicht erfolgen. Die Folge ist eine ungebremste Vermehrung mutierter Zellen.
Auch können mit denselben Folgen Enzyme des Reparatursystems fehlerhaft ausgebildet werden.
Dass die Wahrscheinlichkeit einer bösartigen Tumorbildung mit zunehmendem Alter steigt, lässt sich dadurch erklären, dass auch bei der zunehmenden Anzahl von Reparaturen Fehler auftreten können und die Wirkung des p53-Proteins an seine Grenzen stößt.

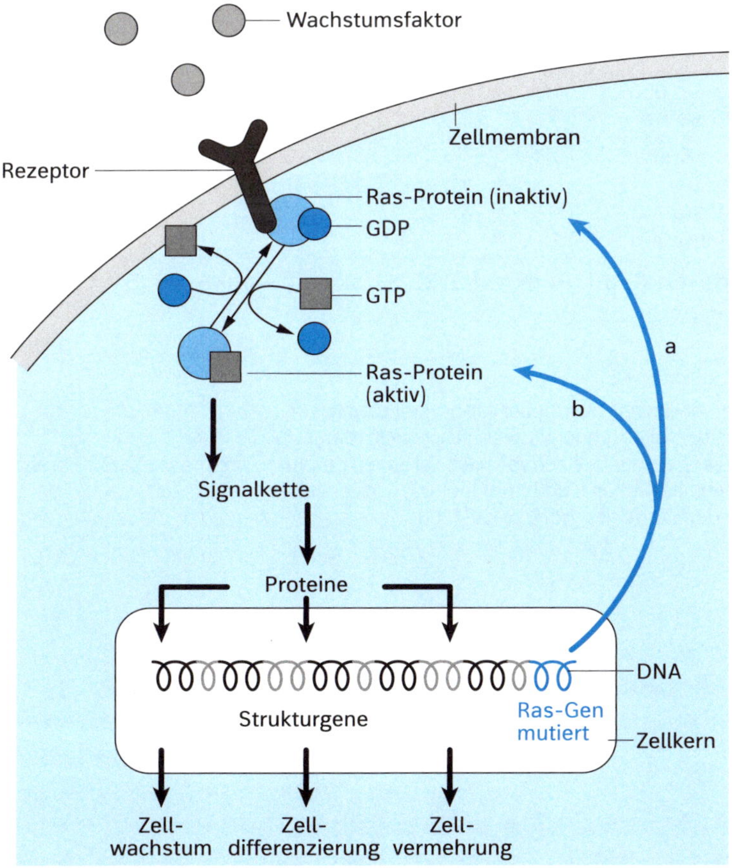

Selbstdiagnosebogen

Aufgabe Nr.	Kernkompetenzen	AFB	Punkte	erreicht	Förderung
1	Beschreiben von Mutationen aufgrund einer Abbildung Definition Mutation Benennen der Mutationen Beschreibung der Folgen	II I I III	4 3 4 2		Mutationen (S. 27 f.), Umgang mit Abbildungen (S. 87 ff.)
2	Abläufe in den Zellzyklusphasen Dauer der Interphase	I II	8 3		Ablauf des Zellzyklus
3	Funktion des *Ras-Gens* aufgrund einer Abbildung Hypothese Bedeutung des *Ras-Gens*	II III	6 2		Umgang mit Abbildungen (S. 87 ff.), Umgang mit Hypothesen (S. 95 f.)
4	p 53 Wirkmechanismus, Begründung der Funktion	II III	6 2		Umgang mit Abbildungen (S. 87 ff.)
5	Antagonismus p53- und Ras-Proteine	II	4		Umgang mit Abbildungen (S. 87 ff.)
6	Hypothesen Krebsentstehung über *Ras-Gen*-Mutation, *p53-Gen*-Mutation	III II	4 2		Umgang mit Hypothesen (S. 95 f.)

Gesamtpunkte: 50, davon AFB I: Punkte 15 (30 %); AFB II: Punkte 25 (50 %); AFB III: Punkte 10 (20 %)

Materialgrundlage:

http://www.krebshilfe.de/wir-informieren/ueber-krebs/krebszahlen
http://www.genomxpress.de/seiten/genomxpress-scholae-2010-1 .php
Wolfgang Deppert: Schutzengel oder Beelzebub? Die zwei Seiten des Tumorsuppressors p53. Heinrich-Pette-Institut für Experimentelle Virologie und Immunologie, Universität Ham-burg.2003
http://www.biospektrum.de/blatt/d_bs_pdf&_id=934308

Genotypische Variabilität von Populationen

Aufgabe 5: Die Bedeutung genetischer und epigenetischer Ereignisse für die Evolution von Lebewesen

Einleitung

In dieser Aufgabe beschäftigen Sie sich mit Erkenntnissen der Molekulargenetik, die große Bedeutung für die Pflanzen- und Tierzucht, die Gesundheit des Menschen und für allgemein biologische Fragestellungen hat. Es geht hier darum, wie Informationen in Wirklichkeit umgesetzt werden, wie also z. B. die in der DNA enthaltene Information aktiviert oder deaktiviert, umgesetzt und beeinflusst werden kann. Die sich daraus für den Genpool einer Population ergebenden Konsequenzen wirken sich auf das Evolutionsgeschehen aus.

Aufgabenstellung

1. (a) **Beschreiben** Sie mithilfe von M1 die Bildung von Sekreten auf der Schleimhaut der Bronchien. **Erläutern** Sie dabei ausführlich die Vorgänge, die zur Synthese von Proteinen im Schleim führen.
   (b) **Erläutern** Sie die biologische Bedeutung der Schleimhautsekretion.
   (c) **Vergleichen** Sie den Ablauf der Proteinsynthese bei Eukaryoten und Prokaryoten am Beispiel einer Zelle der Bronchialschleimhaut und dem Verursacher von Karies, *Streptoccocus mutans* (M2).
2. (a) **Beschreiben** Sie mithilfe von M3 die Regulation der Genaktivität nach dem Operon-Modell.
   (b) **Ordnen** Sie die in M4 beschriebenen drei Möglichkeiten der Regulation von Genaktivität in M4 den Abbildungen a, b und c **zu**.
   (c) **Werten** Sie M5 a, b, und c hinsichtlich der Regulationsmöglichkeiten durch RNA-Moleküle **aus**.
3. (a) **Zeichnen** Sie mithilfe von M4 die Aussage des zweiten Satzes in M6.
   (b) **Zeichnen** Sie das Ergebnis der Untersuchungen von Grummt als Antwort auf die in M6 gestellte Frage und bringen Sie es mit Ihrer Zeichnung aus Aufgabe 3(a) in Verbindung.
   (c) **Erläutern** Sie die weiter führenden Probleme und Fragestellungen, die sich bei der Anfertigung Ihrer Zeichnung ergeben.
4. (a) **Nennen** Sie die möglichen Ursachen für die Veränderung des Genpools einer Population. (Evolution)
   (b) **Erörtern** Sie die evolutionsbiologische Wirkung epigenetischer Phänomene. (Evolution)

Material

M1 Drüsenzelle

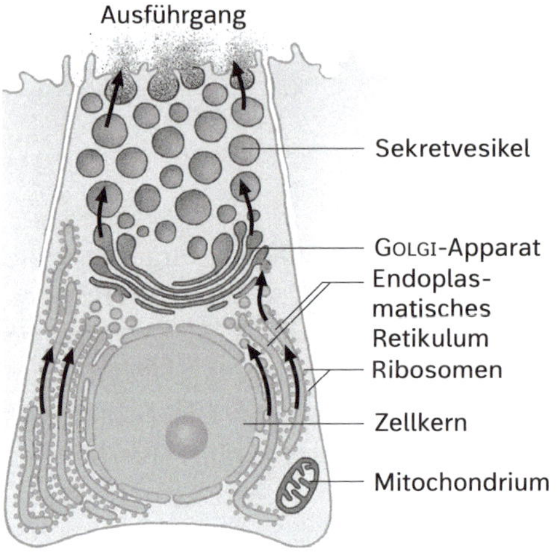

M1 Bau einer Drüsenzelle, schematisch

M2 Der Verursacher von Karies

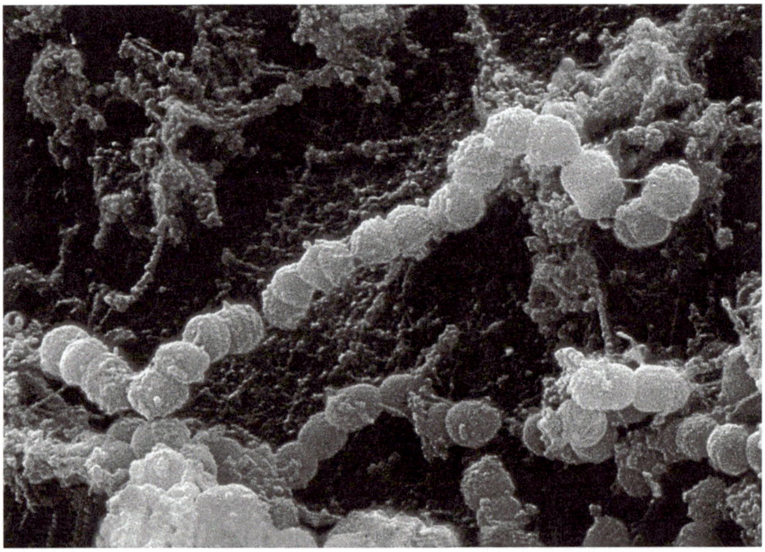

M2 *Streptoccocus mutans*. Das Bakterium bildet um sich eine schleimige Zellwand aus Kohlenhydraten und Proteinen. Zur Energiegewinnung betreibt es Milchsäuregärung.

M3 Regulation der Genaktivität

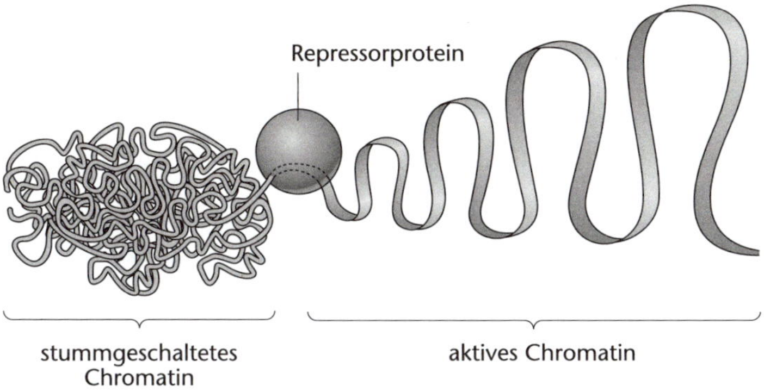

M3 Regulation der Genaktivität bei Streptokokken und anderen Bakterien

M4 Epigenetik

Veränderungen der Genaktivität, die nicht auf eine Änderung der Basensequenz zurückgehen, bezeichnet man als epigenetisch. Bisher sind vier verschiedene Mechanismen bekannt, von denen drei hier erwähnt und in den Abbildungen a, b und c dargestellt sind:

1. Mithilfe eines Enzyms kann innerhalb der DNA das Cytosin-Nukleotid in der Nachbarschaft von Guanin methyliert werden. Dadurch kann verhindert werden, dass der entsprechende DNA-Abschnitt abgelesen wird.
2. Transposone sind sogenannte „springende Gene“, d. h. sie können sich selbst kopieren und werden anschließend in entfernt liegende Bereiche des Genoms eingebaut. Dadurch können Gene in ihrer Aktivität behindert oder besonders gefördert werden. Etwa 45 % des menschlichen Genoms besteht aus Transposonen.

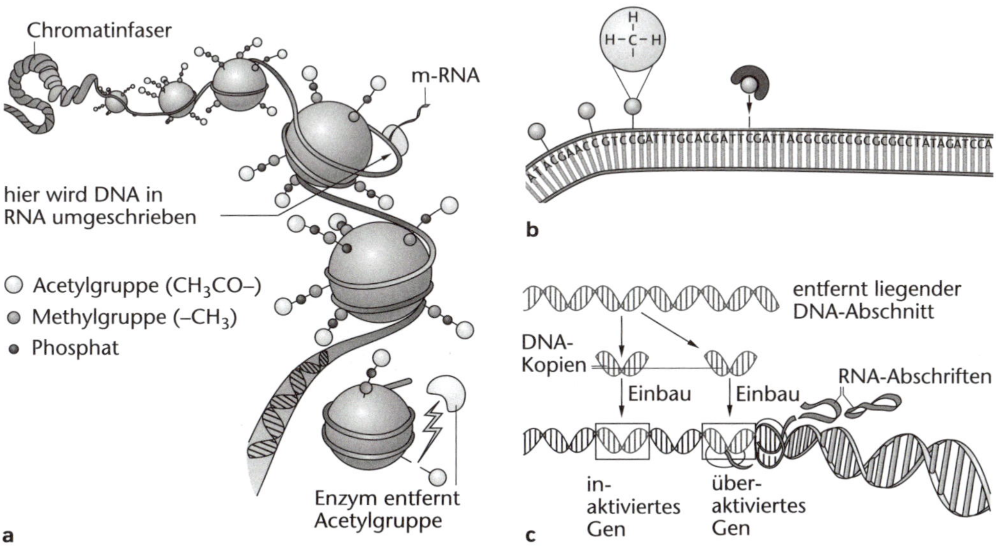

M4 Epigenetische Mechanismen

3. Die Chromosomen bestehen aus DNA und Chromatin, einer anfärbbaren Struktur aus Proteinen (Histone), an die noch weitere Substanzen gebunden sind, z. B. verschiedene funktionelle Gruppen. Acetylgruppen an den Histonen fördern die Aktivität benachbarter Gene; fehlen sie, wird die Aktivität herabgesetzt.

M5 Regulationsmöglichkeiten genetischer Aktivität durch RNA-Moleküle

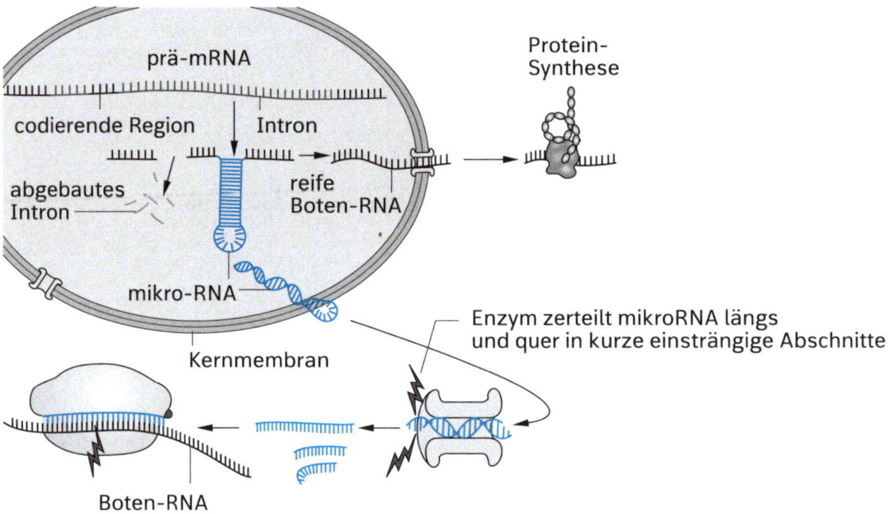

M5 a microRNA

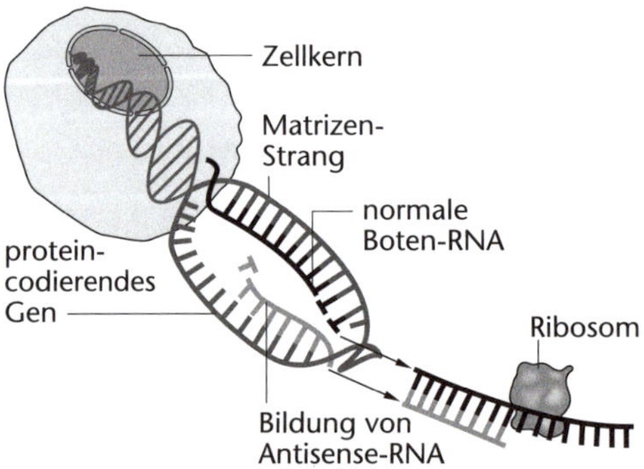

M5 b Antisense-RNA

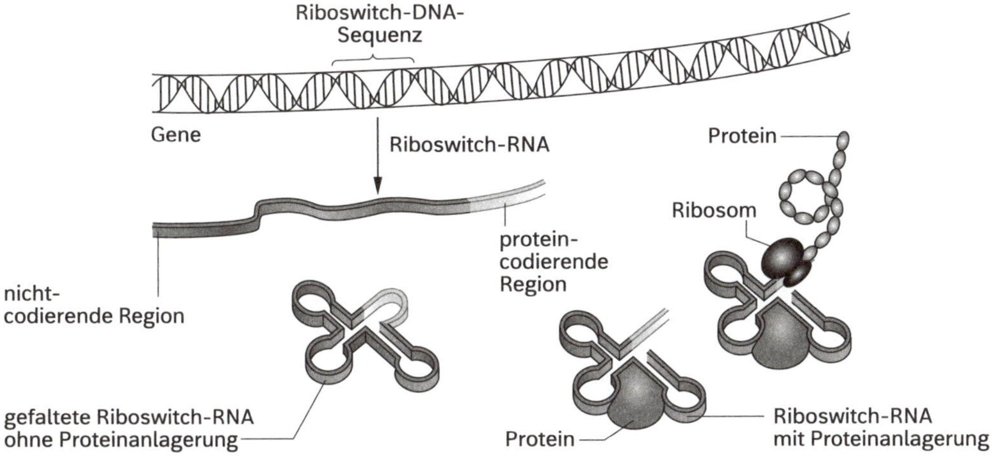

M5 c Riboswitch-RNA

M6 Blockierung von Genen

Zu den bekannten epigenetischen Mechanismen gehört die Stilllegung von Genen über Methylierung. Das erledigen spezialisierte Enzyme, die Methyltransferasen, die an bestimmte „Buchstaben" der Gene Methylmarkierungen anheften und damit das ganze Gen unzugänglich machen. „Eines der großen Rätsel der modernen Molekularbiologie ist: Woher wissen die Methyltransferasen, wo sie ihre Markierung anbringen müssen, um gezielt ein bestimmtes Gen zu inaktivieren?", erklärt Ingrid Grummt aus dem Deutschen Krebsforschungszentrum ihr Forschungsgebiet.
Die Wissenschaftlerin ist der Antwort auf diese Frage einen großen Schritt näher gekommen. Sie erforscht vor allem solche Abschnitte im Erbgut, die gar keine „Rezepte", also Anweisungen für den Bau eines Proteins, enthalten. Trotzdem werden diese Abschnitte auf kontrollierte Weise in RNA-Moleküle umgeschrieben. „Diese so genannten nicht-codierenden RNAs enthalten keine Proteinrezepte. Sie sind wichtige Regulatoren in der Zelle, die wir gerade erst zu verstehen beginnen", so Ingrid Grummt.
In ihrer neuen Arbeit beweisen Grummt und ihre Mitarbeiter erstmals, dass die epigenetische Regulation und die Steuerung durch nicht codierende RNAs ineinandergreifen. Schleusen sie das nicht codierende RNA-Molekül „pRNA" künstlich in Zellen ein, so wird ein bestimmter Genschalter mit Methylmarkierungen versehen und die dahinter liegenden Gene werden nicht abgelesen. Der Trick bei der Sache: pRNA passt genau („komplementär") zur DNA-Sequenz dieses Genschalters. pRNA bildet dabei mit den beiden DNA-Strängen im Bereich dieses Genschalters eine Art Zopf bzw. Dreifach-Helix. Methyltransferasen wiederum können spezifisch an diesen Zopf andocken und werden dadurch genau an die Stelle dirigiert, wo ein Gen blockiert werden soll.

Benötigte Fachkenntnisse

Aufbau einer tierischen Zelle, Proteinbiosynthese bei Prokaryoten und Eukaryoten (S. 24 ff.)

Benötigte Methodenkenntnisse

Elektrophorese (S. 31), Umgang mit Abbildungen und Texten (S. 78 ff., 87 ff.)

Lösungen

1. (a) Die Sekrete auf der Schleimhaut bestehen aus einer wässrigen Lösung von Proteinen und Ionen. Diese Lösung wird in Sekretvesikeln, kleinen Bläschen im Cytoplasma der Schleimhautzelle, gesammelt. Die Bläschen entstehen durch Membranverschmelzung an den seitlichen Rändern des Golgi-Apparats. Der Golgi-Apparat ist mit dem endoplasmatischen Retikulum verbunden. Dieses Kanalsystem wird mit den Produkten der Proteinsynthese an den Ribosomen, die direkt am ER sitzen, gefüllt, indem diese mithilfe von Tunnelproteinen aus dem Cytoplasma am Ort des Entstehens durch die ER-Membran in das Innere des Kanalsystems transportiert werden. Die Proteine werden an den Ribosomen als Kette von Aminosäuren, die über Peptidbindungen miteinander verknüpft werden, gebildet. Dazu wird auf einem bestimmten Chromosom im Zellkern ein bestimmter DNA-Abschnitt mithilfe eines Enzymkomplexes (RNA-Polymerase) an den Wasserstoffbrücken zwischen den Basen getrennt und der codogene Strang der DNA vom 3'- zum 5'-Ende hin abgelesen und eine RNA gebildet. Diese prä-mRNA wird durch weitere Enzyme aufgeschnitten, Teilstücke (Introns) werden entfernt und der verbleibende Rest wieder zusammengesetzt (Spleißen). Die verbliebenen Exons bilden die reife mRNA, die zu den Ribosomen ins Cytoplasma gelangt. Dort werden aktivierte Aminosäuren mithilfe von tRNA-Molekülen miteinander zur Primärstruktur des Proteins verbunden.
(b) Die Schleimproduktion dient der Abwehr und dem Abtransport von Fremdkörpern und Krankheitserregern. Staubpartikel, Bakterien, Pilzsporen usw. werden auf der Schleimoberfläche festgehalten und mithilfe von Flimmerhärchen gezielt nach außen transportiert. Der an der Verbindung von Luftröhre und Speiseröhre angekommene Schleim wird ausgehustet oder verschluckt.
(c) Ähnlichkeiten bestehen in der Abfolge der Umsetzung von der DNA über mRNA und AS-Kettenbildung an Ribosomen und der Umsetzung mithilfe des gleichen genetischen Codes. Dieser Code ist universal. Unterschiede bestehen in der Differenziertheit des Ablaufes. Das Spleißen bzw. die Reifung der mRNA tritt bei den Zellen der Bronchialschleimhaut auf, nicht aber bei *Streptoccocus mutans*.

2. (a) Endproduktrepression: Ein Repressorprotein wird an einer bestimmten Stelle des Genoms gebildet und durch Anlagerung des Endprodukts räumlich so verändert, dass das Protein sich an den Operator anlegt und damit eine weitere Bildung von mRNA verhindert.
(b) Mechanismus 1: M4 b, Mechanismus 2: M4 c, Mechanismus 3: M4 a
(c) M5 a zeigt, dass beim Ausschneiden der Introns und ihrer Zerkleinerung Bruchstücke entstehen, die sich ähnlich wie bei einer tRNA teilweise zu einem Doppelstrang zusammenlegen. Dieser wird von Enzymen so zerkleinert, dass bestimmte Nukleotidsequenzen übrig bleiben, die wie eine kurze Antisense-RNA wirken: Die Bruchstücke lagern sich an die komplementäre Basensequenz der mRNA an und deaktivieren sie dadurch. Ob ein bestimmtes Protein gebildet wird, kann also vom Vorhandensein bestimmter Enzyme im Cytoplasma abhängen, die die doppelsträngigen Introns auf spezifische Weise zerkleinern. In M5 b wirkt neben der „regulären" RNA-Polymerase eine weitere RNA-Polymerase. Die so entstehende Antisense-RNA verhindert bei Kontakt mit der mRNA am Ribosom die Bildung der Aminosäurekette, da durch das Ribosom nur ein einfacher Nucleinsäurestrang passt. In M5 c wird mithilfe von sogenannten RNA-Genen, also DNA-Abschnitten, die die Information für die Ausbildung von RNA enthalten, eine besondere RNA gebildet, die Riboswitch-RNA. Diese faltet sich zu einem doppelsträngigen RNA-Molekül. Sobald dieses RNA-Molekül mit einem passenden Protein Kontakt bekommt (Schlüssel-Schloss-Prinzip), wird das Molekül so geändert, dass die Riboswitch-RNA ein freies Ende erhält. Dieses hat die Funktion einer regulären mRNA, das die Synthese eines bestimmten Proteins bewirkt. Nur im Kontakt mit dem passenden Protein kann der codierende Abschnitt der Riboswitch-RNA also die Synthese einer Aminosäurekette veranlassen. Die Riboswitch-RNA besitzt folglich für die in ihr enthaltene Information einen „An- und Ausschalter".

3. (a) Zeichnung analog zu M4 b.

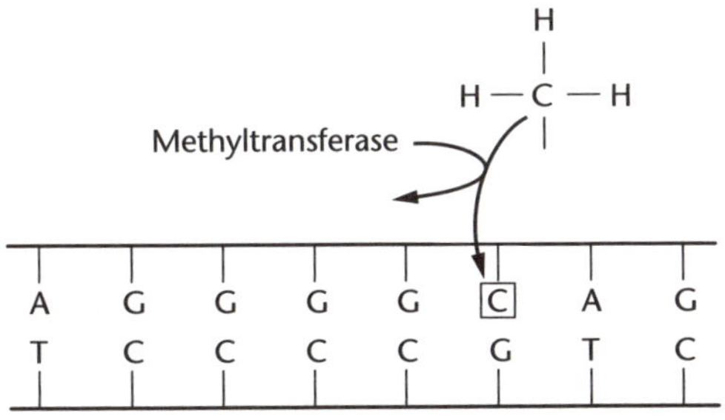

(b) Zeichnung:

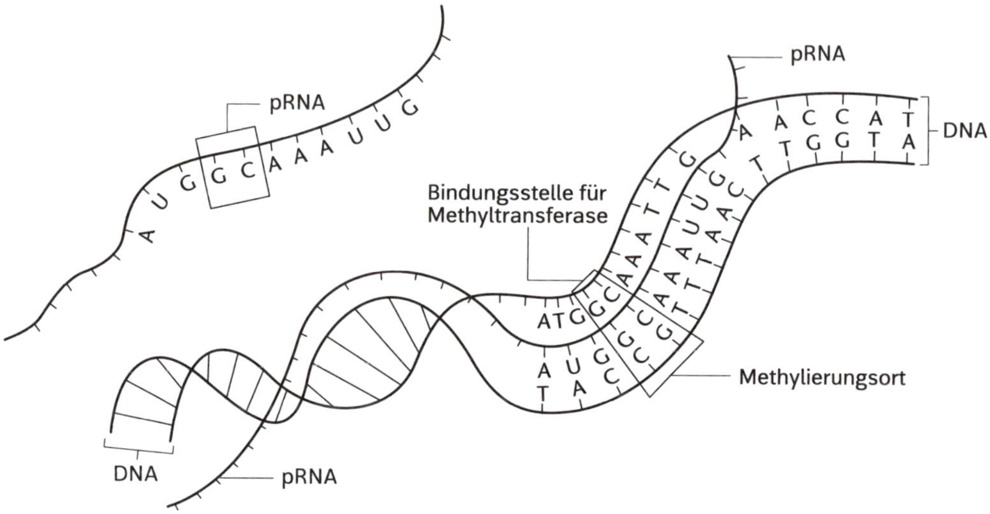

Sobald der „Zopf" bzw. die „Dreifach-Helix" gebildet ist, entsteht eine räumliche Struktur an diesem DNA-Abschnitt, der genau zu einer passenden Stelle des Enzyms Methyltransferase passt, sodass die Methyltransferase die in Nachbarschaft von Guanin befindliche Base Cytosin methylieren kann.

(c) Folgende Fragen können sich bei der Anfertigung der Zeichnung ergeben:

- Wie werden die Nukleotide der verschiedenen Nucleinsäurestränge miteinander verbunden, sodass eine „Dreifach-Helix" entstehen kann?
- Werden die Wasserstoffbrücken zwischen den Basen der beteiligten Stränge nur teilweise zwischen den beiden DNA-Strängen und der pRNA hergestellt?
- Werden die Wasserstoffbrücken abwechselnd zwischen den Basen der beteiligten Nucleinsäurestränge gebildet?
- Gibt es ganz andere, noch nicht erforschte Bindungsmöglichkeiten?
- Entsteht durch die Herstellung einer „Dreifach-Helix" an unterschiedlichen Genorten immer dieselbe passgenaue räumliche Struktur für die Methyltransferase?

4. (a) Der Genpool einer Population wird durch die Evolutionsfaktoren Selektion, Migration, Gendrift und Mutation verändert. Dabei importiert Migration lokal neue Allele mit neuen Möglichkeiten für Anpassungsprozesse, Gendrift verändert durch Zufall die Genfrequenz der Population, Mutation erzeugt ebenfalls neue Allele und schafft somit neue Möglichkeiten der Anpassung. Selektion garantiert die Weitergabe der Allele mit hohem Anpassungswert an die nächste Generation. Rekombination beschleunigt den Prozess der Evolution.

(b) Durch epigenetische Phänomene kann die Allelfrequenz in einer Population indirekt beeinflusst werden. Da aber durch solche Ereignisse die genetische Variabilität erhöht werden kann, sind schnellere Anpassungsmöglichkeiten gegeben. Dadurch kann u. U. die Generationsdauer von Organismen einer Art erhöht werden,

ohne auf Möglichkeiten von Anpassung zu verzichten (Variante einer r-Selektion). Denn ein Individuum, welches länger lebt, hat mehr Chancen zur Fortpflanzung. Allein die zunehmende Möglichkeit an Fortpflanzungschancen würde bei unterschiedlich häufigen epigenetischen Ereignissen im Individuum dazu führen, dass dieses Individuum zu verschiedenen Zeiten aufgrund verschieden ablaufender epigenetischer Ereignisse eine jeweils leicht veränderte Allelbeschaffenheit in die nächste Generation trägt. Dies entspräche einer Voraussetzung von r-Selektion auf individueller Ebene. Eine zunehmende Anzahl an Regulationsmöglichkeiten der Genaktivität erhöht die Anpassungsfähigkeit und damit die Fitness.
Die Methylierung ist ein Prozess, dessen Ergebnis als veränderte genetische Situation auch in die nächste Generation übertragen werden kann. Antisense-RNA wirkt prinzipiell zwar ebenfalls regulierend, es hängt aber von der Art der Enzyme ab, die zur Bildung der Antisense-RNA beitragen, ob sich das Genom eines Individuums so ändert, dass diese Änderung in die nächste Generation übertragen wird. Die Bildung und Menge bestimmter Proteine könnte damit nicht nur individuell erworben, sondern auch vererbt werden. Transposone erhöhen die Variabilität.

Selbstdiagnosebogen

Aufgabe Nr.	Kernkompetenz	AFB	Punkte	erreichte Punkte	Förderung
1(a)	Kompartimentierung beschreiben Zusammenhang erläutern	I II	4 4		Bau der tierischen Zelle, Membranfluss, Proteinbiosynthese (S. 24 ff.), Analyse von Abbildungen (S. 87 ff.)
1(b)	Struktur-Funktionsbeziehungen auf der Ebene von Organen erläutern	II	4		
1(c)	Gemeinsamkeiten und Unterschiede der Proteinbiosynthese bei Prokaryoten und Eukaryoten darstellen	II	5		
2(a)	Homöostase als Ergebnis von Regelungsvorgängen, die aufgrund negativer Rückkopplung für Stabilität in physiologischen Systemen sorgen, erläutern	I	6		Regulation der Genaktivität bei Bakterien (S. 29), Bedeutung von Introns und Exons (S. 25 f.)
2(b)	naturwissenschaftliche Texte analysieren	I	3		
2(c)	Abbildungen deuten, Schlussfolgerungen aus dem molekularen Aufbau der RNA ziehen können	III	7		

Aufgabe Nr.	Kernkompetenz	AFB	Punkte	erreichte Punkte	Förderung
3(a)	mit Modellen arbeiten Naturwissenschaftliche Texte analysieren und deuten	I	2		Abbildungen erstellen (S. 87 ff.)
3(b)	biologische Sachverhalte veranschaulichen Struktur-Funktionsbeziehungen auf der Ebene von Molekülen erläutern	II II	6 6		
3(c)	Fragen zu biologischen Sachverhalten entwickeln	III	3		
4(a) 4(b)	Evolutionsfaktoren aufzählen Vererbbarkeit epigenetischer Phänomene diskutieren	I III	4 6		Evolutionsfaktoren

Gesamtpunkte der Aufgaben 1 – 3: 50, davon AFB I: 15 Punkte (30 %); AFB II: 25 Punkte (50 %); AFB III: 10 Punkte (20 %)

Punktesammeltipp

Ein wichtiger Operator in dieser Aufgabe ist das Erläutern. Um Zusammenhänge gegliedert und systematisch darstellen zu können, empfiehlt sich vor der Formulierung des Textes die Aufstellung eines Beziehungsgefüges, mit dem die Reihenfolge und Bedeutung der Zusammenhänge festgelegt werden kann.

Materialgrundlage:

http://www.bio-pro.de/magazin/thema/00151/index.html?lang=de&artikelid=/artikel/05769/index

Gliederung eines Fließgewässers, Angepasstheit, Fische, Wirbellose, Biotopvielfalt, ökologische Nische, Verdriftung, Gewässerausbau, Renaturierung

Aufgabe 6: Ausbau und Renaturierung von Fließgewässern

Einleitung

Fließgewässer sind markante Strukturelemente der Landschaft und stellen regelrechte Lebensadern dar, denn sie bieten einer Vielzahl von Tieren und Pflanzen Lebensraum. Das Gewässernetz in Hessen umfasst eine Länge von etwa 24 000 Kilometern, vom kleinen Waldrinnsal bis zum Rhein. Relief und Klima prägen die räumliche und zeitliche Gliederung von Fließgewässern und formen zusammen mit biotischen Faktoren die einzelnen Gewässerabschnitte. Viele Pflanzen- und Tierarten sind spezifisch an die sehr unterschiedlichen Biotope angepasst, wobei saisonal schwankende Wasserstände, variierende Fließgeschwindigkeiten und unterschiedliche Gehalte an festen und gelösten Stoffen das Spektrum der Arten und die Größe ihrer Populationen bestimmen.
Nach einer Phase intensiver Verbauung setzt in vielen Regionen ein Umdenken ein; Bäche und Flüsse werden wieder in einen naturnahen Zustand (rück)versetzt. Das kommt sowohl den im und am Wasser lebenden Organismen als auch der Selbstreinigungskraft der Gewässer zugute.

Aufgabenstellung

1. **Beschreiben** und **erläutern** Sie mithilfe von M1 a – d die Auswirkungen einer Fließgewässerbegradigung und Sohlbefestigung auf die Lebewelt dieser Gewässer.
2. **Diskutieren** Sie, ob eine Querabriegelung (Damm, Stauwehr) eine Abnahme oder eine Zunahme der im und am Wasser lebenden Tierarten bewirken wird.
3. **Beschreiben** und **erläutern** Sie die Befunde in M2 und **stellen** Sie **dar**, was bei einer Renaturierungsmaßnahme berücksichtigt werden sollte, damit sich eine möglichst vielgestaltige Biozönose entwickeln kann.

Material

M1 Gewässerausbau

Aus einer Vielzahl von Gründen – Schiffbarmachung, Hochwasser- und Erosionsschutz, Wasserkraftnutzung, Landgewinnung, Abwasserentsorgung etc. – werden Fließgewässer ausgebaut. Sie werden begradigt, der Gewässergrund und die Ufer werden befestigt, und sie werden mit Wehren, Staustufen und Sohlabstürzen versehen. Dies bleibt nicht ohne Folgen für die Lebensgemeinschaften in und an den Gewässern.

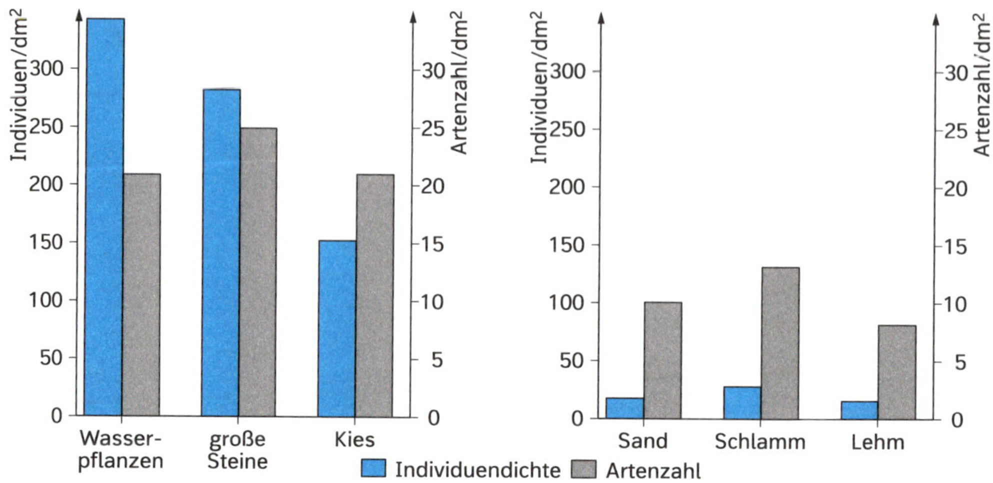

M1 a Artenzahlen und Individuendichten von aquatischen Wirbellosen an den vorhandenen Substraten in einem naturnahen Bachabschnitt (Strukturgüteklasse 1-2) und in einem ausgebauten und begradigten Bachabschnitt (rechte Abbildung, Strukturgüteklasse 6-7)

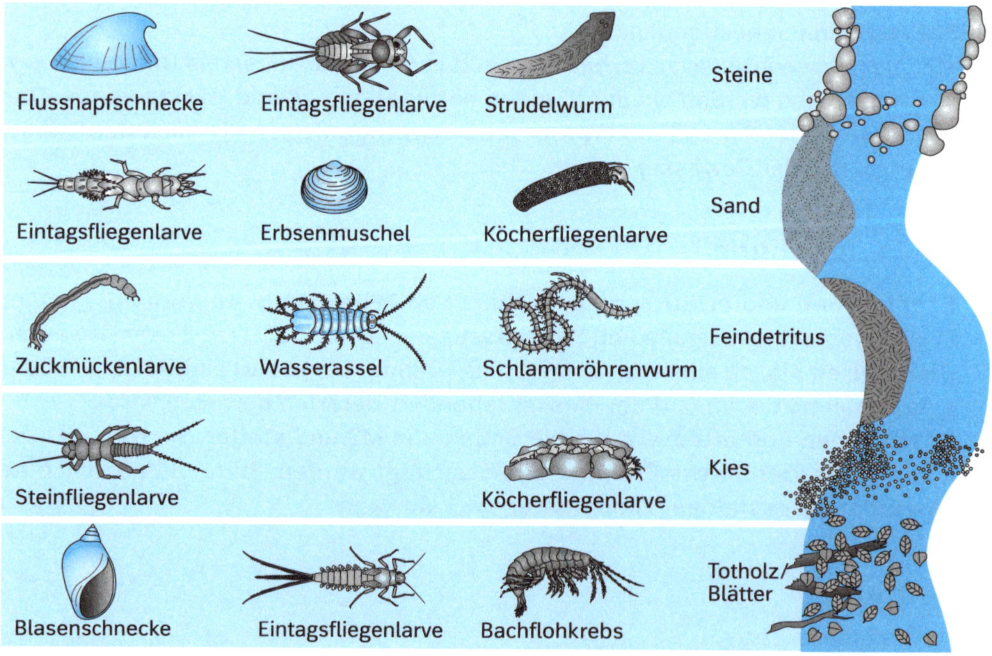

M1 b Kleinlebensräume und ihre Bewohner in einem Mittelgebirgsbach

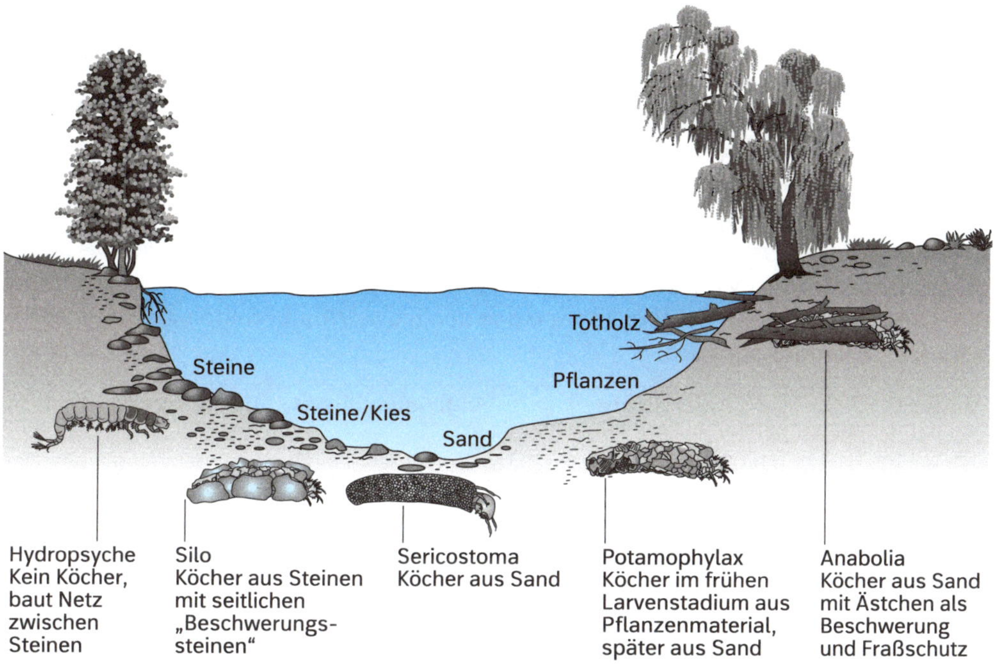

M1 c Vorkommen verschiedener Köcherfliegenlarven in einem Bach

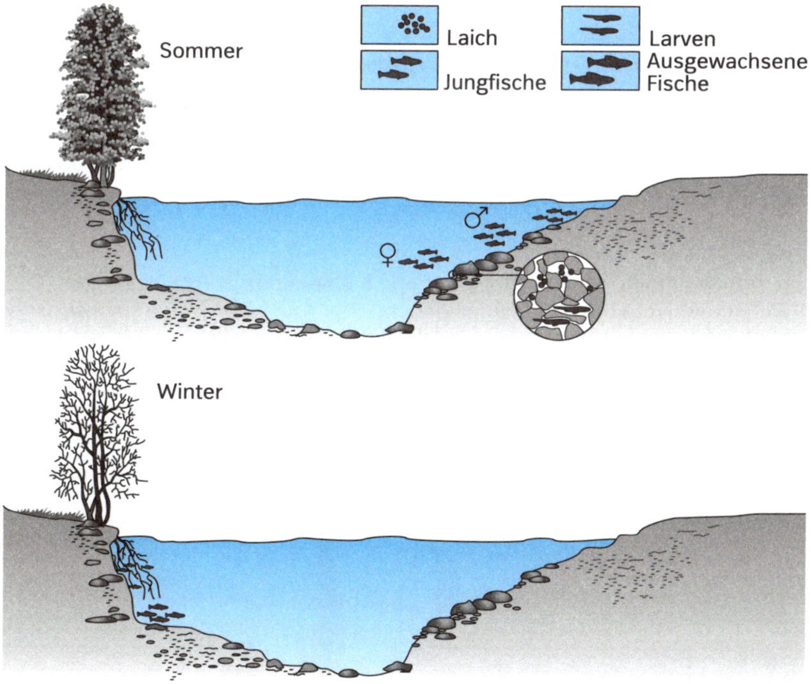

M1 d Entwicklungsstadien von Elritzen und ihre Habitate. Das wassertolerante Wurzelwerk von Schwarzerlen bewahrt Uferböschungen vor Erosion und festigt ausgekolkte Bereiche

M2 Renaturierungsmaßnahmen

Maßnahmen zur Renaturierung von Fließgewässern haben zum Ziel, anthropogene Eingriffe zurückzubauen und damit Bäche und Flüsse wieder in einen naturnahen Zustand zu versetzen. Durch die Wiederherstellung der strukturellen Vielfalt – Entfernung von Hindernissen, die Wanderungen unterbinden, Beseitigung von naturfernen Uferbefestigungen, Initialbepflanzungen, Wiederansiedlung verlorengegangener Arten etc. – soll ermöglicht werden, dass die Gewässer sich wieder zu einem funktionsfähigen Ökosystem mit natürlicher Dynamik und der Fähigkeit zur Selbstregeneration entwickeln. Nicht zuletzt tragen naturnahe Gewässer zu einer Bereicherung des Landschaftsbildes bei und können das seelische Wohlbefinden gestresster Erholungssuchender steigern.

Baustoff	Artendichte	Individuendichte	Frischgewicht
Betonplatten	10	20	5
Natursteinpflaster	15	30	nicht bestimmt
Steinschüttung mit Bitumenausguss	20	35	nicht bestimmt
Steinschüttung ohne Fugenverschluss	25	55	5000

M2 a Einfluss von Baumaterialien zum Uferverbau auf die Ansiedlung von Kleintieren (relative Werte, die sich aus der spezifischen Untersuchungsmethodik ergeben)

An der Wertach (Fluss in Schwaben, Nähe Marktoberdorf) wurde im Frühjahr 2000 ein Forschungsprojekt zur Renaturierung durchgeführt, bei dem Totholz unterschiedlicher Größe in den Fluss eingebracht wurde. Der Totholzanteil im Gewässer wurde dabei von 0,5 % auf 4 % der Wasserfläche gesteigert. Innerhalb von nur drei Jahren nahm die Zahl der Fischarten von 10 auf 13 zu; die Bestandsdichte (Fische > 5 cm) erhöhte sich von 50 auf 700 (relative Werte).

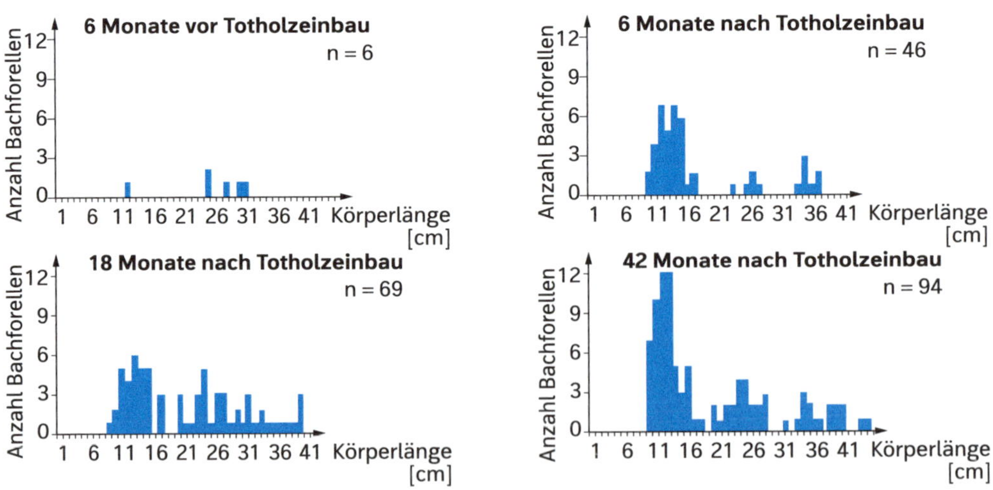

M2 b Bestandsentwicklung der Bachforellen in der Wertach im Untersuchungszeitraum

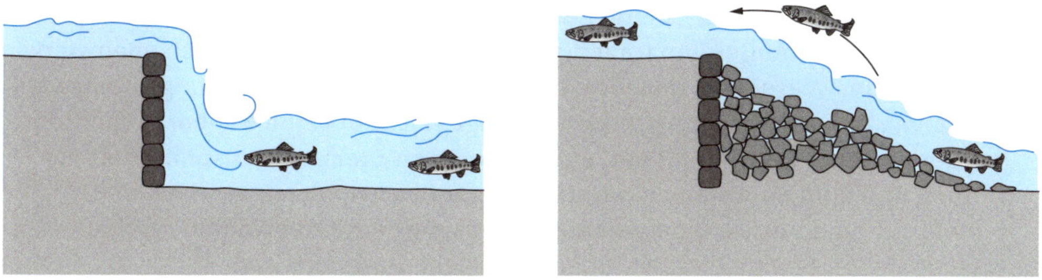

M2 c Einfluss von Sohlgestaltungen an Wehren auf Fließwassertiere

Benötigte Fachkenntnisse
Abiotische Umweltfaktoren, räumliche und zeitliche Gliederung eines Ökosystems, Biotop, Biozönose, Angepasstheit, ökologische Nische, Nahrungsnetz, Stoff- und Energiefluss (S. 34 ff., 41 ff.)

Benötigte Methodenkenntnisse
Analyse von Diagrammen, Auswertung von Tabellen, Grafiken und Sachtexten, Umgang mit Experimenten, Hypothesenbildung (S. 78 f., 81 ff., 92 ff., 95 f.)

Lösungen

1. Der Ausbau und die Begradigung des Baches haben einen gravierenden Einfluss auf die Gewässer-Biozönose. Während im naturnahen Bachabschnitt pro dm^2 insgesamt 67 Arten substratbewohnende aquatische Wirbellose vorkommen, wird der ausgebaute Abschnitt nur von 31 Arten/dm^2 besiedelt. Noch deutlicher unterscheiden sich die Individuendichten: im unverbauten Bach liegt sie bei 770, im begradigten Abschnitt bei lediglich 60 Individuen pro dm^2. Während der naturnahe Bach gekennzeichnet ist durch Wasserpflanzen, große Steine und Kies, die sich durch sehr hohe Besatzdichten mit Organismen auszeichnen, sind im begradigten Bach nur Sand, Schlamm und Lehm zu finden, die offensichtlich nur wenig Lebensmöglichkeiten für aquatische Wirbellose bieten.
   Im Gegensatz zum ausgebauten Fließgewässer beherbergt der naturnahe Bach eine große Vielfalt an ökologischen Nischen. Wie aus Abbildung M1 b ersichtlich, weist er ein kleinräumiges Mosaik unterschiedlicher Strukturelemente (Steine, Kies, Sand, Feindetritus, Totholz, Blätter) auf, die Minibiotope für spezialisierte Wasserbewohner darstellen. Diese finden hier nicht nur Unterschlupfmöglichkeiten, sondern sind auch besser vor der Verdriftung geschützt. So kann sich im naturnahen Bach ein komplexes Nahrungsnetz aus Produzenten und Konsumenten verschiedener Ordnung und eine entsprechende Artenvielfalt etablieren.

   M2 c zeigt die Einnischung verschiedener Köcherfliegenlarven in einem naturnahen Bach. Die Wohnröhren bestehen aus dem in den unterschiedlichen Kleinhabitaten

verfügbaren Baumaterial; sie dienen der Tarnung und bieten den Larven Schutz vor Fressfeinden. Außerdem trägt die Schwere der Köcher der verschieden starken Strömung des Wassers in den jeweiligen Aufenthaltsorten Rechnung und bewahrt die Larven vor der Abdrift. *Hydropsyche* dagegen baut keine tragbare Wohnröhre, sondern lebt zwischen (und evt. auch unter) den Steinen und spinnt dort zur Fixierung und zum Beutefang ein Netz. Nur der Reichtum an spezifischen Refugien ermöglicht eine solche Biodiversität aquatischer Bodenbewohner; verbaute Gewässer stellen demgegenüber lebensfeindliche „Wüsten" dar.
Viele Fische – aber auch andere Wasserbewohner – besiedeln im Laufe ihrer Entwicklung unterschiedliche Habitate. M1 d veranschaulicht dies beispielhaft für Elritzen. Die Weibchen dieser Art laichen in seichten Bereichen auf Kies ab; die Eier sinken dann in das Lückensystem der Gewässersohle. Die geschlüpften Larven wandern in tiefere Sedimentschichten, wo sie vor Fressfeinden geschützt sind und nicht verdriften. Zum Überleben benötigen die Larven ausreichend Sauerstoff, was nur in einem von sauberem Frischwasser durchströmten Kieslückensystem gewährleistet ist. Die Jungfische halten sich bevorzugt in wärmeren Flachwasserzonen auf, während die ausgewachsenen Fische im Sommer vorwiegend im mäßig tiefen Freiwasser zu finden sind. Im Winter halten sich die Elritzen in Zonen mit geringer Strömung (oder sogar Stillwasserbereichen) auf, die durch frei ins Wasser ragende Schwarzerlenwurzeln insbesondere den Jungfischen Schutz bieten und genügend Sauerstoff bereitstellen. Kleine Fische finden sich eher oben, große am Grund.
In natürlichen Bächen stehen alle diese notwendigen Lebensbedingungen zur Verfügung. Ist nur eines der Habitate nicht intakt, so wird der Reproduktionszyklus unterbrochen und der Fortbestand der Art ist in hohem Maße gefährdet. Verbaute und zu Kanälen degradierte Gewässer erfüllen keine der oben genannten Voraussetzungen; sie sind daher in der Regel völlig fischfrei.

2. Tierarten der Fließgewässer sind meist an die Strömung angepasst und profitieren von der großen Vielfalt sehr unterschiedlicher Kleinlebensräume. Eine Querabriegelung – besonders in den Oberläufen – birgt für die Organismen gleich mehrere Probleme. So wird die Fließgeschwindigkeit des Wassers herabgesetzt, was zum einen eine geringere Sauerstoffanreicherung und eine Erwärmung zur Folge hat, zum anderen die Sedimentation kleiner Schwebteilchen begünstigt, die das Kies- und Sandlückensystem (Interstitial) verstopfen. Damit wird etlichen aquatischen Tieren die Lebensgrundlage entzogen. Nachgeschalteten Gliedern in Nahrungsketten fehlen nun wichtige Beutetiere, sie verschwinden daher eventuell ebenfalls. Abgesehen von Wasserinsekten, die als Imago Kompensationsflüge absolvieren, müssen durch die Strömung abgedriftete Organismen wieder bach-/flussaufwärts wandern können, sonst würden die Oberläufe zunehmend verarmen. Dämme können diese Wanderungen stark behindern oder sogar ganz unterbinden; ein Artenschwund (und eine genetische Isolation) wäre die Folge. Die Populationen von terrestrischen Räubern, die ihre Nahrung aus dem fließenden Wasser beziehen (Vögel, Otter, Schlangen etc.), würden ebenfalls zurückgehen. Querabriegelungen stellen also ökologische Barrieren dar, die zwangsläufig eine verarmte Fließge-

wässerfauna nach sich ziehen. Selbstverständlich ist das Ausmaß der Beeinträchtigung von der Anzahl und der Höhe der Wehre sowie von ihrer Position (im langsam fließenden Unterlauf sind die Auswirkungen meist geringer) abhängig.
Je nachdem, wie hoch die Querabriegelung ist, wird das Gewässer mehr oder weniger stark angestaut. Eine Konsequenz einer Stauhaltung in Ober- oder Mittellauf kann sein, dass sich im Staubereich Organismen ansiedeln, die normalerweise den Unterlauf charakterisieren oder sogar typische Seebewohner sind. Ober- und unterhalb der Barriere würde sich eine Misch-Biozönose einfinden, die Fließ- und Stillgewässerarten umfasst. Eventuell würden am Gewässer auch Arten auftreten, die sonst nur an/auf Seen zu finden sind (z. B. Enten). Mit dem veränderten Artenspektrum ginge auch eine Verschiebung der Ernährungstypen (Filtrierer/Sedimentfresser, Räuber, Weidegänger, Zerkleinerer) einher.
Ob sich die Zahl der Arten damit insgesamt eher verkleinert oder sogar vergrößert, kann nicht generell beantwortet werden. Es hängt von den konkreten Bedingungen vor Ort ab und kann von Gewässer zu Gewässer und je nach Wasserführung variieren.

3. In Tabelle M2 a ist aufgeführt, wie sich verschiedene zum Uferverbau verwendete Baumaterialien auf die Kleintierbesiedelung auswirken. Erhoben wurde dabei die Artendichte, die Individuendichte und die Biomasse der vorgefundenen Kleintiere. Am schlechtesten schneiden Betonplatten ab, auf denen sich lediglich 10 Arten in geringer Besiedlungsdichte finden lassen. Die höchste biologische Wertigkeit weist eine Steinschüttung ohne Fugenverschluss auf. Hier kommen 2,5-mal so viele Arten in fast dreifacher Besiedlungsdichte vor; ihre Biomasse beträgt sogar das tausendfache im Vergleich zu den Betonplatten. Augenscheinlich besteht die Kleintierfauna hier aus größeren Tieren, die wohl insbesondere von den großlumigen Lücken zwischen den Steinen profitieren, welche kleinräumige Strömungsgradienten zulassen. Natursteinpflaster und Steinschüttungen mit Bitumenausguss nehmen mittlere Plätze ein.
M2 b illustriert die große Bedeutung von Totholz für die Fischfauna in Fließgewässern. Drei Jahre nach der Totholzeinbringung in einen davor totholzarmen Fluss hatte zwar die Zahl der Fischarten nur um ein knappes Drittel, die Individuenzahl aber auf das 14-fache zugenommen. Verdeutlicht wird dieser Effekt am Beispiel der Bestandsentwicklung von Bachforellen. Vor dem Totholzeinbau wurden im Untersuchungsabschnitt gerade mal sechs Forellen gefunden. Schon sechs Monate nach der Maßnahme fand man 46, nach weiteren drei Jahren sogar 94 Exemplare unterschiedlicher Größenklassen. Der hohe Anteil an kleinen Fischen belegt die funktionierende Reproduktion. Offenbar werden durch die Einbringung des Totholzes die Vielfalt an Kleinlebensräumen und wahrscheinlich auch die Menge an Nahrungstieren erheblich gesteigert. Von Bedeutung dürfte außerdem die Zunahme an Versteckmöglichkeiten sein, die Schutz vor Fischräubern gewähren.
Wie schlecht gestaltete Wehre die Aufwärtswanderung von Fischen in Fließgewässern verhindern, zeigt die obere Abbildung in M2 c. Die Reproduktion dieser Fische wird stark behindert, denn die Laichablage findet meist in den sauerstoffreichen Oberläufen der Fließgewässer statt, damit sich die Larven dort gut entwickeln

können. Für andere, kleinere Wassertiere ist die Passage solcher Barrieren erst recht unmöglich. Eine Kompensation der Verdriftung ist damit ausgeschlossen (vgl. Aufgabe 2), eine Verringerung der Artenzahl und der Populationsgrößen oberhalb der Wehre unvermeidlich.

Ist dagegen bach-/flussabwärts vor den Wehren eine schräge Steinschüttung („raue Rampe") eingebracht (M2 c unten), die nicht einmal die gesamte Gewässerbreite umfassen muss, so wird einer Vielzahl von Arten die Überwindung dieser Verbauung ermöglicht.

Aus der Sicht des Naturschutzes wäre ein kompletter Rückbau aller durch den Menschen an Fließgewässern erfolgten Begradigungen, Befestigungen, Überbauungen, Aufstauungen etc. und die Wiederherstellung eines (quasi-)natürlichen Zustandes (mit Mäandern, Randstreifen und Überflutungsbereichen) ideal. Dies ist aber oft nicht mehr möglich, oder der dafür erforderliche Aufwand ist in etlichen Fällen nicht vertretbar. Zudem stehen solche Vorhaben häufig in Konflikt mit den Nutzungs- und Schutzansprüchen der betroffenen Bevölkerung. In einem Abwägungsprozess sollten diese von Naturschutzseite aus Berücksichtigung finden, um die Akzeptanz von Renaturierungsmaßnahmen zu erhöhen.

Wünschenswert ist bei einer Bach- oder Flussrenaturierung die Bepflanzung der Ufer mit den standortgerechten, gewässertypischen Baumarten. Entlang von Bächen sollten z. B. Schwarzerlen gepflanzt werden (vgl. Aufgabe 1), die neben der Uferstabilisierung, der Einstandmöglichkeit für Fische und der Zufuhr leicht abbaubarer organischer Substanz für Wirbellose auch für eine Beschattung des Wassers sorgen und damit eine zu starke Erwärmung verhindern. Wo die Etablierung von Uferbegleitgehölzen nicht oder nur teilweise möglich ist, sollte in erosionsgefährdeten Abschnitten zur Befestigung eine Steinschüttung ohne Fugenverschluss eingebracht werden. Sohlbefestigungen und Querabriegelungen sollten möglichst entfernt werden; wo letzteres nicht machbar ist, sollten raue Rampen, Fischtreppen oder Umgehungen vorgesehen werden.

Insbesondere in Ober- und Mittelläufen ist ein hoher Anteil von Totholz in den Gewässern wichtig für eine vielfältige Biozönose. Wo dieses (noch) fehlt, sollte es künstlich eingebracht werden. Auch die Einbringung von Steinen und Kies sollte an geeigneten Standorten erwogen werden, da sie – ähnlich dem Totholz – die Strömungsvielfalt erhöhen und zusätzliche Kleinlebensräume schaffen.

Wo markante und gewässertypische oder für den Aufbau von Nahrungsnetzen notwendige Arten infolge der Verbauung verloren gegangen sind, kann eine Wiederansiedlung autochthoner Populationen angezeigt sein.

Selbstdiagnosebogen

Aufgabe Nr.	Kernkompetenz	AFB	Punkte	erreichte Punkte	Förderung
1	Abbildungen beschreiben Auswirkungen der Verbauungsmaßnahmen auf Gewässer-Biozönosen erläutern	I II	7 10		strukturierte, differenzierte Beschreibung (S. 81 ff.) Auswertung von Diagrammen (S. 81 ff.), Bildern (S. 86) und schematischen Abbildungen (S. 87 ff.) (S. 41 ff.)
2	Diskussion, wie sich die Querabriegelung eines Fließgewässers auf die Artenzahl auswirkt	III	10		strukturierte Argumentation und begründete Bewertung (inklusive Hypothesenbildung) (S. 95 f.)
3	Beschreibung der Abbildungen Maßnahmen und Materialien zur Renaturierung sowie deren Folgen erläutern Zusammenhänge zwischen erforderlichen Renaturierungsmaßnahmen und ihren Wirkungen auf die Biotop- und Artenvielfalt aufzeigen	I II II	8 10 5		Text- und Materialerfassung (S. 78 f., S. 81 ff.) Sachverhalte und Zusammenhänge fachsprachlich korrekt darlegen, Grundprinzipien veranschaulichen Phänomene erklären, abwägen, begründete Vermutungen äußern (S. 95 f.)

Gesamtpunkte: 50, davon AFB I: 15 Punkte (30 %); AFB II: 25 Punkte (50 %); AFB III: 10 Punkte (20 %)

Materialgrundlage:

Bayerisches Landesamt für Wasserwirtschaft & Landesfischereiverband Bayern e. V. (Hrsg.): Totholz bringt Leben in Flüsse und Bäche. (Autoren: Michael von Siemens u. a.) München. (Eigenverlag) 2005

Graw M. & Borchardt D.: Ein Bach ist mehr als Wasser ... Herausgegeben vom Hessischen Ministerium für Umwelt, Landwirtschaft und Forsten, Wiesbaden, (Eigenverlag) 1999

Klee O.: Angewandte Hydrobiologie. 2. Aufl. Thieme, Stuttgart/New York 1991

Ökologische Nische, Wechselbeziehungen, Populationsdynamik, Beziehungen zwischen Populationen

Aufgabe 7: Der Einfluss der Aga-Kröte *(Bufo marinus)* als Neozoon in Australien auf einheimische Arten

Einleitung

Die Aga-Kröte wurde 1935 an der Ostküste Australiens (Queensland) vom Menschen eingeführt, um die Verbreitung der Larven eines Zuckerrohrschädlings, des Käfers *Lepidoderma albohirtrum*, zu reduzieren. Heute stellt die Aga-Kröte eine Gefahr für zahlreiche einheimische Arten dar. Eine im Jahr 2008 publizierte wissenschaftliche Studie der Universität Sydney zeigt den Einfluss der Aga-Kröte auf Populationen einheimischer Süßwasser-Krokodile in der Region des Victoria River im Nordwesten Australiens (Northern Territory).

Aufgabenstellung

1. **Beschreiben** und **erläutern** Sie die Nahrungsbeziehungen im Ökosystem des Victoria River (M1). Gehen Sie dabei insbesondere auf die verschiedenen Trophieebenen ein.
2. **Beschreiben** und **analysieren** Sie mithilfe der Ihnen vorliegenden Materialien die Beziehungen zwischen Zuckerrohrkäfer und Aga-Kröte sowie der Aga-Kröte und dem Süßwasser-Krokodil.
3. **Entwickeln** Sie auf Basis der Materialien **Hypothesen**, wie sich die Populationsdichten von Aga-Kröte und Süßwasser-Krokodil in den verschiedenen Flussabschnitten des Victoria River (M4) voraussichtlich entwickeln werden und inwiefern es zu Veränderungen der Körpergrößenstruktur der Süßwasser-Krokodile kommen könnte.
4. Der für die Einführung der Aga-Kröte in Australien verantwortliche Reginald Mungomery wurde 1936 folgendermaßen zitiert: „*Die Ansiedlung in Queensland erfolgte nach einer sorgfältigen Abwägung der Pros und Contras und nachdem das Verhalten der Kröte bis heute keinen Anlass zur Befürchtung gibt, dass wir uns in unserem Urteil über sie getäuscht haben.*“
   Nehmen Sie mithilfe der Materialien begründet **Stellung** zu dieser Aussage hinsichtlich der Auswirkungen, die das Aussetzen der Kröte (langfristig) auf das Ökosystem hat und **erörtern** Sie, ob diese Auswirkungen – entgegen der Einschätzung R. Mungomerys – vor dem Aussetzen der Kröte absehbar gewesen wären.

Material

M1 Nahrungsnetz der Aga-Kröte im Victoria River

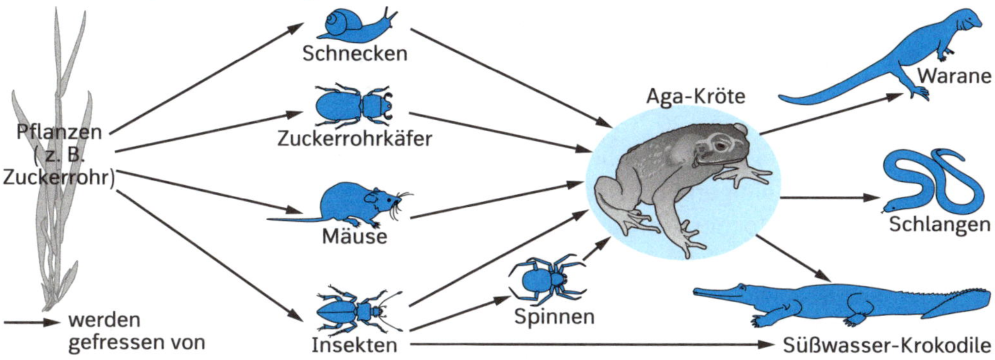

M2 Basisinformationen zur Aga-Kröte

Die Aga-Kröte *(Bufo marinus)* gehört zur Familie der echten Kröten (Bufonidae). Ausgewachsene Tiere sind bis zu 25 cm lang und 1,5 kg schwer. Als besonderes Merkmal besitzt die Aga-Kröte zwei Giftdrüsen, die sich an ihrem Kopf befinden. Das dort produzierte, giftige Sekret setzt die Aga-Kröte zu ihrer Verteidigung ein. Das ursprüngliche Verbreitungsgebiet ist Südamerika. Dort existieren neben spezialisierten Parasiten, die eine Ausbreitung der Aga-Kröte reduzieren, weitere Fressfeinde der Kröte. So ist z. B. der Breitschnauzenkaiman, ein Krokodil, gegen das Gift der Kröte resistent. Seit der Einführung von einigen Tausend Aga-Kröten an die Ostküste Australiens (Region um Cairns) im Jahr 1935 hat sich der Bestand der Aga-Kröte in Australien Schätzungen zufolge auf über 200 Millionen Tiere vergrößert. Im Jahr 2005 sind erstmals Exemplare im Becken des 3000 km entfernten Victoria River (Northern Territory) gesichtet worden. Die Aga-Kröte wurde 1935 von Mitarbeitern einer landwirtschaftlichen Versuchsanstalt in Cairns mit dem Ziel eingeführt, die Larven des Zuckerrohrkäfers *Lepidoderma albohirtrum* zu dezimieren. Die Kröten erwiesen sich aber nicht als Räuber des Schädlings, was durch die verschiedenen Lebensräume der beiden Arten zu erklären ist: Während die Aga-Kröte auf dem Boden lebt und jagt, klettern die Larven des Zuckerrohrkäfers die Zuckerrohrpflanzen hoch. Adulte Käfer können fliegen. Die Aga-Kröten in Nord-Ostaustralien hatten somit keinen Einfluss auf die Population des Zuckerrohrschädlings.

M3 Informationen zum Lebensraum am Victoria River

Der Victoria River ist mit 547 km der längste Fluss im Northern Territory Australiens. Das Klima ist semiarid. In den Monaten Dezember bis März ist es sehr heiß und feucht, von April bis November sind ebenfalls hohe Temperaturen zu verzeichnen, es ist aber auch sehr trocken. Am Zusammenfluss von Victoria River und Wickham River (Victoria River and Wickham River Junction) übersteigt die durchschnittliche Temperatur an 286 Tagen 30 °C. Während der Victoria River in den feuchten Monaten durch Monsunregen einen sehr hohen Wasserstand hat, trocknet das Flussbett in der Trockenzeit an einigen Stellen vollständig aus. Das Flussbett ist durchzogen von zahlreichen Wasserlöchern, die durch Sandbänke und Gesteinsbrocken voneinander getrennt sind. Die durchschnittliche Niederschlagsmenge variiert auch innerhalb einzelner Flussabschnitte des Victoria River noch stark. So fallen an der „Victoria River Gorge“ (Gorge = Schlucht/Klamm) mit 802 mm pro Jahr die höchsten Niederschläge, während es in „Longreach Lagoon“ mit 582 mm pro Jahr deutlich weniger regnet. Verteilt über den Flusslauf nehmen die Niederschlägen von Norden nach Süden ab. Bedingt durch diese besonderen klimatischen Bedingungen sind viele Tierarten (u. a. auch die Aga-Kröte) gezwungen, Wasserlöcher zur Wasseraufnahme aufzusuchen, sodass sich diese Tiere überwiegend in Flussnähe aufhalten.

M4 Geografische Lage des Victoria River im Northern Territory (AU)

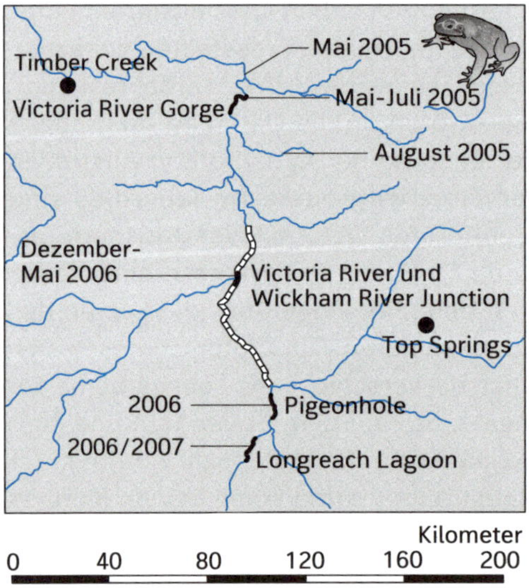

M4 Ankunftszeiten der Aga-Kröte an verschiedenen Untersuchungsstandorten

M5 Daten zur Populationsdichte der Süßwasser-Krokodile in Abhängigkeit vom Vorhandensein der Aga-Kröte

Im Rahmen einer biologischen Feldstudie der Universität Sydney wurden an verschiedenen Flussabschnitten des Victoria River die Entwicklungen der Populationen der Süßwasser-Krokodile der Art *Crocodylus johnstoni* durch nächtliche Bootsfahrten mit Scheinwerfern und Luftbeobachtungen erfasst. Untersucht wurden die Anzahl toter und lebend gesichteter Krokodile und deren Körpergröße. Die Ergebnisse der Untersuchung sind in den folgenden Diagrammen dargestellt.

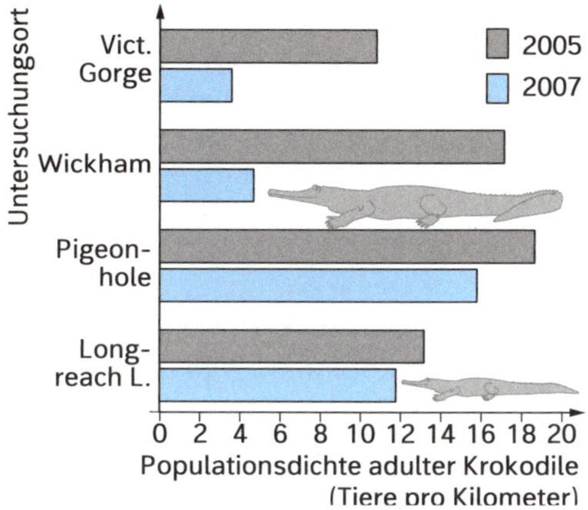

M5 a Populationsdichte erwachsener Krokodile in den Jahren 2005 und 2007

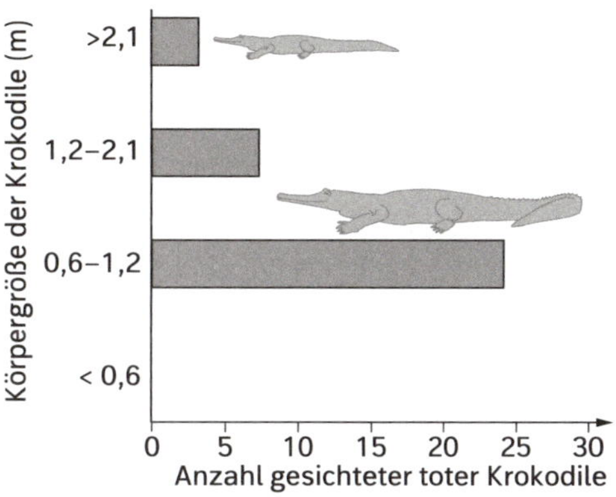

M5 b Anzahl und Größe gesichteter toter Krokodile nach Ankunft der Aga-Kröte

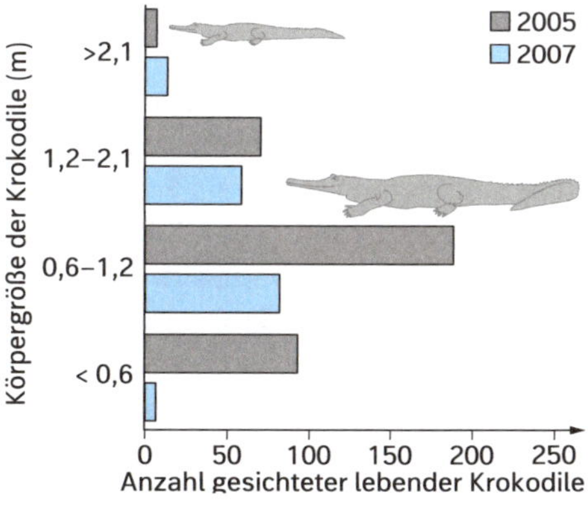

M5 c Anzahl und Größe gesichteter lebender Krokodile in den Jahren 2005 und 2007

Benötigte Fachkenntnisse

Funktionaler Aufbau eines Ökosystems, Trophieebenen, Nahrungsnetze, Vermehrungsstrategien, Konkurrenz, Beziehungen zwischen Populationen, biologische Schädlingsbekämpfung (S. 34 ff.)

Benötigte Methodenkenntnisse

Beschreiben, Erklären und Vergleichen biologischer Phänomene, Vielfaktorensysteme (z. B. Ökosysteme) analysieren, Prognosen und Hypothesen entwickeln, sachgerecht diskutieren, Aussagen aus unterschiedlichen Perspektiven betrachten und sachgerecht bewerten (S. 78 f., 81 ff., 87 ff., 95 f.)

Lösungen

1. Pflanzen wie z. B. das Zuckerrohr werden von Schnecken, Zuckerrohrkäfern, Mäusen und Insekten gefressen, Insekten wiederum von Spinnen, Aga-Kröten und Süßwasser-Krokodilen. Die Aga-Kröte ernährt sich von Insekten, Mäusen, Spinnen, Zuckerrohrkäfern und Schnecken. Zu den Fressfeinden der Aga-Kröte zählen Süßwasser-Krokodile, Warane und Schlangen. Warane, Schlangen und die Krokodile stehen am Ende des Nahrungskette.
   Pflanzen sind die Produzenten und stellen die erste Trophieebene dar. Schnecken, Käfer, Mäuse und Insekten stellen dadurch, dass sie sich von den Produzenten ernähren, die Konsumenten erster Ordnung dar. Spinnen, die sich von Insekten als Konsumenten erster Ordnung ernähren, sind die Konsumenten zweiter Ordnung. Die Aga-Kröten haben sowohl Konsumenten erster als auch Konsumenten zweiter Ordnung als Nahrungsquelle und können somit als Konsumenten zweiter oder dritter Ordnung bezeichnet werden. Warane und Schlangen stellen als Fressfeinde der Aga-Kröte demnach Konsumenten dritter oder vierter Ordnung dar. Süßwasser-Krokodile stellen je nach Betrachtungsebene Konsumenten zweiter, dritter oder vierter Ordnung dar. Warane, Krokodile und Schlangen sind Endkonsumenten.

2. Die Aga-Kröte ist ursprünglich zur biologischen Schädlingsbekämpfung der Zuckerrohrkäfer in Australien ausgesetzt worden. Das Aussetzen der Aga-Kröte hat jedoch keinen Einfluss auf die Populationsdichte der Zuckerrohrkäfer. Grund dafür sind unter anderem die unterschiedlichen Lebensräume der beiden Arten. Während die Aga-Kröte sich am Boden aufhält, klettern die Larven der Zuckerrohrkäfer die Pflanzen hinauf, adulte Tiere können sogar fliegen. Ein weiterer Grund liegt darin, dass es sich bei der Aga-Kröte um einen Nahrungsgeneralisten (M1) handelt. Sie ist daher nicht auf den Zuckerrohrkäfer als Hauptnahrungsquelle angewiesen. Dadurch konnte sich die Aga-Kröte sehr schnell und erfolgreich ausbreiten: Aus einigen tausend Tieren im Jahre 1935 sind Schätzungen zufolge über 200 Millionen geworden. Auch die geografische Ausbreitung ist enorm: von der Ostküste Australiens bis zum 3000 km entfernten Victoria River. Ein weiterer wichtiger Grund

für die Ausbreitung der Kröte ist die Tatsache, dass sie aufgrund ihres Giftes kaum Fressfeinde zu befürchten hat.
Am Victoria River hat das Eindringen der Aga-Kröte in das Ökosystem weitreichende Konsequenzen für die Populationsentwicklung der dort lebenden Süßwasser-Krokodile. Die Untersuchungen zeigen, dass die Populationsdichte der Krokodile genau nach dem Eintreffen der Aga-Kröte drastisch zurückgegangen ist (M5). Die Anzahl der adulten Krokodile am Flussabschnitt „Victoria Gorge" lag 2005 – vor der Ankunft der Aga-Kröte – bei ca. 10 Tieren pro Kilometer, 2007 nur noch bei 3 Tieren pro km. Bei „Wickham" waren es 2005 17 gesichtete Tiere, zwei Jahre später 5. In den beiden anderen Flussabschnitten, in denen Zählungen durchgeführt wurden, sank die Dichte der Krokodile lediglich von 19 auf 16 bzw. von 13 auf 12 Tiere pro km. In diesen Abschnitten hat sich die Aga-Kröte später angesiedelt. Der Rückgang der Krokodilpopulation lässt sich dadurch erklären, dass sich die Krokodile von den Kröten ernähren und dann durch das Gift der Aga-Kröte sterben.

3. Die Population der Aga-Kröte wird aller Voraussicht nach weiter ansteigen, da nahezu keine Feinde der Kröte existieren und die Tiere, die die Kröte zur Beute haben, durch das Gift der Kröten getötet werden. In den Regionen des Oberlaufs des Flusses (Norden) wird die Populationsdichte der Süßwasser-Krokodile noch weiter sinken, da sich durch die klimatischen Bedingungen die Aga-Kröte häufig an den Wasserlöchern in der Nähe der Krokodile aufhalten wird und so von diesen erbeutet werden kann. Dem Lauf des Flusses nach Süden folgend, wird ein Anstieg der Krötenpopulation noch gravierendere Folgen für die Population der Krokodile haben, da durch die noch geringeren Niederschläge (582 mm pro Jahr bei „Longreach Lagoon" im Vergleich zu 802 mm bei „Victoria Gorge") die Notwendigkeit der Kröten, zum Rehydrieren die Wasserlöcher aufzusuchen, noch größer ist. Damit steigt die Wahrscheinlichkeit eines Aufeinandertreffens von Krokodil und Kröte stark an.
   Besonders betroffen von der Ankunft der Aga-Kröte sind die Krokodile mit einer mittleren Körpergröße von 0,6 bis 1,2 m (M5). Nach der Ankunft der Kröten wurden in dieser Größenkategorie 25 tote Tiere gesichtet und die Anzahl lebend gesichteter Tier ging von 2005 bis 2007 von knapp 200 auf ca. 80 Tiere zurück. Krokodile der Größe von 1,2 bis 2,1 m waren schon deutlich seltener betroffen, sodass in dieser Größenkategorie kaum ein Rückgang zu verzeichnen ist. Bei Krokodilen mit einer Körpergröße von über 2,1 m stieg die Populationsdichte im Untersuchungszeitraum sogar leicht an. Die Daten lassen die Vermutung zu, dass größere Tiere (ab 2,1 m) gegen das Gift der Kröte immun sind. Folglich wird sich die Körpergrößenstruktur der Krokodile zugunsten der größeren Krokodile verändern, während die Populationsdichte der mittelgroßen Tiere sehr stark abnimmt.

4. Die Materialien zeigen deutlich, dass die Vor- und Nachteile einer Aussetzung der Aga-Kröte in Australien nicht genügend abgewogen wurden. Ausmaß und Geschwindigkeit der Ausbreitung von 1935 bis heute legen den Schluss nahe, dass es sich bei der Aga-Kröte um einen r-Strategen handelt (hohe Vermehrungsrate; ein Weibchen legt bis zu 36 000 Eier im Jahr). Das Nahrungsnetz und die Beziehungen

zu anderen Lebewesen wurden nicht gründlich genug untersucht. Die Nahrungsbeziehungen hätten z. B. in einem künstlich angelegten Ökosystem mit möglichst realen Bedingungen untersucht werden können. Dabei wäre aufgefallen, dass es sich bei der Aga-Kröte um einen Nahrungsgeneralisten handelt, der nicht auf den Zuckerrohrkäfer oder seine Larven als Beute angewiesen ist. Untersuchungen der Lebensräume hätten gezeigt, dass die Aga-Kröte am Boden lebt, während die Larven des Zuckerrohrschädlings die Pflanzen emporklettern. Zusätzlich muss bedacht werden, dass eine Untersuchung in einem bestimmten Ökosystem keine Garantie für eine erfolgreiche Ansiedlung in anderen Ökosystemen garantiert. So stellt die Aga-Kröte z. B. in ihrem ursprünglichen Lebensraum in Südamerika keine Gefahr für Krokodile dar, da diese gegen das Gift der Kröte resistent sind. Für die Süßwasser-Krokodile am Victoria River hingegen ist das Gift tödlich. Die Untersuchungen zeigen deutlich, dass in den Regionen am Victoria River, in denen sich die Aga-Kröte angesiedelt hat, der Bestand der Krokodile drastisch zurückgegangen ist. Das Beispiel macht deutlich, wie komplex ein Ökosystem ist, und dass bei der Aussage R. Mungomerys dieser Umstand nicht genügend Berücksichtigung fand. Das Urteil Mungomerys, die Kröten hätten keine negativen Auswirkungen auf bestehende Ökosysteme, ist zu voreilig getroffen worden und falsch.

Selbstdiagnosebogen

Aufgabe Nr.	Kernkompetenzen	AFB	Punkte	erreicht	Förderung
1	Beschreiben eines Nahrungsnetzes	I	7		strukturierte Beschreibung einfacher Nahrungsnetze
	Einordnung der Organismen in die verschiedenen Trophieebenen	II	7		Konzept der Trophieebenen und Aufbau von Ökosystemen (S. 38 ff.)
2	Beschreibung der Beziehung zwischen Aga-Kröte und Zuckerrohrkäfer	I	4		Beziehungen zwischen Populationen
	Beschreibung der Ausbreitung der Aga-Kröte (Nahrungsgeneralist und Vermehrungsstrategie)	II	5		Nahrungsgeneralisten K- und r-Strategen
	Analyse der Auswirkungen der Aga-Kröte auf die Population der Krokodile am Victoria River	II	8		Auswertung von Diagrammen und Abbildungen und die Analyse der Ergebnisse (S. 81, 87, 95 f.)
3	Aufstellung einer Hypothese zur Entwicklung der Populationen von Aga-Kröte und Süßwasser-Krokodilen an den verschiedenen Flussabschnitten	II	8		strukturiertes Einüben der Hypothesenbildung bei vorheriger Materialanalyse (S. 95 f.; Belege im Text oder in Abbildungen)
	Aufstellung einer Hypothese zur Entwicklung der Körpergrößenstruktur der Krokodile	III	3		
4	Stellungnahme zur Aussage R. Mungomerys	III	8		Erörterung zu verschiedenen biologischen Themen oder Fragestellungen

Gesamtpunkte: 50, davon AFB I: 11 Punkte (22 %); AFB II: 28 Punkte (56 %); AFB III: 11 Punkte (22 %)

Materialgrundlage:

Letnic M., Webb J.-K., Shine R.: Invasive cane toads (Bufo marinus) cause mass mortality of freshwater crocodiles (Crocodylus johnstoni) in tropical australia In: Biological Conservations 141 (2008) S. 1773–1782. Elsevier Ltd. 2008

Wechselbeziehungen, Populationsdynamik, Beziehungen zwischen Populationen, LOTKA-VOLTERRA-Regeln, nachhaltige Nutzung und Erhaltung von Ökosystemen

Aufgabe 8: Wollschildlaus und Marienkäfer: Biologische Schädlingsbekämpfung von Neozoen

Einleitung

Als Neozoen werden Tiere bezeichnet, die vom Menschen unabsichtlich oder vorsätzlich in fremde Ökosysteme eingebracht werden. Sie üben direkt oder durch systemische Wirkung einen häufig tiefgreifenden und nachhaltigen Einfluss auf das Ökosystem im neu besiedelten Gebiet aus und können sich ggf. sogar direkt auf den Menschen auswirken.

Aufgabenstellung

1. **Beschreiben** und **erläutern** Sie die Ursachen für die Massenvermehrung der australischen Wollschildlaus *Icerya purchasi* in Kalifornien nach ihrer Einschleppung im Jahre 1868/1869. **Entwickeln** Sie anschließend eine **Hypothese** zur unterschiedlichen Populationsentwicklung der als natürliche Feinde eingeführten parasitischen Fliege *Cryptochaetum iceryae* und des Marienkäfers *Rodolia cardinalis*.
2. **Beschreiben** Sie **zusammenfassend** die Veränderungen in der Populationsdichte von Wollschildlaus und Marienkäfer (M2) und **erklären** Sie die möglichen Ursachen der Schwankungen.
3. **Nennen** Sie die 1. und 2. LOTKA-VOLTERRA-Regel und **diskutieren** Sie, ob diese ein geeignetes Erklärungsmodell für die Beziehung zwischen Marienkäfer und Wollschildlaus darstellen.
4. **Prüfen** Sie die Effektivität des Einsatzes von DDT, indem Sie die Folgen des Gifteinsatzes für die Populationen von Wollschildläusen und Marienkäfern **erläutern**.

Material

M1 Basisinformationen

Die Australische Wollschildlaus erreicht als ausgewachsene Imago eine Körperlänge von bis zu 15 Millimetern. Dabei ist der weiße, längsgerillte Eisack, den die Weibchen mit sich tragen, für die Länge ausschlaggebend, da er mehr als doppelt so lang wie das Weibchen ist. Die Anzahl der Eier im Eisack beträgt zwischen 100 und 1500. Es werden durchschnittlich drei Generationen pro Jahr erzeugt. Da die Weibchen Zwitter mit der Fähigkeit zur Selbstbefruchtung sind, die wiederum nur Weibchen hervorbringen, sind Männchen sehr selten. Die Schildläuse saugen Pflanzensaft. In ihrem ursprünglichen Verbreitungsgebiet findet man sie vor allem auf Akazien und auf anderen derblaubigen, immergrünen oder holzigen Pflanzen.

Ein Befall mit Wollschildläusen verursacht Verfärbungen und Missbildungen und kann zum Vertrocknen der Pflanze führen. Die Sekundärschädigung liegt in der Absonderung zuckerhaltiger Ausscheidungsprodukte durch die Wollschildläuse, dem sogenannten Honigtau. Wollschildläuse fördern eine Besiedlung mit Rußtaupilzen, die zu einer weiteren Schädigung der Wirtspflanze führen.

M2 Biologische Bekämpfung der australischen Wollschildlaus

In Kalifornien gab es bereits Mitte des 19. Jahrhunderts ausgedehnte Plantagen für Zitrusfrüchte wie Orangen und Zitronen. Im Jahr 1868 oder 1869 wurde die australische Wollschildlaus vermutlich mit einer Lieferung Akazien nach Kalifornien eingeschleppt. Es stellte sich heraus, dass die Läuse Pflanzen der Gattung *Citrus* sogar noch stärker als die Akazien befielen. 1886 standen die kalifornischen Zitrusfarmer durch die explosionsartige Vermehrung der australischen Wollschildlaus vor dem Ruin. Erst ein Jahr zuvor hatte der amerikanische Forscher Charles Riley Australien als Ursprungsland der Schildlaus entdeckt. Auf mehreren Expeditionen entdeckte der vom Kongress beauftragte FRAZER CRAWFORD die parasitische Fliege *Cryptochaetum iceryae*, die in Australien natürlicher Feind der Schildlaus ist.
Nach einer ersten kleineren Lieferung dieser Fliegen verschickte CRAWFORD im Herbst 1888 12 000 Exemplare nach Kalifornien. In dieser Lieferung befanden sich ebenfalls 129 Marienkäfer, auf die CRAWFORD während einer Exkursion anlässlich der Weltausstellung 1888 in Melbourne aufmerksam geworden war. Die Fliegen wurden sorgfältig auf die einzelnen Plantagen verteilt, die Marienkäfer lediglich unter einem Baum freigelassen.
Ein Jahr später konnte die parasitische Fliege nur noch in geringer Zahl vorwiegend in Küstenregionen wiedergefunden werden, die Käferpopulation war geradezu explodiert. Die Ernte hatte sich innerhalb dieses Jahres verdreifacht und die australische Wollschildlaus stellte für die nächsten 60 Jahre in Kalifornien kein Problem mehr dar.

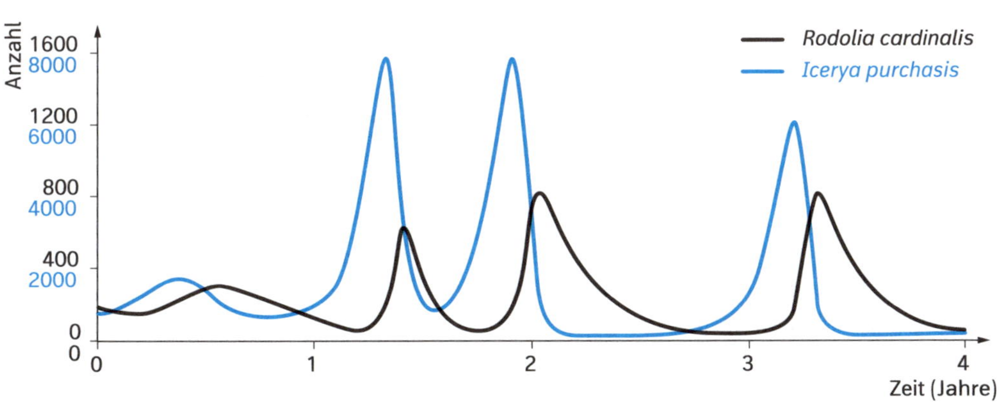

M2 Populationsentwicklung von australischer Wollschildlaus (*Iceryapurchasi*) und Marienkäfer (*Rodolia cardinalis*) auf einer Zitrusplantage in Kalifornien in den ersten vier Jahren nach Einführung des Marienkäfers (Computermodell)

Da aus den kalifornischen Zitrusplantagen keine statistischen Daten zur Populationsgröße von Wollschildläusen und Marienkäfern im ausgehenden 19. Jahrhundert vorliegen, haben Biologen und Mathematiker des Studienseminars Koblenz den Versuch unternommen, die Populationsgrößen beider Arten in einem abgegrenzten Bereich unter Zuhilfenahme von Computerprogrammen modellhaft nachzubilden.

M3 Chemische Bekämpfung der australischen Wollschildlaus

Ab dem Jahr 1947 wurde in den kalifornischen Zitrusplantagen erstmalig das Insektizid DDT eingesetzt. Aufgrund seiner Unspezifität und seines hohen Wirkungsgrades – DDT tötet nahezu alle Insekten und oft über 99 % der Population – galt DDT als „Wundermittel" gegen jegliche Art von Schadinsekten.
Die Populationsgrößen der Wollschildlaus und damit die Schäden für die Plantagenbesitzer stiegen in den Folgejahren jedoch enorm, obwohl immer wieder neue Marienkäfer ausgesetzt und verstärkt DDT eingesetzt wurde. Erst mit dem Verbot von DDT in den USA im Jahre 1972 sanken die Populationsgrößen der Wollschildlaus auf die Werte zu Beginn des Jahrhunderts.

Benötigte Fachkenntnisse
Beziehungen zwischen Organismen und abiotischen Habitatfaktoren, Konzept der ökologischen Nische, Konkurrenz, Beziehungen zwischen Populationen: LOTKA-VOLTERRA-Regeln, Schädlingsbekämpfung (S. 34 ff.)

Benötigte Methodenkenntnisse
Analyse von Diagrammen und schematischen Zeichnungen (S. 81 ff., 87 ff.).

Lösungen

1. Die australische Wollschildlaus muss bei ihrer Einschleppung im Jahre 1868/1869 abiotische und biotische Faktoren vorgefunden haben, die ihr Überleben in Kalifornien begünstigt haben. Das Fehlen natürlicher Feinde dürfte die von Natur aus sehr hohe Vermehrungsrate (Selbstbefruchtung, mehrere Generationszyklen pro Jahr, Vielzahl an Eiern pro Zyklus) noch gefördert haben. Durch die Erschließung der Monokulturen der Zitrusplantagen als Lebensraum herrschte nahezu keine intraspezifische und interspezifische Konkurrenz um Ressourcen wie Nahrung und Lebensraum, sodass es zur beschriebenen Massenvermehrung der Wollschildlaus und zu den von ihr verursachten Schäden in den kalifornischen Plantagen kam.
   Mit dieser Massenvermehrung herrschte für die als natürliche Feinde eingeführte parasitische Fliege *Cryptochaetum iceryae* und den Marienkäfer *Rodolia cardinalis* ebenfalls ein enormes Nahrungsangebot. Während die Fliege in den Plantagen jedoch nur in einigen Küstenregionen überlebte, obwohl sie mehrfach gezielt ausgesetzt wurde, vermehrte sich der Marienkäfer „explosionsartig".
   Nach dem Konzept der ökologischen Nische sind neben der Nahrung eine Vielzahl von weiteren biotischen und abiotischen Umweltfaktoren und Selektionsfaktoren

für das Leben bzw. Überleben einer Art in einem Ökosystem von Bedeutung. In den Zitrusplantagen muss für die Fliege zumindest einer dieser Faktoren außerhalb ihres Toleranzbereiches gelegen haben, sodass ein Überleben dort nicht möglich war.

2. Abbildung M2 zeigt die Veränderungen in der Populationsgröße von Wollschildlaus und Marienkäfer über einen Zeitraum von vier Jahren. Die Populationsgröße der Wollschildlaus schwankt dabei stark, zwischen ca. 100 und 8 000, wobei die Maxima am Beginn und Ende des zweiten und am Beginn des vierten Jahres liegen. Die Populationsgröße des Marienkäfers schwankt ebenfalls stark, zwischen ca. 50 und 800, wobei die Maxima Mitte des zweiten Jahres, zu Beginn des dritten und Mitte des vierten Jahres liegen.
   Da sich die Marienkäfer in den Plantagen vor allem von Wollschildläusen ernähren, schwankt ihr Populationsmaximum um einige Monate zeitversetzt zu dem der Wollschildläuse.
   Eine hohe Zahl an Räubern (Marienkäfer) sorgt wiederum für eine Dezimierung der Beutepopulation, die wiederum zeitversetzt zu einer Verminderung der Räuberpopulation aufgrund von Nahrungsmangel führt.

3. 1. LOTKA-VOLTERRA-Regel: Die Individuenzahlen von Räuber und Beute schwanken periodisch; Maxima und Minima folgen einander phasenverzögert.
   2. LOTKA-VOLTERRA-Regel: Die Mittelwerte beider Populationen bleiben langfristig konstant.
   Die LOTKA-VOLTERRA-Regeln scheinen ein Erklärungsmodell für den gegebenen Fall zu liefern, da sie auf die in M2 dargestellten Entwicklungen der Populationszahlen zutreffen. Auch die Voraussetzungen der Regel, die wechselseitige Beeinflussung (Beutezahl reguliert die Räuberzahl, Räuberzahl reguliert die Beutezahl), scheinen unter den speziellen Bedingungen auf den Zitrusplantagen gegeben zu sein.
4. Mit dem Einsatz des Breitbandinsektizids DDT in den kalifornischen Zitrusplantagen stiegen die Schäden durch die Wollschildlaus wieder an. Diese Schäden konnten auch durch einen verstärkten DDT-Einsatz (führte zu Kostensteigerung, Belastung der Böden) nicht kompensiert werden, sodass es zu Einnahmeausfällen gekommen sein dürfte. Da sich die Zahl der Wollschildläuse erst mit dem Verbot von DDT wieder normalisierte, kann der Einsatz von DDT nur als äußerst ineffektiv beurteilt werden.
   Die biologischen Ursachen für dieses Phänomen liegen in der Unspezifität des DDT. Da es nahezu die gesamten Populationen aller Insekten vernichtet, werden neben den Wollschildläusen auch ihre „natürlichen“ Feinde, die Marienkäfer, getötet. Aufgrund der deutlich höheren Vermehrungsrate der Wollschildläuse und des fehlenden Nahrungsangebotes für die Marienkäfer erholen sich die Wollschildläuse deutlich schneller (3. LOTKA-VOLTERRA-Regel) und führt zu den beschriebenen Schäden in den Plantagen.

Selbstdiagnosebogen

Aufgabe Nr.	Kernkompetenzen	AFB	Punkte	erreicht	Förderung
1	Beschreibung der Faktoren, die zur Massenvermehrung von Wollschildläusen beitragen Erläuterung der kurz- und langfristigen Folgen Hypothese zur Populationsentwicklung von Marienkäfer und Fliege	I II II III	3 6 6 2		Texterfassung (S. 78), dichteabhängige Faktoren Konzept der ökologischen Nische u. Potenz (S. 34 ff.)
2	Beschreibung der Populationsentwicklung von Wollschildlaus und Marienkäfer Erklärung der Wirkmechanismen	I II	6 7		Umgang mit Diagrammen und Abbildungen (S. 81 ff.), Beziehungen zwischen Populationen (S. 38 ff.)
3	LOTKA-VOLTERRA-Regeln nennen Diskussion der Anwendbarkeit auf den vorliegenden Fall	I III	6 4		Beziehung zwischen Populationen: LOTKA-VOLTERRA-Regeln (S. 39)
4	Erläuterung der Folgen des DDT-Einsatzes Prüfung der Effektivität des DDT-Einsatzes	II III	6 4		Maßnahmen zur Schädlingsbekämpfung, LOTKA-VOLTERRA-Regel 3 (S. 39)

Gesamtpunkte: 50, davon AFB I: 15 Punkte (30 %); AFB II: 25 Punkte (50 %); AFB III: 10 Punkte (20 %)

Materialgrundlage:

Cerutti H.: Von Tieren – die göttlichen Serienkiller; in NZZ – Folio 03/2000

Geiter O., Homma S., Kinzelbach R.: Bestandsaufnahme und Bewertung von Neozoen in Deutschland, Forschungsbericht 296 89 901/01 für das Bundesministeriums für Umwelt, Naturschutz und Reaktorsicherheit, Berlin 2002

Groenert H., Leisen J.: Modellbildung und Modellbildungssysteme in den mathematisch-naturwissenschaftlichen Fächern – Skript zum Wahlpflichtkurs

Hoddle M.S.: Biological Control of Icerya purchasi with Rodolia cardinalis in the Galapagos Islands; auf: http://www.biocontrol.ucr.edu

Hoy M. A.: Biological Control in U.S. Agriculture: Back to the future. American Entomologist 1993: 140–150

Sawyer, R.C.: To Make a Spotless Orange: Biological Control in California, Ames, 1996

Die Temperatur als Umweltfaktor: Endotherme und ektotherme Organismen, Wärmeisolation; Winterschlaf, Leben in Gruppen, Geschlechterverhältnis, Thermopräferendum, Klimawandel

Aufgabe 9: Umweltfaktor Wärme

Einleitung

Unter den Ökofaktoren nimmt die Temperatur eine herausragende Stellung ein. Zum einen bestimmt sie das Leben/Überleben und die Verteilung von Organismen auf allen Hierarchieebenen – vom Individuum über Populationen und Ökosysteme bis hin zur Biosphäre; zum anderen beeinflusst sie ausnahmslos alle Arten, egal ob Pflanze oder Tier, ob an Land oder im Wasser. Jeder Organismus kann dabei nur in einem begrenzten Temperaturbereich existieren.
Die niedrigen Temperaturen im Winter stellen für Homoiotherme eine besondere Herausforderung dar. Um mit solch ungünstigen Bedingungen fertig zu werden, haben sich bei Tieren verschiedene Anpassungsstrategien entwickelt.

Aufgabenstellung

1. **Beschreiben** Sie kurz die Abbildung M1 und **deuten** Sie die Reaktion der Amsel auf die verschiedenen Temperaturen.
2. **Beschreiben** und **analysieren** Sie die Abbildung M2.
3. **Erklären** Sie die in Abb. M3 dargestellten Befunde.
4. **Beschreiben** Sie die in Abbildung M4 wiedergegebenen Versuchsergebnisse. **Entwickeln** Sie zwei **Hypothesen** zum Zustandekommen der variablen Geschlechterproportion und stellen Sie dar, wie Ihre Hypothesen überprüft werden könnten. **Diskutieren** Sie, wie sich die Temperaturerhöhung im Zuge des aktuellen Klimawandels auf die Nonnenpopulationen auswirken dürfte.

Material

M1 Amsel in der Klimakammer

Um zu testen, wie (bei uns) überwinternde Singvögel auf unterschiedliche Temperaturen reagieren, wurden Amseln (Teilzieher/Strichvögel) in eine Klimakammer gesetzt, deren Temperatur kontinuierlich bis auf Werte abgesenkt werden konnte, die in sehr kalten Frostnächten auftreten.

M1 Schemazeichnungen einer Amsel, die bei drei unterschiedlichen Temperaturen in eine Klimakammer eingeschlossen wurde.

M2 Jungvögel von Höhlenbrütern in Nistkästen

Die durch den Menschen verursachten Veränderungen der Landschaft führten zu einem Rückgang an natürlichen Brutstätten/Nistmöglichkeiten für heimische Singvögel. Vogelschutzmaßnahmen zielen daher unter anderem darauf ab, diesen Verlust durch künstliche Nisthilfen zu kompensieren. Vor allem Höhlenbrüter nutzen dieses Angebot und nehmen die leicht beziehbaren, trockenen und recht sicheren Plätze für Eiablage und Jungenaufzucht an. Die früher üblichen Holznistkästen wiesen viele Nachteile auf und sind heute weitgehend durch Holzbeton-Nisthöhlen ersetzt, die bei durchschnittlich großen Bruten unproblematisch sind.
Die Abbildung M2 gibt die aus einer Vielzahl von Beobachtungen und Messungen abgeleiteten Ergebnisse einer Untersuchung wieder, die an/in solchen Nistkästen durchgeführt wurden.

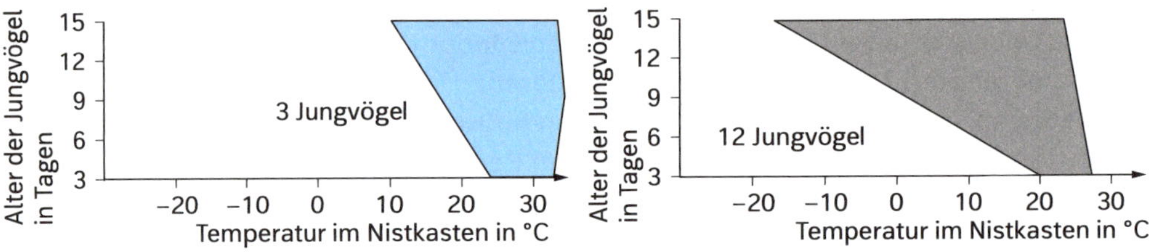

M2 Bereiche der Temperaturen in Nistkästen (graue bzw. blaue Fläche), die junge Singvögel ertragen können, ohne dass sie Schaden nehmen.

M3 Überwinterung von Alpenmurmeltieren

Alpenmurmeltiere *(Marmota marmota)* sind sozial lebende Nagetiere, die alpine Höhenlagen zwischen 800 m und 3000 m NN bewohnen, vorausgesetzt sie bieten möglichst lang schneefrei bleibende Rasenflächen zur Ernährung und ausreichend tiefgründige Bereiche zum Anlegen von Höhlen. In der Nestkammer dieser Höhlen verbringen die Murmeltiere eng aneinandergeschmiegt rund zwei Drittel des Jahres im Winterschlaf. Dabei drosseln sie ihren Stoffwechsel, indem sie die Körpertemperatur herunterfahren und bewegungsunfähig verharren. So sparen sie Energie, denn während des Winterschlafs (und danach, solange noch keine neue Nahrung zur Verfügung steht) zehren sie ausschließlich von den angefressenen Fettreserven. So verlieren erwachsene Tiere im Winter ein Drittel ihres (Herbst-)Gewichts. Jungtiere, die das erste Mal überwintern, haben die geringsten Körperfettreserven und eine gegenüber älteren Tieren deutlich erhöhte Sterberate. Eine Überlebenschance haben sie überhaupt nur, wenn sie

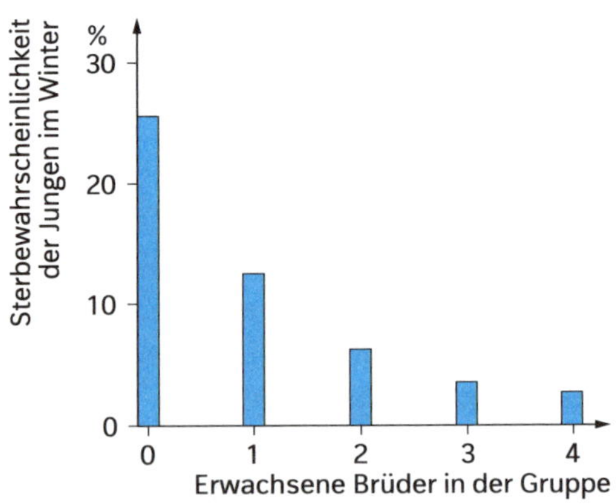

M3 Wintersterblichkeit von jungen Alpenmurmeltieren in Abhängigkeit von der Anzahl erwachsener Brüder, die im Winterbau anwesend sind

durch Eltern und ältere Geschwister (insbesondere Brüder) aktiv gewärmt werden. Diese „verbrennen“ dabei mehr Körperfett und halten die Nestkammer auf einer höheren Temperatur, als sie es ohne die Anwesenheit von Jungtieren täten.
Die grundlegende soziale Einheit der Alpenmurmeltiere bildet ein erwachsenes Paar, das alleine (selten) oder zusammen mit seinen Nachkommen aus verschiedenen Jahrgängen (häufig) lebt – manchmal noch ergänzt durch zugewanderte fremde Tiere. Jungtiere erreichen erst nach der zweiten Überwinterung die Geschlechtsreife und erlangen frühestens im dritten Sommer das Erwachsenengewicht.

M4 Geschlechterverhältnis bei Nonnen *(Lymantria monacha)*

Wenn man Raupen von Nonnen (Nachtfalter aus der Familie der Eulenfalter) bei unterschiedlichen konstanten Temperaturen aufzieht, so kann der Anteil der Weibchen bzw. der Männchen unter den geschlüpften Tieren sehr unterschiedlich sein.

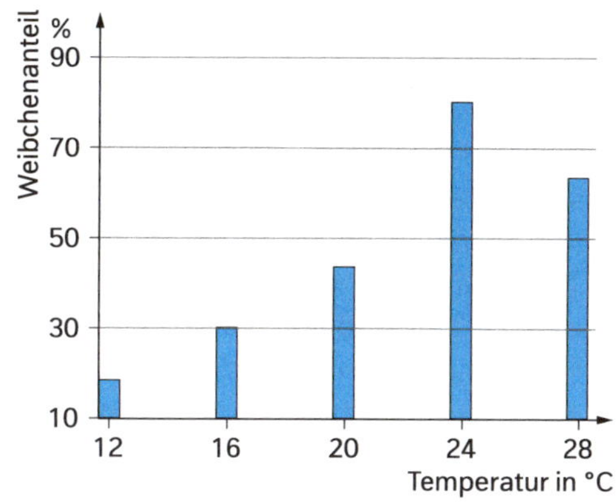

M4 Anteil weiblicher Falter von Nonnen *(Lymantria monacha)*, die als Raupen bei verschiedenen Temperaturen „aufgezogen“ (zur Entwicklung gebracht) wurden

Benötigte Fachkenntnisse

Abiotische Umweltfaktoren, Ökofaktor Temperatur, Wärme- und Energiehaushalt von Tieren, Oberfläche-Volumen-Relation, chromosomale und modifikatorische Geschlechtsdetermination, Klimawandel (S. 34 ff., S. 49)

Benötigte Methodenkenntnisse

Analyse von Bildern, Diagrammen und schematischen Zeichnungen, Auswertung von Sachtexten, Hypothesenbildung (S. 78 , 95 ff.)

Lösungen

1. Die Abbildung M1 zeigt das jeweilige äußere Erscheinungsbild einer Amsel in einer Klimakammer bei verschiedenen Temperaturen. Bei einer Temperatur von 20 °C sitzt die Amsel (relativ) aufrecht mit leicht nach oben gestrecktem Kopf und eng anliegendem Federkleid auf einer Sitzstange. Beträgt die Temperatur dagegen 0 °C, so nimmt die Amsel eine geduckte Stellung ein und plustert ihr Gefieder auf. Wird die Temperatur um weitere 20 °C abgesenkt, so rundet sich die Amsel zu einem noch stärker aufgeplusterten „Federball“ ab; die Körperhaltung ist noch geduckter, die Füße sind von Federn umschlossen und der Kopf ist nach hinten in das Gefieder

gedreht. (Es ist zu vermuten, dass der Vogel sich bei ausreichender Wärme auch lebhaft bewegt, während er bei hoher Kälte wahrscheinlich regungslos verharrt.) Indem sich die Amsel bei einer Erniedrigung der Außentemperatur immer mehr abrundet und das Gefieder aufstellt, vermindert sie zum einen die Oberfläche, über die Wärme abgegeben wird, zum anderen erhöht sie die wärmeisolierende Wirkung des Gefieders. Das aufgeplusterte Federkleid birgt einen stationären Luftmantel um den Körper, durch den aufgrund der sehr schlechten Wärmeleitfähigkeit von Luft (und Federn) kaum Wärme an die Umgebung abgegeben wird.
Die Minimierung von Wärmeverlusten ist eine der Voraussetzungen dafür, dass Singvögel die zeitweise harten Winter in Mitteleuropa überstehen können.

2. In Abbildung M2 ist dargestellt, welche Temperaturen junge Singvögel in Nistkästen ertragen können, ohne Schaden zu nehmen. Die tolerierbaren Bereiche sind einerseits von der Zahl der Nestlinge, andererseits von ihrem Alter abhängig. Befinden sich zwölf Jungvögel im Alter von drei Tagen im Nistkasten, so darf die Temperatur 20 °C nicht unter- und 27,5 °C nicht überschreiten (kurzfristige Abweichungen sind aber wahrscheinlich tolerierbar). Je älter die Vögel werden, desto eher können sie lang andauernde niedrige Temperaturen unbeschadet überstehen; 15 Tage alte Nestlinge ertragen sogar –17 °C. Allerdings sinkt dafür etwas die zulässige Höchsttemperatur, sie darf in diesem Fall nur noch ca. 23 °C betragen. Besteht die Brut nur aus drei Jungen, so muss die Temperatur bei dreitägigen Nestlingen zwischen knapp 24 °C und 33 °C liegen, bei 15-tägigen Jungvögeln reicht die Spanne von 10 °C bis zu der nahezu unveränderten Obergrenze von 33 °C. Frisch geschlüpfte Küken können ihre Körpertemperatur noch nicht regulieren, ein Federkleid ist allenfalls ansatzweise vorhanden. Die Bruteltern müssen daher während der ersten Bruttage beinahe pausenlos hudern. Mit zunehmendem Alter der Jungvögel, das mit einem dichteren und dickeren Federkleid sowie einem Anstieg der Produktion von (eigener) Körperwärme einhergeht, werden tiefe Temperaturen immer besser ertragen. Je mehr Junge sich im Nest befinden, desto kälter darf es draußen und im Nistkasten sein, denn die Jungvögel wärmen sich gegenseitig. Indem sie dicht zusammenrücken und ein regelrechtes Knäuel bilden, verkleinern sie individuell und insgesamt die wärmeabgebende Oberfläche; in der Mitte ist es dabei am wärmsten (und wahrscheinlich wird um diese Position auch gestritten). Sehr kleine Bruten unterliegen einem hohen Risiko, bei Kälteperioden an Unterkühlung einzugehen.
Umgekehrt können Hitzeperioden umso besser überstanden werden, je weniger Nestlinge sich im Nistkasten aufhalten. Sie können einer Überhitzung dadurch entgehen, dass sie genügend Platz haben, um voneinander wegzurücken und ihre Körperoberfläche – u. a. durch das Abspreizen ihrer Flügel – zu vergrößern. Dieses Auseinanderrücken ist den eng aufeinander sitzenden Jungvögeln in vielköpfigen Bruten nicht möglich; für sie besteht die Gefahr eines Hitzschlags.

3. Wenn während des Winterschlafs in der Nestkammer keine erwachsenen Brüder anwesend sind und sich an dem Wärmen der erstmals überwinternden jungen

Alpenmurmeltiere beteiligen, so sterben von zehn Jungtieren drei als Folge der Unterkühlung. Die (diesjährigen) Jungen verlieren wegen ihrer kleineren Körper (ungünstigeres Oberfläche-Volumen-Verhältnis) relativ mehr Wärme als größere Tiere, vor allem aber verfügen sie über die geringsten Fettreserven. Nur das aktive Wärmen durch die Eltern (sowie ein eventueller indirekter Beitrag von anderen erwachsenen Tieren, die sich zwar nicht aktiv als Wärmespender betätigen, aber durch ihre Anwesenheit immerhin das Auskühlen des Winterbaues verzögern helfen) verschafft etlichen Jungtieren zumindest eine reelle Chance, den Winter zu überstehen. Diese Überlebenschance wird durch die aktive Hilfe von ein oder zwei erwachsenen Brüdern von 70 auf 90 % gesteigert; bei drei oder vier wärmenden „Brutpflegehelfern" überleben in der Regel sogar alle Jungen. Je mehr erwachsene Murmeltiere sich zum energiesparenden „Kuscheln" zusammenfinden, desto kleiner ist – bezogen auf das wärmeproduzierende Gesamtvolumen der Gruppe – ihre wärmeabgebende Gesamtoberfläche. Gleichzeitig wächst pro Individuum der Anteil der Körperoberfläche, der von einem eng anliegenden „Mitschläfer" wärmeisoliert wird. (Vermutlich werden die Jungtiere von den Erwachsenen in die Mitte genommen, denn im Zentrum der Schlafgruppe dürfte die Temperatur am höchsten sein.)

4. Werden die Raupen der Nonnen bei einer Temperatur von 12 °C zur Entwicklung gebracht, so finden sich unter den geschlüpften Faltern zu mehr als 80 % männliche Tiere. Bei zunehmender Temperatur steigt der Anteil der Weibchen kontinuierlich an und erreicht bei knapp 25 °C den Höchstwert von 80 %. Bei einer weiteren Erhöhung der Aufzuchttemperatur geht der Anteil weiblicher Falter wieder zurück; bei einer Temperatur von 28 °C sind noch zwei Drittel aller zum Schlupf gekommenen Falter weiblich.
   Das temperaturabhängige Geschlechterverhältnis könnte durch eine modifikatorische Geschlechtsdetermination zustande kommen, die für eine Reihe von Reptilien gut belegt ist. Dabei wird das Geschlecht nicht durch ein besonderes Chromosomenpaar (z. B. bei Säugern: XX = weiblich, XY = männlich), sondern durch die Bebrütungstemperatur der Eier bestimmt. (Der Mechanismus, der diese Vorgänge steuert, ist noch nicht genau bekannt). Allerdings wurden in den in M4 geschilderten Versuchen nicht die Eier, sondern die Raupen verschiedenen Temperaturen ausgesetzt. Ob dies ebenfalls eine temperaturgeregelte Festlegung des somatischen Geschlechts zulässt, kann nicht entschieden werden (Es ist aber zu berücksichtigen, dass sich die Entwicklung der Reptilien bis zum Schlupf von zwar sehr kleinen, aber vollständig ausdifferenzierten Tieren komplett innerhalb des Eies vollzieht. Das auf das Ei folgende Larven- und Puppenstadium der Insekten ist bei den Reptilien also quasi mit eingeschlossen).
   Als weitere Möglichkeit für die Entstehung der variierenden Relation der Geschlechter in Abhängigkeit von der Temperatur kommt eine geschlechtsspezifische Sterblichkeit der Raupen in Frage. Eventuell haben die Raupen, aus denen männliche Falter hervorgehen, eine höhere Toleranz gegenüber niedrigen Temperaturen (< 20 °C), während die sich zu Weibchen differenzierenden Larven in diesem Bereich eine hohe Mortalität aufweisen. Folgerichtig würden „weibliche

Raupen"recht hohe Temperaturen tolerieren (> 22 °C), derweil ein beträchtlicher Teil der „männlichen Raupen" hier abstirbt. Deren wieder zurückgehende Mortalität oberhalb von 25 °C ist allerdings rätselhaft; vielleicht liegt diese Temperatur außerhalb des physiologischen Regelbereichs.
Ob eine der beiden Hypothesen zutreffend ist, könnte relativ leicht überprüft werden. Vorausgesetzt, dass einzig die ungünstige Temperatur zum Tod der Raupen führt, so sollten bei einer Aufzuchttemperatur von 14,5 °C von 150 Raupen (75 „männlichen" und 75 „weiblichen") 50 Raupen abgestorben sein, und zwar ausschließlich „weibliche". Außerdem kann eine Chromosomenanalyse darüber Auskunft geben, ob sich die Chromosomensätze von Männchen und Weibchen unterscheiden. Gibt es keine Unterschiede, so spricht das für eine modifikatorische Geschlechtsdetermination; differieren die Chromosomen der beiden Geschlechter in Zahl oder Form, so liegt mit großer Sicherheit eine genetische Geschlechtsdetermination vor.
Ein nennenswerter (negativer) Effekt auf die Nonnen ist über die direkte Wirkung der Temperaturerhöhung auf die Geschlechterproportionen aus zwei Gründen nicht zu erwarten: Erstens würde die resultierende (postulierte) Zunahme des Anteils von Weibchen an der Gesamtpopulation eher in ein Anwachsen der Population münden, da Männchen mehrere Weibchen begatten können und ein Rückgang des Anteils männlicher Falter somit eher von Vorteil für die Nonnenpopulationen wäre (Eventuell ist auch das zahlenmäßige Verhältnis der Geschlechter unter gegenwärtigen natürlichen Bedingungen nicht 1:1, sondern ohnehin in Richtung Weibchen verschoben). Zweitens ist die tatsächliche, im Tageslauf und von Tag zu Tag wechselnde Temperatur am jeweiligen Eiablageplatz bzw. am konkreten Aufenthaltsort der Raupen kleinklimatisch geprägt und nur bedingt mit der globalen Temperatur korreliert. Selbst wenn die durchschnittliche Temperatur ansteigen sollte, könnten sich die beweglichen Raupen immer noch in den gleichen bevorzugten Temperaturbereichen aufhalten wie bisher.
(Indirekte Wirkungen des Klimawandels können dagegen durchaus signifikante Konsequenzen für die Nonnen haben: So kann sich ihr Nahrungsangebot quantitativ und qualitativ ändern, die Intensität des Feinddrucks [Räuber und Parasiten] kann zu- oder abnehmen, Krankheitserreger können sich ausbreiten oder zurückgedrängt werden, gefährliche Klimaextreme können sich häufen – ihr gesamter Lebensraum kann sich verändern.)

Selbstdiagnosebogen

Aufgabe Nr.	Kernkompetenzen	AFB	Punkte	erreicht	Förderung
1	Beschreiben der Abbildung Reaktion der Amsel als Maßnahme zur Minimierung des Wärmeverlustes deuten	I II	4 4		Beschreibung (S. 87 f.), Wärmeabgabe, Isolationswirkung des Gefieders, Oberfläche-Volumen-Relation (Basisw. S. 35)

Aufgabe Nr.	Kernkompetenzen	AFB	Punkte	erreicht	Förderung
2	Abbildung detailliert beschreiben Dargestellte Zusammenhänge zwischen der Zahl sowie dem Alter der Jungvögel und der davon abhängigen Temperaturtoleranz analysieren	I II III	6 5 2		differenzierte Beschreibung (S. 87 ff.), Auswertung von Diagrammen und Analyse der Ergebnisse (S. 81 ff.), Wärmehaushalt, Oberfläche-Volumen-Relation, Risikobewertung
3	Diagramm kurz beschreiben und Kausalität zwischen der Anzahl wärmender Brüder und der Sterbewahrscheinlichkeit erklären	II III	10 2		Text- und Materialerfassung (S. 78 ff. und 81 f.), Sachverhalte und Zusammenhänge fachsprachlich korrekt darlegen, Grundprinzipien erläutern
4	Abbildung beschreiben und Fakten unter Verwendung der Fachsprache wiedergeben Hypothesen entwickeln, wie die Temperatur die Geschlechteranteile beeinflusst Darstellen, wie die Hypothesen überprüft werden können Diskutieren, inwieweit die Nonnen-Population durch den Klimawandel betroffen sein wird	I II/III II/III	5 8 4		präzise und fachsprachlich korrekte Beschreibung, strukturiertes Einüben der Hypothesenbildung und -überprüfung auf der Grundlage des vorgegebenen Materials (S. 95 f.), Argumente vorbringen und abwägen Begründete Aussage konsistent und logisch formulieren

Gesamtpunkte: 50; davon AFB I: 15 Punkte (30 %), AFB II: 25 Punkte (50 %), AFB III: 10 Punkte (20 %)

Materialgrundlage:

Bergmann, H.-H.: Die Biologie des Vogels. AULA-Verlag, Wiesbaden 1987

Havelka, P. u. Mittmann, H.-W.: Nistkasten – ein Lebensraum und seine Pflege. Arbeitsblätter zum Naturschutz (Karlsruhe), 17 (1992): 1–44

Arnold, W.: Das soziale Leben der Murmeltiere – Anpassung an den harten Winter. Praxis der Naturwissenschaften – Biologie, 42/6 (1993): 13–16

Schwerdtfeger, f.: Ökologie der Tiere - Band 1: Autökologie. Verlag Paul Parey, Hamburg u. Berlin, 2. Aufl., 1977

Energiestoffwechsel, Wärmeproduktion, Regelmechanismen

Aufgabe 10: Fett ist nicht gleich Fett

Einleitung

Braunes Fett wirkt wie ein natürliches Heizaggregat, Säuglinge und Winterschlaf haltende Säugetiere würden ohne diesen Mechanismus sehr schnell auskühlen. Bislang dachte man, dass braunes Fett nur in Neugeborenen vorkommt und mit dem Alter verloren geht. In den letzten fünf Jahren konnten jedoch verschiedene Forschergruppen nachweisen, dass auch Erwachsene ein braunes Fettdepot haben. Bei stark übergewichtigen Personen – das waren im Jahr 2009 immerhin 15 % der Deutschen, – ist dieses Depot aber nur wenig aktiv oder fehlt ganz. Wird das braune Fettdepot denn überhaupt benötigt? Wenn ja, kann braunes Fett Übergewichtigen helfen, ihr Gewicht zu reduzieren und dadurch ihr Risiko mindern, schwerwiegende Erkrankungen wie Typ 2-Diabetes, Herz-Kreislauferkrankungen oder Krebs zu bekommen?

Aufgabenstellung

1. **Formulieren** Sie die vollständige Summengleichung der Zellatmung für Glucose. **Benennen** Sie die wesentlichen Teilprozesse dieses Stoffwechselprozesses unter Angabe des Reaktionsortes innerhalb der Zelle. **Geben** Sie eine Energiebilanz für die Zellatmung **an** und **berechnen** Sie den Wirkungsgrad der Zellatmung (Material M1).
2. **Vergleichen** Sie anhand des Materials M2 weißes und braunes Fettgewebe.
3. **Erläutern** Sie die Aussagen des Materials M3. **Stellen** Sie die Bedeutung des nur in braunem Fettgewebe existierenden Thermogenins **dar**.
4. „Abnehmen, indem man Fett zuführt?" **Diskutieren** Sie, ob braunes Fett zum Fettabbau bei Übergewichtigen genutzt werden kann (Material 2 bis 5).

Material

M1 Wirkungsgrad der Zellatmung

Glucose hat einen Brennwert von 2870 kJ/mol (wenn man sie anzündet und verbrennt). Bei der Phosphorylierung von ADP zu ATP werden 30,5 kJ/mol gespeichert.

M2 Weißes und braunes Fettgewebe

Das Fettgewebe ist eine Form des Bindegewebes. Es besteht aus Fettzellen, tritt an verschiedenen Stellen des Körpers auf und ist immer gut mit Blutgefäßen versorgt. Fettzellen gehen aus Stammzellen hervor.
Grundsätzliche Aufgabe der Fettzelle ist es, im Cytoplasma Fett zu speichern und auch wieder freizugeben. Man unterscheidet zwei Formen des Fettgewebes, das weiße und das braune Fettgewebe.

Braunes Fettgewebe findet sich bei fast allen neugeborenen Säugetieren im Nacken und zwischen den Schulterblättern. Es wird gebraucht, um zum Schutz lebenswichtiger Funktionen Wärme zu produzieren. Neugeborene sind stärker durch Auskühlung bedroht, da sie aufgrund der geringen Größe (große Körperoberfläche im Vergleich zum Volumen) relativ viel Wärme verlieren und die Mechanismen der Thermoregulation (z. B. isolierendes weißes Fettgewebe und Kältezittern) noch nicht vollständig ausgebildet sind. Bei ihnen macht der Anteil des braunen Fettes noch zwei bis fünf Prozent des Körpergewichtes aus. Im Laufe der ersten Lebensjahre wird dieser Anteil aber immer geringer.
Bei Winterschlaf haltenden Tieren finden sich dagegen größere Mengen braunen Fettgewebes, die der schnellen Erwärmung des Tieres in den Aufwachphasen dienen. Besonders Nagetiere können bei Bedarf mittels Katecholaminen (Adrenalin) weißes in braunes Fettgewebe umwandeln und so Kältephasen gut überstehen.
Das weiße Fettgewebe befindet sich hauptsächlich an Bauch und Gesäß direkt unter der Haut, ebenso in der freien Bauchhöhle. An diesen Stellen wird Fett als wichtiger Energiespeicherstoff eingelagert, auf den der Körper bei Nahrungsmangel zurückgreifen kann. Da Fett ein schlechter Wärmeleiter ist, schützt vor allem die Speckschicht in der Unterhaut vor zu schnellem Wärmeverlust. In der Unterhaut liegen etwa 65 % des Gesamtfettes vor. Fettgewebe dient unter der Fußsohle, an Gelenken und Gesäß als mechanischer Schutz in Form eines druckelastischen Polsters (Fettpolster), und im Nierenbecken, beim Herz und um den Augapfel als Einbettungspolster für die Organe.

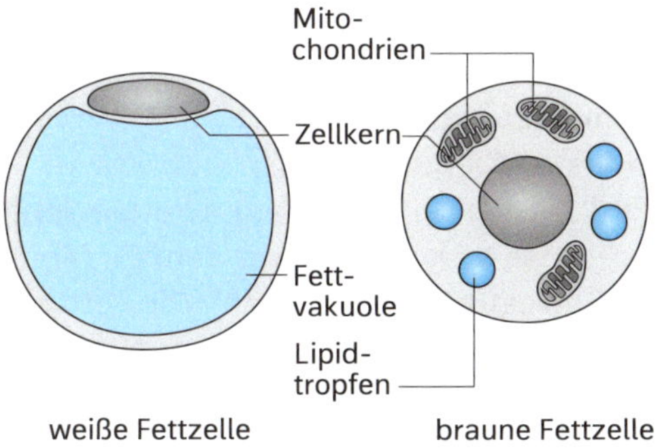

M2 weiße und braune Fettzelle

M3 Atmungskette in einer braunen Fettzelle mit Thermogenin

Thermogenin wird auf folgendem Weg aktiviert: Im sympathischen Nervensystem wird das Katecholamin Norepinephrin/Noradrenalin freigesetzt, das an die Membranrezeptoren der braunen Fettzellen bindet. Über Adenylatcyclase, cAMP, Proteinkinase A und Lipase wird dann die Umwandlung von Triglyceriden in freie Fettsäuren ausgelöst. Freie Fettsäuren aktivieren schließlich Thermogenin.

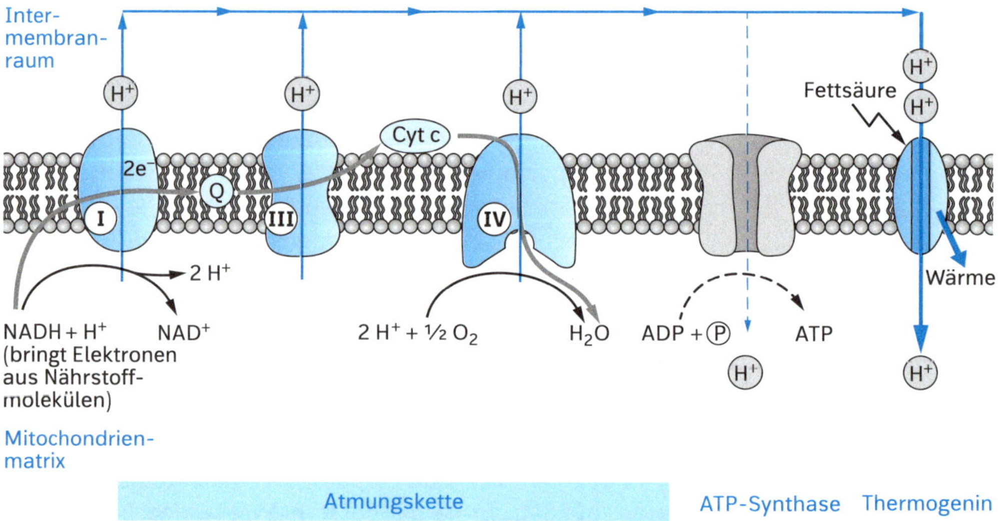

M3 Ablauf der Atmungskette in einer braunen Fettzelle

M4 Fettstoffwechsel

Lipide (Fette), die unter dem Einfluss von Hormonen dem Fettstoffwechsel zugeführt und dem Körper für den Energieumsatz zur Verfügung gestellt werden, stammen sowohl aus der Nahrung als auch aus dem körpereigenen Fettgewebe. Lipide werden zunächst in Fettsäuren und Glycerin aufgespalten (Fettverdauung). Glycerin wird in der Glykolyse weiterverarbeitet. Bei der Fett"verbrennung", genauer Fettsäureoxidation (etwa der ß-Oxidation), werden die Fettsäuren zu Molekülen mit zwei C-Atomen abgebaut, die als Acetyl-CoA in den Citratzyklus einfließen.
Fettgewebe hat einen Brennwert von etwa 29 kJ/g. Um ein Kilogramm Fettgewebe auf- oder abzubauen, sind also 29 000 kJ nötig (das entspricht etwa dem Gesamtumsatz eines erwachsenen Mannes mit wenig Bewegung in drei Tagen). Die Fettverbrennung ist dabei ein Vorgang, der im Körper ständig abläuft. Ihr Ausmaß hängt von dem Grad an körperlicher Betätigung und damit vom Energiebedarf ab.

M5 Neue Erkenntnisse zum braunen Fettgewebe

- Auch Erwachsene haben noch ein kleines aktives braunes Fettdepot: an mehreren Stellen im Körper, etwa im Brustraum zwischen den Lungen und in der Halsregion.
- Schlanke Menschen haben mehr braunes Fettgewebe als übergewichtige.
- Beim Menschen wird die Aktivität der braunen Fettzellen durch Kälte ausgelöst und durch das sympathische Nervensystem stimuliert.
- Prostaglandin, ein Hormon mit vielfältigen Wirkungen, regt Stammzellen in weißem Fettgewebe zur Differenzierung in braune Fettzellen an. Dazu werden zahlreiche Mitochondrien produziert und Thermogenin gebildet.
- 50 Gramm mehr braunes Fettgewebe kann den Energieverbrauch um 20 Prozent steigern.

Benötigte Fachkenntnisse

Ablauf, Reaktionsorte und Bilanz der Zellatmung, Aufbau einer tierischen Zelle, Regelmechanismen im katabolen Stoffwechsel (S. 59 ff.)

Benötigte Methodenkenntnisse

Analyse und Vergleich von Abbildungen, Auswertung von Sachtexten, Umgang mit Hypothesen (S. 78 f., 87 ff., 95 f.)

Lösungen

1. Als Zellatmung bezeichnet man die Umwandlungsprozesse von energiereichen organischen Verbindungen (insbesondere Kohlenhydrate und Fette, aber auch Proteine) zu Kohlenstoffdioxid und Wasser unter Sauerstoffverbrauch. Die vollständige Summengleichung der Zellatmung für Glucose lautet:
   $C_6H_{12}O_6 + 6\ O_2 + 6\ H_2O \rightarrow 6\ CO_2 + 12\ H_2O$ + Energie
   (verkürzt: $C_6H_{12}O_6 + 6\ O_2 \rightarrow 6\ CO_2 + 6\ H_2O$ + Energie). Der Abbau lässt sich in vier Teilprozesse untergliedern:
   - Glykolyse (findet im Cytoplasma statt),
   - oxidative Decarboxylierung (Mitochondrienmatrix),
   - Citratzyklus (Mitochondrienmatrix) und
   - Atmungskette (innere Mitochondrienmembran).

   Die Energiebilanz lautet bei maximaler Ausnutzung:

Glykolyse	2 NADH + H^+		+ 2 ATP
Oxidative Decarboxylierung	2 NADH + H^+		
Citratzyklus	6 NADH + H^+	+ 2 $FADH_2$	+ 2 ATP
Atmungskette			34 ATP
			38 ATP

   In 38 Mol ATP sind (38 x 30,5 kJ =) 1159 kJ gespeichert. Glucose hat aber einen Brennwert von 2870 kJ. Das bedeutet, dass bei der vollständigen Oxidation von Glucose nur 40 % (1159 kJ dividiert durch 2870 kJ) der Energie in ATP gespeichert werden kann, die restliche freigesetzte Energie geht als Wärme verloren.

2. Cytologie: Die Zellen des braunen Fettgewebes sind im Vergleich zu denen des weißen Fettgewebes kleiner und haben viele kleinere Lipidtropfen statt einer großen zentralen Fettvakuole. Zudem haben sie viele Mitochondrien, was auf eine hohe Stoffwechselaktivität hinweist. Bei weißen Fettzellen kann man nur einen an den Rand gedrückten Zellkern, aber keine weiteren Organellen erkennen.
   Vorkommen und Funktion: Fettzellen können fast überall im Körper vorkommen, eingelagert in lockeres Bindegewebe. In bestimmten Körperregionen bilden sie zusammenhängende Polster oder Schichten. Sowohl weißes als auch braunes

Fettgewebe sind gut mit Blutgefäßen versorgt, wodurch eine gute Stoffversorgung oder -entsorgung gewährleistet ist.
Weißes Fettgewebe findet sich beim Menschen in der Unterhaut – besonders an Bauch und Po – und dient der Stoffspeicherung und der Isolation, außerdem an exponierten Körperstellen zur Polsterung gegen Stöße oder zur Einbettung von Organen. Braunes Fettgewebe findet sich besonders im Nacken und zwischen den Schulterblättern und dient ausschließlich der Wärmeproduktion bei Kälte. So ist die große Mitochondrienzahl zu erklären.

3. In der Abbildung M3 ist die Atmungskette in einem Mitochondrium des braunen Fettgewebes dargestellt. Im Gegensatz zu normalen Mitochondrien gibt es hier in der Mitochondrienmembran neben den Redoxsystemen und der ATP-Synthase noch ein weiteres Tunnelprotein, Thermogenin.
Das während des vorhergehenden Glucose- oder Fettabbaus angefallene NADH + H^+ in der Mitochondrienmatrix gibt Elektronen und H^+-Ionen an den ersten Membranproteinkomplex (I) der Elektronentransportkette ab, wodurch es selbst oxidiert wird. Die bei der Oxidation frei werdende Energie wird genutzt, um H^+-Ionen durch diesen Proteinkomplex nach außen in den Intermembranraum zu pumpen. Dadurch wird die Protonenkonzentration auf dieser Membranseite erhöht. Weitere H^+-Ionen werden von den Komplexen III und IV nach außen gepumpt. Die Elektronen werden in der Elektronentransportkette entlang eines elektrischen Spannungsgefälles über Ubichinon auf Komplex III (Komplex II schleust die Elektronen von $FADH_2$ ein), dann über Cytochrom c an Komplex IV weitergegeben und schließlich auf molekularen Sauerstoff in der Matrix übertragen. Der dadurch reduzierte Sauerstoff verbindet sich mit freien H^+-Ionen zu Wasser. Der an der inneren Mitochondrienmembran entstandene Protonengradient treibt als protonenmotorische Kraft in normalen Zellen die ATP-Synthase an: H^+-Ionen fließen entlang des Konzentrationsgefälles durch diesen Membranenzymkomplex zurück in den Matrixraum und treiben damit die ATP-Synthase zur Phosphorylierung von ADP zu ATP an. Der durch den Elektronentransport in der Atmungskette aufgebaute Protonengradient wird zur ATP-Synthese verwendet. Die Kopplung dieser beiden Vorgänge bezeichnet man als Chemiosmose oder Energiekopplung.
In braunen Fettzellen wird die Chemiosmose durch Thermogenin entkoppelt. Ist dieses Transmembranprotein durch Fettsäuren aktiviert, schließt es den Protonen-Kreislauf kurz. Anstelle der ATP-Synthase transportiert Thermogenin als Uniporter H^+-Ionen über die innere Membran in die Matrix zurück. Offensichtlich zieht Thermogenin H^+-Ionen stärker an als die Synthase. Der durch ß-Oxidation und Atmungskette aufgebaute Protonengradient wird abgebaut, aber es wird kein ATP synthetisiert. Stattdessen wird durch Thermogenin Wärme freigesetzt (Thermogenese). Da kein ATP gebildet wird, wird das Enzym Phosphofructokinase in der Glykolyse nicht gehemmt, die Glykolyse und der Citratzyklus laufen ständig weiter und halten die Atmungskette durch Anlieferung von NADH + H^+ in Gang (Regulation der Zellatmung). Die Elektronentransportkette läuft weiter, Sauerstoff wird benötigt, Wasser wird gebildet. Die Mitochondrien der braunen Fettzellen haben

einen „Kurzschlussmechanismus“: Sie laufen permanent weiter; die Energie, die beim Abbau des Fettes frei wird, verpufft bei ihnen als Wärme, ohne Muskelaktivität wie etwa Zittern zu generieren.
Die Thermogenese wird möglicherweise beendet, wenn keine Fettsäuren mehr zur Verfügung stehen. Dadurch wird Thermogenin inaktiv, und die Zelle kehrt zur normalen Zellatmung zurück, bei der ATP synthetisiert wird und weit weniger Wärme entsteht.

4. Übergewichtige speichern viel Fett in weißen Fettzellen. Das Übergewicht geht einher mit einem hohen Risiko für verschiedene schwerwiegende Erkrankungen. Durch Gewichtsreduktion kann dieses Risiko gemindert werden. Übergewichtige haben meist nur wenig braunes Fett, vielleicht deswegen, weil das weiße Fettgewebe eine gute Isolierung darstellt und die Betroffenen neben Muskelzittern keine weiteren Mechanismen brauchen, um ihre Körpertemperatur konstant zu halten (insbesondere wenn sie sich eher im Warmen aufhalten), im Gegensatz zu schlanken Menschen oder gar Säuglingen, die offensichtlich einen Teil ihrer Körperwärme durch die Aktivität des braunen Fettgewebes erhalten.
Um ihr Gewicht zu reduzieren, müssten Übergewichtige tagelang hungern oder sich sehr, sehr viel bewegen (zur Reduktion des Gewichts um 1 kg Fett müssen 29 000 kJ umgesetzt werden, siehe M4). Würden sie aber über etwa 50 g braunes Fett verfügen, könnten sie ohne große Anstrengung sehr viel mehr ihres Speicherfettes oder der zugeführten Nahrung „verbrennen“ (Steigerung um 20 %, siehe M5), d. h. direkt in Wärme umsetzen, die dann schnell über die zahlreichen Blutgefäße abtransportiert wird. Allerdings würden sie dann auch noch mehr schwitzen, denn das noch vorhandene weiße Fett wirkt isolierend und lässt die Körperwärme nicht so gut nach außen. Braune Fettzellen arbeiten solange, bis in den Mitochondrien keine freien Fettsäuren mehr vorhanden sind (Ergebnis aus M3); aktive braune Fettzellen fördern auch die Verdauung von Fett aus anderen Zellen (M5, Aufgabe 3). Daher wäre es wünschenswert, die Menge an braunem Fettgewebe bei Übergewichtigen zu erhöhen oder vorhandenes braunes Fettgewebe zu aktivieren. Möglicherweise kann man braunes Fettgewebe transplantieren. Auch könnte man weiße Fettzellen unter Hormoneinwirkung (Noradrenalin) in braune umwandeln (M5). Insbesondere die Stammzellen können so beeinflusst werden, dass sie statt weißer braune Fettzellen mit vielen Mitochondrien differenzieren. Liegen braune Fettzellen vor, müssen sie aktiviert werden. Dies kann durch Hormongabe (Noradrenalin) und/oder Kälteeinwirkung erfolgen.
Beim Abnehmen kann braunes Fettgewebe helfen, weil es weißes Fett zum „Schmelzen“ bringt. Dadurch lässt sich womöglich Übergewicht abbauen und so das Risiko mindern, an Diabetes, Herzinfarkt oder Schlaganfall zu erkranken.

Selbstdiagnosebogen

Aufgabe Nr.	Kernkompetenzen	AFB	Punkte	erreicht	Förderung
1	Summengleichung, Bilanz, Reaktionsorte der Zellatmung nennen, Wirkungsgrad der Glucose-Oxidation anhand der Angaben bestimmen	I	12		Stoffwechselphysiologie, Zellatmung (S. 59)
2	Abbildungen im Kontext detailliert beschreiben, nach selbst gewählten Kriterien Gemeinsamkeiten und Unterschiede herausstellen	I II	3 8		strukturierte, differenzierte Beschreibung (S. 87 ff.), Auswertung von Texten (S. 78), Vergleich von gegebenem Material
3	Den dargestellten Ablauf der Atmungskette beschreiben, die Unterschiede zum normalen Ablauf herausstellen Die besondere Wirkung des Thermogenins fachsprachlich korrekt darlegen	II II	9 8		Text- und Materialerfassung (S. 78 ff.), Sachverhalte und Zusammenhänge fachsprachlich korrekt darlegen
4	Argumente aus den gegebenen Materialien zu stichhaltigen Aussagen zusammenführen: Übergewicht birgt Risiko, Gewichtsreduktion durch braunes Fett, Implantation und Aktivierung des braunen Fettes	III	10		Auswertung von Texten (S. 78 ff.), begründete Aussage konsistent und logisch formulieren, Argumente vorbringen und abwägen

Gesamtpunkte: 50; davon AFB I: 15 Punkte (30 %), AFB II: 25 Punkte (50 %), AFB III: 10 Punkte (20 %)

Materialgrundlage:

Löffler G., Petrides P. E., Heinrich P. C.: Biochemie u. Pathochemie. 8. Aufl., Springer, Heidelberg 2006
Müller W. A.: Tier- und Humanphysiologie. Springer, Heidelberg 1998
http://de.wikipedia.org/wiki/Braunes_Fettgewebe
http://www.internisten-im-netz.de/de_news_6_0_653_aktivierung-brauner-fettzellen-erh-ht-kalorienverbrauch.html:
http://www.dkfz.de/de/presse/pressemitteilungen/2011
http://de.wikipedia.org/wiki/Thermogenin
Ärzte Zeitung, 25.11.2011

Molekulare und cytologische Grundlagen: Erregungsentstehung, Erregungsleitung, Synapsenvorgänge

Aufgabe 11: Schmerzen

Einleitung

Jeder dritte Europäer leidet einmal pro Woche unter Schmerzen, mancher vor allem an chronischen, also dauerhaften Schmerzen. Schmerzforscher suchen nach Lösungen, um nicht nur akute, sondern gerade auch chronische Schmerzen nachhaltig zu lindern.

Aufgabenstellung

1. Entstehung von Schmerzen:
   (a) **Beschreiben** Sie, wie eine Sinneszelle durch einen Reiz erregt werden kann und **erläutern** Sie, in welcher Form und unter welchen Bedingungen die Erregung weitergeleitet wird.
   (b) **Wenden** Sie die in (a) beschriebene Reizumwandlung auf die Entstehung von Schmerzerregungen in den freien Nervenzellen (M1) und ihre Modulation durch Prostaglandine (M5) **an**.
2. Erregungsleitung:
   (a) **Beschreiben** Sie, wie eine Erregung über ein Axon geleitet wird. **Vergleichen** Sie dazu die kontinuierliche mit der saltatorischen Erregungsleitung.
   (b) **Entscheiden** Sie, welcher der beiden Fasertypen des Schmerz wahrnehmenden Systems (M2) den ersten und welcher den zweiten Schmerz von der Hand zum ZNS leitet.
3. **Beschreiben** und **erklären** Sie mithilfe von M3 die Weitergabe der Schmerzerregung an die Neuronen der Schmerzbahn im Hinterhorn des Rückenmarks.
4. **Beschreiben** Sie Veränderungen der synaptischen Verschaltung (M4) der Schmerzbahn im Hinterhorn des Rückenmarks bei chronischen Schmerzen, und **entwickeln** Sie eine **Hypothese** über den Mechanismus des Schmerzgedächtnisses.
5. (a) **Zeigen** Sie, dass Aspirin eine schmerzlindernde Wirkung hat (M5).
   (b) **Begründen** Sie, warum eine fortgesetzte Einnahme von Aspirin die Magenwände angreifen kann.

Material

M1 Nozizeptoren

Die freien Nervenendigungen der Schmerzfasern reichen bis in die Oberhaut. Sie werden als Schmerzrezeptoren oder Nozizeptoren bezeichnet. Ihre Membranen enthalten Rezeptoren, die z. B. auf Serotonin oder auf Acetylcholin ansprechen. Bei Verwundungen der Haut wird Serotonin von den Blutplättchen an der verletzten Stelle freigesetzt und verengt dort kleine Blutgefäße, sodass die Wunde schneller geschlossen wird. Serotonin ist zugleich auch ein Neurotransmitter, der ähnlich wie z. B. Acetylcholin in chemischen Synapsen für die Erregungsübertragung von einem Neuron auf das nächste Neuron als Botenstoff wirkt.

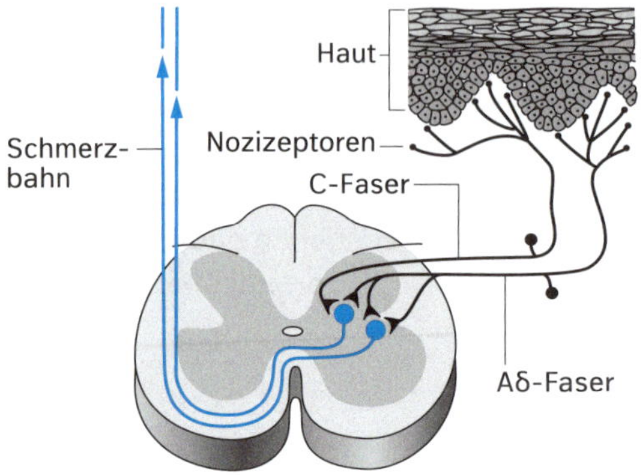

M1 Nozizeptoren der C- Fasern und Aδ-Fasern sind die reizaufnehmenden Strukturen der Schmerzbahn

M2 Zwei Arten von Schmerzfasern

Beim Öffnen einer Konservendose kann es vorkommen, dass man sich an der scharfen Kante des Dosendeckels schneidet. Ein erster stechend brennender Schmerz zeigt die Verletzung an. Die Wunde wird versorgt und ein Pflaster verhindert die Blutung. Erst jetzt setzen je nach Schwere der Verletzung bohrende dumpfe Schmerzen ein. Dafür macht man zwei Arten von Schmerzfasern des Schmerz wahrnehmenden Systems verantwortlich: Aδ-Fasern sind relativ dicke Axone (ca 3 – 5 µm), die von einer Myelinscheide umhüllt sind. C-Fasern sind dünn (ca 1 µm) und nicht von einer Myelinscheide umhüllt.

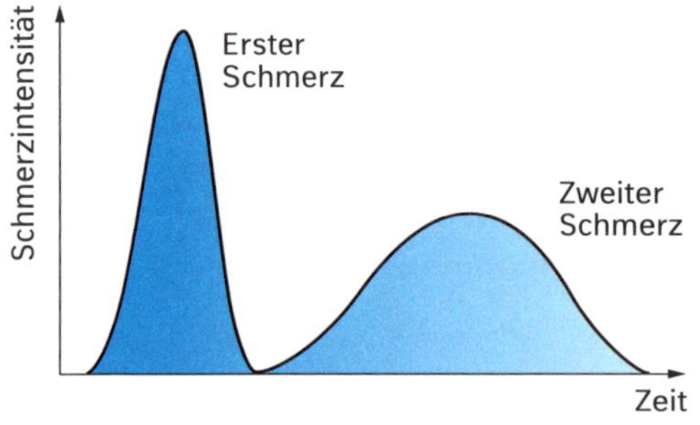

M2 b zeitlicher Verlauf unterschiedlicher Schmerzwahrnehmungen nach einer Verletzung

M3 Synaptische Verschaltung der Schmerzbahn im Rückenmark

Über Synapsen im Hinterhorn des Rückenmarks werden akute Schmerzerregungen an das Gehirn weitergeleitet.

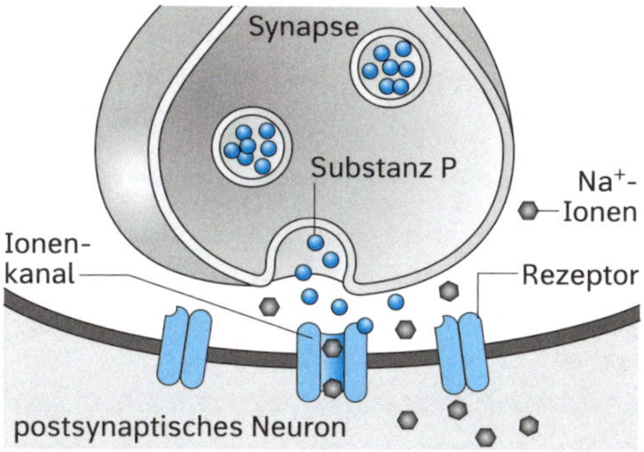

M3 Synapse aus der Schmerzbahn im Hinterhorn des Rückenmarks.

M4 Veränderungen chemischer Synapsen der Schmerzbahn im Hinterhorn des Rückenmarks

Durch lang anhaltende oder besonders starke Schmerzreize werden die Neuronen im Hinterhorn des Rückenmarks verändert. Die dadurch hervorgerufenen physiologischen Veränderungen bezeichnet man als Schmerzgedächtnis.

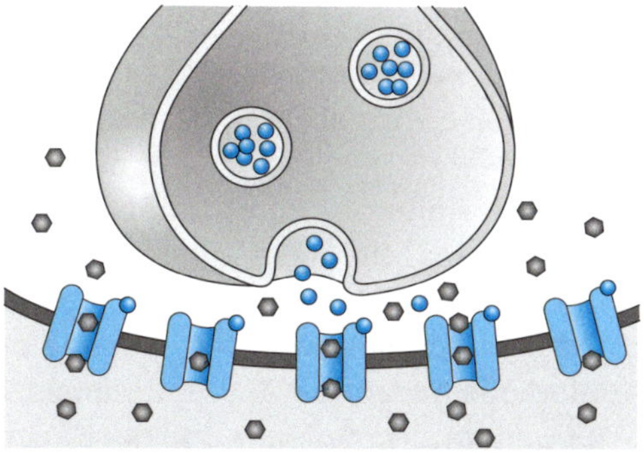

M4 veränderte Synapse aus der Schmerzbahn im Hinterhorn des Rückenmarks

M5 Prostaglandine und Acetylsalicylsäure

Prostaglandine werden von zwei Enzymen in unterschiedlichen Geweben synthetisiert, sie heißen Cyclooxygenase-1 (COX-1) und Cyclooxygenase-2 (COX-2). Während COX-1 in den blutgerinnungsauslösenden Blutplättchen (Thrombozyten) vorkommt, wird COX-2 in entzündeten oder verletzten Geweben synthetisiert. Die Prostaglandine aktivieren bei Verletzungen der Haut die Thrombozytenaggregation und fördern somit den Wundverschluss. Sie fördern allerdings auch Entzündungsreaktionen und senken

dabei gleichzeitig den Schwellenwert in den Schmerzrezeptoren. Zudem hemmen sie die Sekretion von Magensaft.
Acetylsalicylsäure (ASS) ist ein Schmerzmittel, das erstmals 1897 in reiner Form hergestellt wurde. Es ist in Tablettenform unter dem Namen Aspirin bekannt. Acetylsalicylsäure hemmt die Enzyme COX-1 und COX-2, indem sie in der Aminosäurekette der Enzyme kurz vor dem aktiven Zentrum einen Acetylrest auf die Aminosäure Serin überträgt.

Benötigte Fachkenntnisse

Umwandlung von Reizen in Erregung, Weiterleitung der Erregung in Form von Aktionspotenzialen, saltatorische Erregungsleitung, Vorgänge an Synapsen, Enzyme und ihre Wirkung, Enzymhemmung (S. 23, 64 ff.)

Benötigte Methodenkenntnisse

Analyse von Diagrammen und schematischen Zeichnungen (S. 81 ff., 87 ff.)

Lösungen

1. (a) Die Membran einer freien Nervenendigung oder auch die einer Sinneszelle mit ihren Rezeptoren vermag einen adäquaten Reiz aufzunehmen. Dabei wird ein bestimmter Reiz in Erregung umgewandelt, d. h., dass aufgrund des ankommenden Reizes die Membran für Kationen (meist Na^+-Ionen) durchlässig wird, die folglich in die Zelle diffundieren. Auf diese Weise wird die Membran depolarisiert. Das Ruhepotenzial der Zelle wird herabgesetzt. Dies bezeichnet man als Generator- oder auch als Rezeptorpotenzial. Die Höhe der Potenzialänderung entspricht dabei der Größe des ankommenden Reizes. Ob diese durch den Reiz hervorgerufene Erregung zum Gehirn weitergeleitet wird, hängt davon ab, ob ein sogenannter Schwellenwert erreicht wird. Ist dies der Fall, wird die Erregung in Form von Aktionspotenzialen (APs) weitergeleitet. Die Anzahl der Aktionspotenziale pro Zeiteinheit entspricht dabei der Höhe des Generatorpotenzials und die Dauer der AP-Folge der Dauer des Reizes. Die APs folgen dem Alles-oder-Nichts-Gesetz, d. h. ihre Höhe ist immer gleich groß.
   (b) Serotonin wird an den verletzten Stellen der Haut freigegeben. Es stellt somit den Schmerzreiz dar. Die freien Nervenendigungen enthalten vermutlich Serotoninrezeptoren. Werden diese von Serotonin besetzt, öffnen sich Na^+-Kanäle, sodass es zu einem Rezeptorpotenzial kommt. Je nach Anzahl der andockenden Serotoninmoleküle ist dieses lokale Potenzial von unterschiedlicher Stärke. Erreicht es den Schwellenwert, werden in der Nervenzelle Aktionspotenziale ausgelöst, die als Signale zum Gehirn geleitet werden und dort im Schmerzzentrum die Schmerzempfindung hervorrufen. Prostaglandine können den Schwellenwert herabsetzen, sodass die Anzahl der Aktionspotenziale und somit auch die Schmerzwahrnehmung durch ihre Zugabe erhöht wird.

2. (a) In Axonen von Nervenzellen wird die Erregung in Form von Aktionspotenzialen weitergeleitet. Je nachdem, ob das Axon myelinisiert, das heißt von SCHWANNschen Zellen umgeben ist oder nicht, unterscheidet man zwei verschiedene Arten der Weiterleitung: Bei marklosen Nervenfasern, das heißt bei fehlender Myelinisierung, wird das AP über das Axon von Abschnitt zu Abschnitt übertragen, indem der vorhergehende Abschnitt ein Aktionspotenzial an dem benachbarten, noch nicht erregten Abschnitt auslöst. Der vorhergehende Abschnitt ist dann bereits in der Repolarisationsphase, während am benachbarten eine Potenzialänderung ausgelöst werden kann, sodass dann dort ein Aktionspotenzial erfolgt. Diese Form der Weiterleitung ist relativ langsam. Die Leitungsgeschwindigkeit kann durch eine Verdickung des Axons vergrößert werden.
   Bei Axonen, die von einer Myelinscheide umhüllt sind, findet die saltatorische Erregungsleitung statt. Die Myelinscheide wird von SCHWANNschen Zellen gebildet und ist deshalb im Abstand von 0,2 mm bis 1,5 mm unterbrochen. Diese Unterbrechungen heißen RANVIERsche Schnürringe. Die zur Erzeugung des Aktionspotenzials nötigen spannungsabhängigen Na^+-Kanäle befinden sich nur an den RANVIERschen Schnürringen. Ein Aktionspotenzial, das an einem Schnürring entsteht, löst ein nächstes AP erst am nächsten Schnürring aus. Da die Aktionspotenziale nicht kontinuierlich an der Membran entlang laufen wie bei marklosen Fasern, sondern sozusagen von Schnürring zu Schnürring springen, nennt man dies eine saltatorische Erregungsleitung. Diese ist viel schneller und verbraucht weniger Energie als die kontinuierliche Form.
   (b) Da die Aδ-Fasern relativ dicke Axone und von einer Myelinscheide umhüllt sind, leiten sie schneller als die dünnen marklosen C-Fasern. Der erste stechend brennende Schmerz kommt also durch die Erregung der Aδ-Fasern, der zweite dumpfe Schmerz durch die Erregung der C-Fasern zustande.

3. An der Synapse im Hinterhorn des Rückenmarks laufen Aktionspotenziale ein, die die Ca^{2+}-Ionenkanäle im synaptischen Endknöpfchen des Axons der sensorischen Nervenzelle öffnen, sodass Calciumionen in das Endknöpfchen einströmen. Dies bewirkt die Verschmelzung der mit der Substanz P gefüllten synaptischen Bläschen mit der präsynaptischen Membran und folglich eine Transmitterausschüttung der Schmerzsubstanz P. Die Substanz P diffundiert durch den synaptischen Spalt und verbindet sich mit den Rezeptoren der postsynaptischen Membran, sodass sich dort Na^+-Ionenkanäle öffnen und Natriumionen in die postsynaptische Nervenzelle gelangen. Dadurch wird ein EPSP (exzitatorisches postsynaptisches Potenzial) an der postsynaptischen Membran ausgelöst. Diese postsynaptische Erregung wird unter Abschwächung (Dekrement) weitergeleitet. Erreicht sie am Axonhügel den Schwellenwert, entstehen dort wieder Aktionspotenziale, die über das Axon des Neurons weitergeleitet werden.

4. Lang anhaltende oder besonders starke Schmerzreize bewirken an der Synapse des Hinterhorns eine Vermehrung von postsynaptischen Rezeptoren für die Substanz P. Dadurch können P-Moleküle bei ihrer Ausschüttung in den synaptischen Spalt gleichzeitig an mehr Rezeptoren andocken als es ohne anhaltende Schmer-

zen der Fall wäre. Die Folge sind stärkere postsynaptische Potenziale, die stärkere und länger andauernde Schmerzen nach sich ziehen. Das bedeutet eine größere Sensibilität der Schmerzbahn für ankommende Erregungen. Man spricht hier vom Schmerzgedächtnis.

5. (a) Die Wirkungsweise von ASS bzw. Aspirin beruht darauf, dass es die Enzyme Cyclooxygenase-1 (COX-1) und Cyclooxygenase-2 (COX-2) hemmt, die für die Produktion von Prostaglandinen zuständig sind. Prostaglandine senken die Reizschwelle der Schmerzrezeptoren bei Verletzungen und Entzündungen; dementsprechend steigt mit hoher Prostaglandinkonzentration auch die Schmerzempfindlichkeit eines Gewebes, das sich an und um eine Verletzung befindet. Diese Konzentration ist bei Entzündungen besonders hoch, da die COX-2-Synthese und damit die Produktion von Prostaglandinen durch Entzündungen und Verletzungen ausgelöst wird. Aufgrund der Enzymhemmung wirkt Aspirin daher nicht nur schmerz-, sondern auch entzündungshemmend.
   Aspirin verändert das aktive Zentrum der Enzyme, sodass diese die erforderlichen Substrate für die Synthese von Prostaglandinen nicht mehr anlagern und somit nicht mehr umsetzen können.
   (b) Weil Prostaglandine zudem die Sekretion von Magensäuren hemmen, ist bei längerer oder höherer Dosierung von ASS auch eine Beeinträchtigung des Magens möglich, da ohne Prostaglandine zu viel Magensaft gebildet wird.

Selbstdiagnosebogen

Aufgabe Nr.	Kernkompetenzen	AFB	Punkte	erreicht	Förderung
1(a)	Beschreibung, wie ein Reiz in Erregung umgewandelt wird	I	5		Generator-, Rezeptorpotenzial, Umcodierung Reiz in Erregung, Analogisieren üben, z. B. Schmerzsubstanz-Reiz, Neuromodulatoren (S. 63 ff.)
1(b)	Übertragung auf vorgelegte Materialien	II III	8 2		
2(a)	Beschreibung der kontinuierlichen und saltatorischen Erregungsleitung am Axon	I	4		Aktionspotenzial, kontinuierliche und saltatorische Erregungsleitung (S. 64 ff.)
2(b)	Analyse von M1 und M2 sowie begründete Erklärung der unterschiedlichen Funktionen der beiden Schmerzfasern	II	4		Texterfassung und Umgang mit Diagrammen und Abbildungen (S. 78 ff.), Verknüpfung bekannten Wissens mit neuen Sachverhalten

Aufgabe Nr.	Kernkompetenzen	AFB	Punkte	erreicht	Förderung
3	Beschreibung der synaptischen Vorgänge und Erklärung der Übertragung von Schmerzerregungen im Hinterhorn des Rückenmarks	I II	4 5		anhand der Abbildung einer Synapse die einzelnen Schritte der Erregungsübertragung erklären (S. 60 ff.)
4	Beschreibung von synaptischen Veränderungen aufgrund M4 Entwicklung einer Hypothese zu direkten Folgen und weitreichenden Folgen dieser Veränderung als Schmerzgedächtnis	I II III	2 4 4		Umgang mit Abbildungen, Vergleich von Abbildungen (S. 78), Verknüpfung bekannten Wissens mit neuen Sachverhalten, Aufgaben der Synapse (S. 65 ff.)
5(a) 5(b)	Erklärung der komplexen Wirkungsweise von Aspirin durch Ableitung aus verschiedenen Sachtexten Erfassen einer Nebenwirkung von Aspirin	II III III	4 2 2		Bedeutung und Wirkungsweise von Enzymen, Enzymhemmung und ihre Folgen (S. 23)

Gesamtpunkte: 50, davon AFB I: 15 Punkte (30 %); AFB II: 25 Punkte (50 %); AFB III: 10 Punkte (20 %)

Materialgrundlage:

Campbell N. A., Reece J. B.: Biologie. Spektrum Akademischer Verlag Heidelberg 2003
Feldermann D.: Was schmerzt denn da? In: LINDER Biologie. Neurobiologie. Sekundarstufe 2. Abitur- und Klausurtrainer. CD-ROM. Schroedel 2009
Roland H.: Die Haut – ein vielseitiges Organ. In: Unterricht Biologie, (1989) 142, S. 4–13
http://www.sinnesphysiologie.de/hvsinne/schmerz/schmerzin.htm

Funktion des Neurons, Erregungsentstehung, Erregungsleitung, Synapsenvorgänge einschließlich molekularer Grundlagen, synaptische Verschaltung

Aufgabe 12: Die Gifte der Kegelschnecken

Einleitung

Kegelschnecken (*Conidae*) sind schön gemusterte Schnecken mit einem 5 bis 15 cm großen kegel- bzw. konusförmigen Haus. Die Gattung Conus ist mit rund 500 verschiedenen Arten im gesamten indo-pazifischen Raum verbreitet, wo sie besonders die flachen und warmen Korallenriffe besiedeln. Alle Kegelschnecken sind Raubtiere, die überwiegende Zahl jagt Würmer oder Schnecken. An die 70 Arten haben sich auf die Jagd nach Fischen spezialisiert.

Aufgabenstellung

1. **Beschreiben** Sie **zusammenfassend** die Abläufe während eines Aktionspotenzials an der Axonmembran eines Neurons und **skizzieren** Sie die Veränderungen des Membranpotenzials im Verlaufe eines Aktionspotenzials.
2. **Skizzieren** und **erläutern** Sie den Verlauf eines Aktionspotenzials unter dem Einfluss von δ-Conotoxin und **erklären** Sie die Folgen für den Beuteorganismus. **Vergleichen** Sie diese Folgen anschließend mit der Wirkung von κ-Conotoxin (M2).
3. **Beschreiben** Sie die Entstehung eines EPSP und eines IPSP. Beschränken Sie sich dabei auf die Vorgänge an der postsynaptischen Membran. **Erläutern** Sie die Wirkungsweise von α- und μ-Conotoxinen und die Folgen für den Beuteorganismus.
4. **Beurteilen** Sie, inwieweit sich ω-Conotoxine zum möglichen Einsatz in der Schmerztherapie eignen. **Nehmen** Sie in diesem Zusammenhang auch zur Verabreichungsform (Tabletten, Injektion, Injektionsort) **Stellung** (M2, M3).

Material

M1 Basisinformationen

Fischfressende Kegelschnecken lauern in der Regel im Boden eingegraben und bieten vorbei schwimmenden Fischen ihr Atemrohr, den Sipho, als Köder an. Wenn der Fisch den Köder angreift, fährt die Schnecke die rüsselartig verlängerte Schnauze aus und schießt dem Fisch einen Giftpfeil ins Maul.
Das Gift wird in einem langen schlauchförmigen Giftkanal gebildet und in der Giftblase gespeichert. (M1 a). Der sackförmige Anhang des Schlundes enthält die pfeilförmige „Harpune“,die in den Schlund transportiert, mit Gift geladen und aus dem Schlundrohr in die Beute geschossen wird (M1 b und c).

M1 Giftapparat der Kegelschnecke

M2 Gifte der Kegelschnecke

Das Gift einer Kegelschnecke besteht nicht aus einem einzigen Giftstoff, sondern aus einem Gemisch unterschiedlicher Stoffe. Jede Kegelschneckenart hat anscheinend einen arttypischen Satz von 50 – 200 Conotoxinen. Es gibt also Tausende unterschiedlicher Conotoxine (Stand identifizierter Conotoxine im April 2010: 3369), eine Vielfalt, die im Tierreich ohne Beispiel ist.
Kegelschneckengifte sind Oligopeptide, also kleine Eiweißverbindungen, die aus 10 bis 30 Aminosäuren bestehen. Man unterscheidet fünf Conotoxinfamilien (α-, μ-, ω, κ- und δ-Conotoxine). Die Toxine werden nach ihren Zielen im Beuteorganismus zusammengefasst.

Conotoxin	**Ansatzstelle / Wirkung**
α-Conotoxine	blockieren die Rezeptoren für Acetylcholin an neuromuskulären Synapsen
δ-Conotoxine	verhindern die Inaktivierung der spannungsgesteuerten Na^+-Ionenkanäle am Axon eines Neurons
κ-Conotoxine	blockieren die spannungsgesteuerten K^+-Ionenkanäle am Axon eines Neurons
μ-Conotoxine	blockieren die Na^+-Ionenkanäle in der postsynaptischen Membran neuromuskulärer Synapsen
ω-Conotoxine	blockieren die Ca^{2+}-Ionenkanäle an Synapsen des N-Typs mit dem Transmitter Glutamat (siehe M3)

M3 Ausschnitt aus der Schmerzbahn

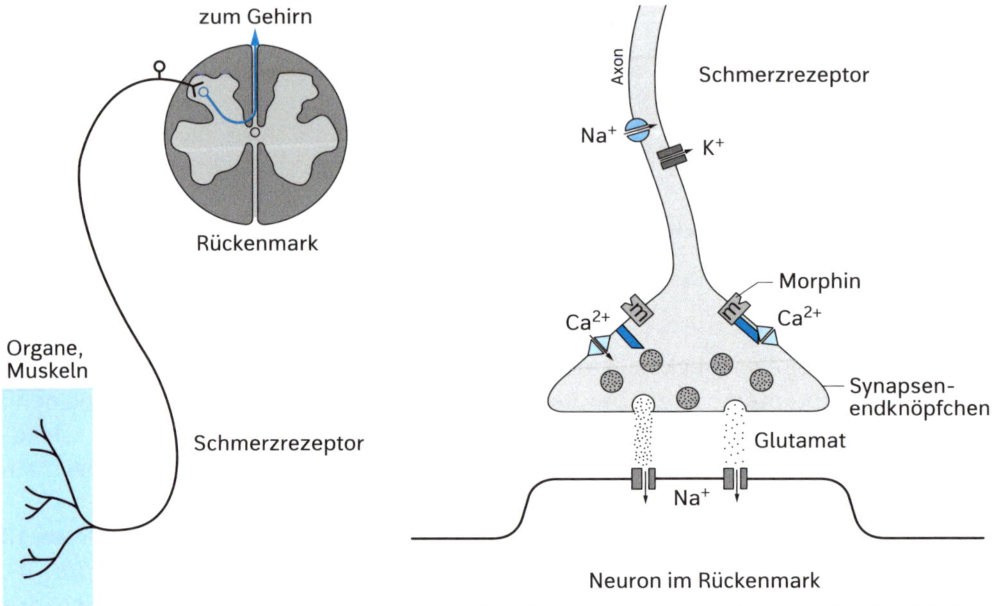

M3 Schmerzweiterleitung über das Rückenmark an Synapsen des N-Typs

Schmerzrezeptoren durchdringen mit einem Geflecht von Nervenendigungen nahezu alle äußeren und inneren Organe, die Muskeln und Gelenke. Schmerzsignale entstehen durch die Erregung dieser spezialisierten Sinnesnervenzellen, die nur durch sehr starke Reize wie Verletzungen oder Verbrennungen ausgelöst und weitergeleitet werden. M3 zeigt den Mechanismus der Weiterleitung bis zur Wahrnehmung im Gehirn.
Zur Unterbrechung dieser Erregungsleitung werden in der Schmerztherapie auch Opiate wie z. B. Morphin eingesetzt. Morphin bindet in den dargestellten Synapsen des N-Typs an Rezeptoren der Ca^{2+}-Ionenkanäle und verhindert somit die Öffnung dieser Ionenkanäle. Als Folge kommt es zu einer Verminderung der Glutamat-Ausschüttung. Bei längerfristigem Einsatz von Morphin kommt es allerdings zur verstärkten Bildung neuer, zusätzlicher Rezeptoren, sodass die Dosis bei gleicher Wirkung stetig erhöht werden muss, was zu stärkeren Nebenwirkungen führt.

Benötigte Fachkenntnisse

Funktion des Neurons, Entstehung und Verlauf eines Aktionspotenzials, Erregungsleitung an einem Neuron und einer chemischen Synapse, synaptische Verschaltung (S. 64 ff.)

Benötigte Methodenkenntnisse

Analyse von Diagrammen und schematischen Zeichnungen (S. 81 ff., 87 ff.)

Lösungen

1. Als Aktionspotenzial bezeichnet man eine starre Abfolge von Spannungsänderungen. Im Ruhezustand (I) sind die spannungsgesteuerten Na^+- und K^+-Ionenkanäle geschlossen. Überschreitet die Erregung eine bestimmte Schwelle, kommt es zur Depolarisationsphase (II). Die spannungsgesteuerten Na^+-Ionenkanäle werden geöffnet, woraufhin Na^+-Ionen ihrem Konzentrationsgefälle folgend in das Cytoplasma strömen. Die Spannung über der Membran steigt bis auf circa +30 mV. In der sich nun anschließenden Repolarisationsphase (III) werden die spannungsgesteuerten Na^+-Ionenkanäle (zeitgesteuert nach 1 bis 2 ms) inaktiviert und schließen. Die sehr viel langsamer arbeitenden spannungsgesteuerten K^+-Ionenkanäle öffnen erst jetzt voll. K^+-Ionen strömen ihrem Konzentrationsgefälle folgend nach außen. Das Membranpotenzial wird negativer. Da die spannungsgesteuerten K^+-Ionenkanäle langsam schließen, kommt es zu einer kurzfristigen Hyperpolarisation (IV). In dieser Phase sinkt das Membranpotenzial noch unter den Wert im Ruhezustand. Anschließend stellt die Na^+-K^+-Pumpe die ursprüngliche Ionenverteilung wieder her.

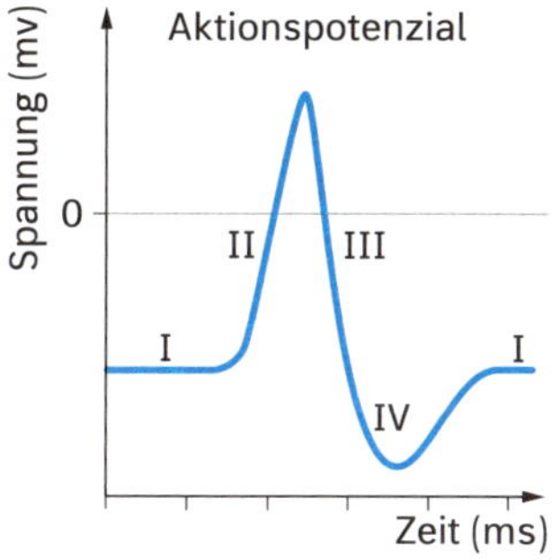

2. Unter Einfluss von δ-Conotoxin lässt sich ein Aktionspotenzial auslösen, sobald der Schwellenwert überschritten ist. Nach der Depolarisation kommt es dann aber nur zu einer stark abgeschwächten Repolarisationsphase. Da δ-Conotoxin eine Inaktivierung der spannungsgesteuerten Na^+-Ionenkanäle verhindert, strömen auch während der Repolarisationsphase Na^+-Ionen ihrem Konzentrationsgefälle folgend in das Axon und sorgen für eine anhaltende Depolarisation. Hieraus resultieren eine Dauererregung der betroffenen Neuronen und Krämpfe der angeschlossenen Muskulatur, die zum Tod oder zumindest zur Immobilität des Beuteorganismus führen.
   κ-Conotoxine blockieren zwar die spannungsgesteuerten K^+-Ionenkanäle des Axons, führen aber zu denselben Folgen für den Beuteorganismus. Eine Blockierung dieser Ionenkanäle verhindert ebenfalls die Repolarisation der Axonmembran. Auch in diesem Fall liegen eine andauernde Depolarisation des Neurons mit Dauererregung nachfolgender Neurone und Muskelkrämpfe vor.

3. Ein EPSP (exzitatorisches postsynaptisches Potenzial) führt zu einer Depolarisation der postsynaptischen Membran. Dies geschieht, indem durch Transmitterwirkung Na^+-Ionenkanäle geöffnet werden und Na^+-Ionen, ihrem Konzentrationsgefälle folgend, in die postsynaptische Zelle einströmen.
   Ein IPSP (inhibitorisches postsynaptisches Potenzial) führt zu einer verstärkten Polarisation der postsynaptischen Membran. Dies geschieht, indem K^+- oder Cl^--Ionenkanäle geöffnet werden und K^+-Ionen in das extrazelluläre Milieu oder Cl^--Ionen in das Cytoplasma gelangen.

α- und μ-Conotoxine wirken an der motorischen Endplatte, damit also an exzitatorischen neuromuskulären Synapsen. Durch die Blockade der Acetylcholin-Rezeptoren (α-Conotoxine) bzw. der angeschlossenen Na^+-Ionenkanäle (μ-Conotoxine) verhindern beide Conotoxine den Einstrom von Na^+-Ionen in die postsynaptische Zelle. Somit kann kein Endplattenpotenzial ausgelöst werden, eine Muskelkontraktion bleibt aus. Die hieraus resultierenden Lähmungserscheinungen führen beim Beuteorganismus zumindest zur Immobilität, ggf. sogar zum Tod, falls lebenswichtige Muskelgruppen betroffen sein sollten.

4. ω-Conotoxine eignen sich grundsätzlich zum Einsatz in der Schmerztherapie. Durch die Blockade der Ca^{2+}-Ionenkanäle an Synapsen des N-Typs kommt es zu einer Unterbrechung der Erregungsleitung der Schmerzrezeptoren im Rückenmark. In ihrer Wirkung gleichen ω-Conotoxine somit Morphin. Durch die direkte Blockade der Kanäle, Morphin blockiert die Rezeptoren, ist bei Langzeittherapien ggf. nicht einmal eine Steigerung der Dosis notwendig. Somit stünde mit den ω-Conotoxinen ein Mittel zur Schmerztherapie zur Verfügung, das langfristig ohne starke Nebenwirkungen eingesetzt werden könnte.

   Eine Verabreichung in Tablettenform würde vermutlich zum Abbau der Conotoxine (kleine Eiweißstoffe) in Magen und Darm führen. Eine Injektion ins Blut brächte die Gefahr mit sich, auch Synapsen des N-Typs zu blockieren, die andere Funktionen als die der Schmerzweiterleitung erfüllen. Aus diesen Gründen scheint die effektivste und sicherste Form der Verabreichung in einer Injektion direkt in den Rückenmarkskanal zu bestehen.

Selbstdiagnosebogen

Aufgabe Nr.	Kernkompetenzen	AFB	Punkte	erreicht	Förderung
1	zusammenfassende Beschreibung eines APs Skizze eines APs	I I	8 2		Erregungsentstehung und Erregungsleitung (S. 64 ff.)
2	Skizze und Erläuterung eines APs unter Einfluss von δ-Conotoxin Erklärung der Folgen für den Beuteorganismus Vergleich mit der Wirkung von κ-Conotoxin	II II II	5 4 4		Erregungsentstehung und Erregungsleitung
3	Beschreibung EPSP, IPSP Erläuterung der Wirkung von α-Conotoxinen Erläuterung der Wirkung von μ-Conotoxinen	I II II	5 4 4		Erregungsübertragung an einer chemischen Synapse, synaptische Verschaltung, Synapsengifte
4	Erläuterung der Wirkung von ω –Conotoxinen Beurteilung der Einsatzmöglichkeit in der Schmerztherapie Stellungnahme zur Verabreichungsform	II III III	4 4 6		Erregungsübertragung an einer chemischen Synapse Synapsengifte

Gesamtpunkte: 50 davon AFB I: 15 Punkte (30 %); AFB II: 25 Punkte (50 %); AFB III: 10 Punkte (20 %)

Materialgrundlage:

Bowersox S.S., Luther R.: „Pharmacotherapeutic potenzial of omega-conotoxin MVIIA (SNX-111), an N-type neuronal calcium channel blocker found in the venom of Conus magus“. Toxicon 36 (11/1998): 1651 – 8

Frings S., Grammig, D.: Vorlesungsskripte Zoophysiologie: Conotoxine - Muskelgifte der Kegelschnecken, Uni-Heidelberg, 1998, unveröffentlicht

Leipold E., Hansel A., Olivera B.M., Terlau H., Heinemann S.H.: „Molecular interaction of delta-conotoxins with voltage-gated sodium channels“. FEBS Lett. 579 (18/2005): 3881 – 4.

Li R.A., Tomaselli G.F.: „Using the deadly mu-conotoxins as probes of voltage-gated sodium channels“. Toxicon 44 (2/2004): 117 – 22.

Mebs D.: Gifttiere. Ein Handbuch für Biologen, Ärzte und Apotheker, 1992

Nicke A., Wonnacott S., Lewis R.J.: „Alpha-conotoxins as tools for the elucidation of structure and function of neuronal nicotinic acetylcholine receptor subtypes“. Eur. J. Biochem. 271 (12/2004): 2305 – 19

Shon K.J., et al.: „kappa-Conotoxin PVIIA is a peptide inhibiting the shaker K+ channel“. J. Biol. Chem. 273 (1/1998): 33 – 8

Leben in Gruppen, Warnen und Hassen, Reziproker Altruismus, Rangordnung, sexuelle Konkurrenz, Fitness

Aufgabe 13: Sozialleben von Tieren

Einleitung

Bei Angehörigen einer Art, die in Gruppen oder in enger Nachbarschaft zusammenleben, haben sich bestimmte „Spielregeln des Miteinanders" entwickelt, die u. a. der Minderung des Feinddruckes dienen, Konflikte vermeiden oder abmildern und letztlich das Überleben der Individuen oder der Verbände erleichtern.

Aufgabenstellung

1. **Beschreiben** Sie kurz die Abbildung M1 und **erläutern** Sie anhand des Materials M1 die Bedeutung der Wächterrufe.
2. **Beschreiben** Sie die Abbildung M2 und **analysieren** Sie die Ergebnisse auf der Grundlage des Materials M2.
3. **Beschreiben und deuten** Sie die in Abbildung M3 dargestellten Befunde. **Erklären** Sie anhand des Materials M3, warum das dominierende Männchen Kopulationen anderer Männchen toleriert. **Entwickeln** Sie eine **Hypothese** zu der Frage, welche Vorteile sich für das Weibchen daraus ergeben, dass es sich promisk verhält (sich mit mehreren Männchen verpaart).

Material

M1 Elsterdrosslinge

Elsterdrosslinge *(Turdoides bicolor)* sind in Afrika verbreitete Vögel, die dauerhaft in Gruppen – meist Familienverbänden – von bis zu 15 Individuen leben. Ihre Nahrung stöbern sie in niedriger Vegetation und am Boden auf und entfernen sich dabei nicht allzu weit von einer Deckung, da sie eine Reihe von Fressfeinden zu fürchten haben. Bei der Nahrungssuche in unübersichtlichem Gelände halten sie durch laute Rufe ständig Kontakt zueinander (Kontrollrufe). Häufig positioniert sich einer der Vögel für einige Minuten auf einer erhöhten Warte, von der aus er bei eventueller Gefahr Alarmlaute ausstößt. Während seiner „Schicht" gibt dieser Wachposten regelmäßig Wächterrufe von sich.

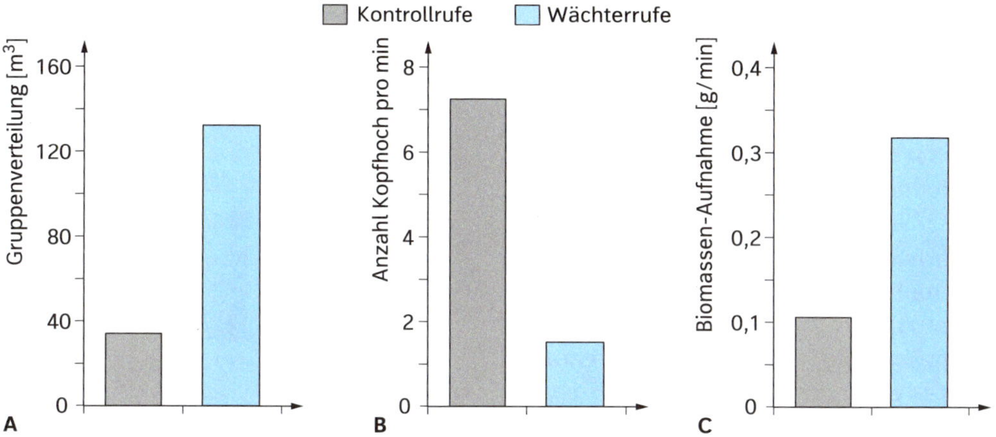

M1 Verteilung von Elsterdrosslingen im Gelände, Häufigkeit des Aufblickens und Nahrungsaufnahme während Phasen mit alleinigen Kontrollrufen und solchen mit Wächterrufen

M2 Hassende Trauerschnäpper

Viele Kleinvögel signalisieren ihren Artgenossen einen potenziellen Raubfeind nicht nur durch Warnlaute, sondern sie versuchen diesen auch durch lautes Rufen (Zetern) und gelegentliche (Schein-)Attacken zu vertreiben. Dieses Verhalten nennt man auch „Hassen". Wenn mehrere Vögel gleichzeitig hassen, können sie einerseits ihren Erfolg, also die Störung und eventuelle Vertreibung des Räubers, steigern und andererseits das Risiko mindern, dass sie bei einem Angriff verletzt oder getötet werden.
In einer Untersuchung wurden einer Population von Trauerschnäppern *(Ficedula hypoleuca)* Dutzende von Nistkästen angeboten, die auch schnell von Paaren angenommen wurden. Jeweils drei Kästen waren in unmittelbarer Nähe zueinander angebracht. Wurden alle drei von Trauerschnäpper-Pärchen (Paare A, B und C) besetzt, so führte man mit diesen folgende Versuche durch: Den A-Paaren wurde in einer Vielzahl von Wiederholungen ein ausgestopfter, aber lebensechter Räuber präsentiert, während die B-Paare jeweils weggesperrt wurden, ohne dass dies von den A-Paaren registriert werden konnte. In ausnahmslos allen Versuchsdurchgängen halfen die C-Paare dem jeweiligen Paar A beim Hassen gegen den vermeintlichen Räuber. Einige Zeit später, nachdem die B-Paare wieder zugegen waren, wurden neben den Nestern der B- und C-Paare gleichzeitig Fressfeind-Attrappen aufgestellt. Die protokollierten Reaktionen der A-Paare auf die „Hilferufe" der B- und C-Paare sind in Abbildung M 2 wiedergegeben.

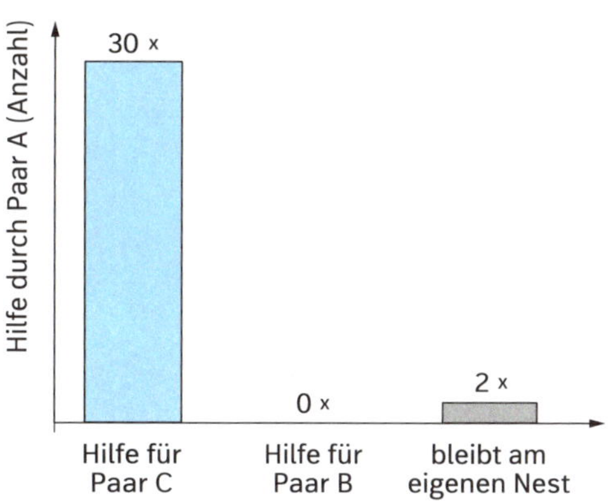

M2 Häufigkeit, mit der ein Trauerschnäpper-Paar A benachbarten Paaren beim Hassen geholfen hat

M3 Grüne Paviane

Grüne Paviane oder Anubispaviane *(Papio anubis)* sind tagaktive, bodenbewohnende Allesfresser, die bevorzugt offene Landschaften im mittleren Afrika besiedeln und einen ausgeprägten Sexualdimorphismus zeigen (♂ deutlich schwerer als ♀). Sie leben in gemischten Gruppen mit mehreren Männchen und Weibchen mit ausgeprägten Rangordnungen. Die Fortpflanzung kann während des ganzen Jahres erfolgen; prinzipiell kann sich jedes ausgewachsene Männchen mit jedem geschlechtsreifen Weibchen paaren. Die weibliche Paarungsbereitschaft (Östrus) wird durch eine Genitalschwellung angezeigt, die in den wenigen Tagen der Fruchtbarkeit besonders ausgeprägt ist und eine leuchtende Färbung aufweist. Die Weibchen haben einen nicht unwesentlichen Einfluss darauf, wer ihr jeweiliger Paarungspartner wird. Die konkurrierenden Männchen wechseln einander als temporäre „Gatten“ ab.

Männchen helfen nicht viel bei der Jungenaufzucht, beschützen aber z. B. Weibchen und ihre Kinder.

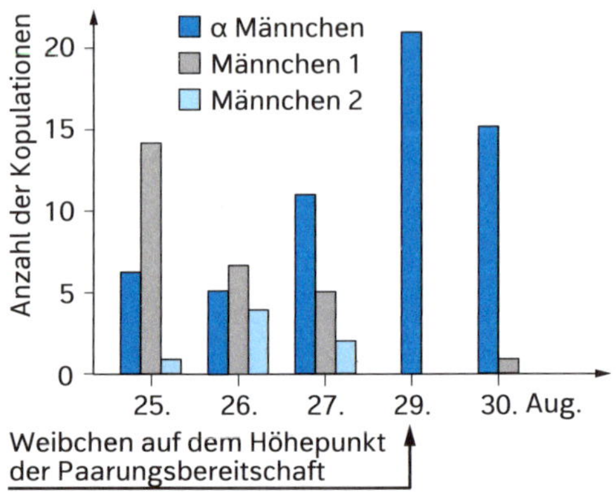

M3 Häufigkeit der Kopulation verschiedener Männchen des Grünen Pavians mit einem in Östrus befindlichen Weibchen an verschiedenen Tagen im Freiland. Das α-Männchen ist am ranghöchsten. Am 28. Aug. konnten keine Daten erhoben werden.

Benötigte Fachkenntnisse

Sozialverhalten, Leben in Gruppen, Feindabwehrstrategien, sexuelle Konkurrenz, elterliche Fürsorge, altruistisches und egoistisches Verhalten, reproduktive Fitness (S. 71 ff.)

Benötigte Methodenkenntnisse

Analyse von Diagrammen, Auswertung von Sachtexten und Experimenten, Hypothesenbildung (S. 78 f., 81 ff., 92 ff., 95 f.)

Lösungen

1. Die Abbildung M1 zeigt, wie sich Elsterdrosslinge in verschiedenen Phasen – in solchen, in denen es lediglich Kontrollrufe gibt und in solchen, in denen Gruppenmitglieder zusätzlich Wächterrufe abgeben – beim Umherstreifen und bei der Suche nach Nahrung verhalten. Ohne Wächterrufe bleiben die Vögel dicht beieinander, heben häufig ihren Kopf und nehmen nur wenig Nahrung auf. Werden dagegen von einem der Vögel Wächterlaute ausgestoßen, so verteilten sich die übrigen auf einen viermal so großen Raum wie zuvor, die Anzahl der Kopfhoch (das Aufblicken) geht auf ein Fünftel zurück und die aufgenommene Nahrungsmenge verdreifacht sich.
   Wenn ein Vogel Wächterrufe von sich gibt, signalisiert er seinen Artgenossen, dass er intensiv nach eventuellen Bedrohungen Ausschau hält. Dabei spielen visuelle und möglicherweise auch akustische Wachsamkeit ein Rolle. Die Gruppenmitglieder können sich also auch in unübersichtlichem Terrain „darauf verlassen", dass die Umgebung beobachtet wird und müssen weniger Zeit darauf verwenden, selbst durch Aufblicken zu sichern, was ihnen mehr Gelegenheiten für eine effektive Nahrungsaufnahme verschafft. Außerdem können sie nun im relativen Schutz des Wächters auf einer größeren Fläche nach Nahrung suchen. Insgesamt erlangen die Vögel hierdurch innerhalb kürzerer Zeit eine bessere Sättigung – und das bei vermindertem Risiko.
   Damit alle Gruppenangehörigen gleichermaßen von dem sozialen Wächtersystem profitieren, müssen sie sich bei der Sicherung abwechseln. Ob dies nach irgendwelchen Regeln oder rein zufällig erfolgt, kann dem Material nicht entnommen werden. Denkbar wäre, dass ein Individuum dann diese Aufgabe übernimmt, wenn es gerade einen großen Nahrungsbrocken gefunden oder erjagt hat – sehr hungrige Elsterdrosslinge hingegen dürften wohl eher selten dazu bereit sein. Auch Elternvögel werden möglicherweise häufig diese Position einnehmen, wenn sie so unerfahrene Junge anleiten und schützen können.

2. In Abbildung M2 ist dargestellt, wie oft ein A-Paar ein Paar B oder C beim Hassen unterstützt hat, nachdem ihm von Paar C geholfen, von Paar B dagegen nicht geholfen wurde. In 30 von 32 Fällen unterstützte Paar A das Hassen des C-Paares, nur zweimal gewährte das A-Paar keine Hilfe. Niemals wurde einem B-Paar beim Hassen geholfen. Offensichtlich erkennen sich die Paare individuell.
   Aus der Sicht der A-Paare haben sich die C-Paare als kooperativ erwiesen; folglich sind die A-Paare fast immer bereit, ihrerseits bei einer Bedrohung den C-Paaren zu helfen. Gegenseitige Hilfe beim Hassen ist zu beiderseitigem Vorteil, da so die Chance, den Raubfeind zu vertreiben, ansteigt und das eigene Verletzungsrisiko gemindert wird. Ansatzweise kommt hier auch der Verdünnungseffekt zum Tragen. Die Vögel handeln nach dem „Wie du mir, so ich dir"-Prinzip („tit for tat"); es liegt ein Fall von reziprokem Altruismus vor.
   Aus der Sicht der A-Paare haben die B-Paare allerdings nie geholfen, sie scheinen „egoistische Betrüger" zu sein (normalerweise wären sie ja Nutznießer des Hassens von Paar A), die nicht zur Kooperation bereit waren. Dementsprechend verweigern

die Paare A die vermeintlichen Gegenleistungen (aus der Sicht der B-Paare wären es eigentlich Vorleistungen). Sie „revanchieren sich“ mit Nicht-Hilfe.

3. Abbildung M3 zeigt, wie oft drei Männchen aus einer Gruppe Grüner Paviane in einem Zeitraum von sechs Tagen (25. bis 30. August) ein empfängnisbereites Weibchen begatten. Die Zahl der Kopulationen des α-Männchens liegt zu Beginn der fruchtbaren Phase des Weibchens bei fünf bis sechs pro Tag, nimmt dann zu und erreicht auf dem Höhepunkt des Östrus am 29. August ein Maximum von 21 Kopulationen. Einen Tag später finden immer noch 15 Kopulationen statt. Das subdominante Männchen 1 hat am 25. und 26. August die meisten Kopulationen von allen drei Männchen, am 27.8. hat es nur noch halb so viele wie das α-Tier, am 29.8. (Höhepunkt des Östrus) hat es keine und den Tag darauf nur eine. Das Männchen 2, das in der Hierarchie an dritter Stelle steht, hat nur wenige Male und dann stets seltener als die beiden höherrangigen Paviane kopulieren können. Am 29. und 30. August kommt es zu keinerlei sexuellem Kontakt.
   Das ranghöchste Männchen beansprucht die Kopulationen auf dem Höhepunkt des Östrus, wenn nach erfolgtem Follikelsprung die Wahrscheinlichkeit der Befruchtung am höchsten ist, für sich allein. Dadurch „monopolisiert“ es innerhalb der Gruppe weitgehend die Chancen auf Reproduktion. Es ist davon auszugehen, dass die Männchen um das Paarungsvorrecht konkurrieren, es somit zu Auseinandersetzungen und eventuell sogar zu erbitterten Kämpfen zwischen den Rivalen kommt. Die körperliche Überlegenheit sichert dem dominanten Männchen aber die Maximierung seiner (reproduktiven) Fitness. Auch eine mögliche Spermienkonkurrenz dürfte aufgrund der Verteilung der Kopulationen zugunsten des α-Tieres ausgehen.
   Wenn das α-Männchen einige Tage vor und nach dem Höhepunkt des Östrus Kopulationen rangniederer Tiere zulässt, reduziert es dadurch den energetischen und mit Verletzungsrisiken verbundenen Aufwand für die Sicherung seiner Vormachtstellung, ohne seinen Fortpflanzungserfolg signifikant zu schmälern. Das soziale Klima in der Gruppe dürfte von dieser „Zurückhaltung“ profitieren und die Häufigkeit der Versuche seiner Konkurrenten reduzieren, seine Dominanz infrage zu stellen. Ohne diese „Rechte“ auf Begattung würden die subdominanten Männchen sicher öfter und verbissener um die Rangordnung und den Zugang zu den Weibchen kämpfen.
   Es ist durchaus denkbar, dass auch das Weibchen eigene Interessen verfolgt, wenn es dem α-Männchen während der Eisprungphase das Exklusivrecht auf Begattung einräumt. So erwirbt es wahrscheinlich für sich und den Nachwuchs seine besondere Gunst, gelangt in seiner Obhut an mehr und an bessere Nahrung, wird vor aggressiven Attacken von Artgenossen und vor Räubern geschützt, erringt möglicherweise einen höheren Status in der Gemeinschaft und wird bei der Fellpflege und bei der Wahl von Ruheplätzen bevorzugt. Evolutionsbiologisch betrachtet sichert sich das Weibchen durch die Wahl des ranghöchsten Männchens als Spermienspender eventuell auch günstige genetische Eigenschaften („good genes“) sowie im Falle von männlichen Nachkommen eine erhöhte Wahrscheinlichkeit, viele Enkel zu bekommen. Söhne dominanter Väter sind meist attraktiver für Weibchen („sexy

sons") und haben häufig bessere Reproduktionschancen als Söhne rangniederer Väter, egal ob das auf einer tatsächlichen erblichen Komponente oder auf einer sozialen „Vererbung" des Ranges beruht.
Indem das Weibchen auch subdominanten Pavianmännchen Kopulationen gestattet, mindert es Aggressionen und fördert die soziale Bindung und den Gruppenzusammenhalt. Vor allem aber steigert es die Bereitschaft dieser Männchen, sich ebenfalls an der Jungenaufzucht (Bewachen, Warnen, Fellpflege, Nahrungsversorgung, Wärmen etc.) zu beteiligen, da eine Vaterschaft ihrerseits ja nicht völlig auszuschließen ist – und in den eigenen Nachwuchs wird bereitwilliger „investiert".

Selbstdiagnosebogen

Aufgabe Nr.	Kernkompetenzen	AFB	Punkte	erreicht	Förderung
1	Aussage des Diagramms detailliert herausarbeiten, indem der Zusammenhang zwischen der Art der Rufe und der Gruppenverteilung, dem Sichern und der aufgenommenen Nahrungsmenge dargestellt wird	I	5		strukturierte, präzise Beschreibung (S. 78 ff.)
	Funktion und Funktionsweise der Wächterrufe erläutern	II	8		Leben in Gruppen, geteiltes Sichern (S. 75 ff.)
2	Aussagen der Abbildung detailliert beschreiben, indem die gegenseitige Unterstützung der Vogelpaare beim Hassen quantitativ erfasst wird	I	4		strukturierte, differenzierte Beschreibung (S. 81 ff.)
	Dargestellte Zusammenhänge zwischen gezeigter Kooperationsbereitschaft und gewährter Hilfe beim Hassen analysieren	II	6		Auswertung von Texten und Diagrammen (S. 78 f., 81 ff.)
		III	3		Analyse der Ergebnisse, Darstellung von kausalen Beziehungen Kooperation und Altruismus bei Tieren

Aufgabe Nr.	Kernkompetenzen	AFB	Punkte	erreicht	Förderung
3	Abbildung beschreiben und Fakten unter Verwendung der Fachsprache wiedergeben Zusammenhänge zwischen der Kopulationshäufigkeit, der Empfängnisbereitschaft und der Rangordnung deuten, nach Erklärungsmöglichkeiten suchen Tolerierung der Kopulationen von Rivalen erklären eine Hypothese dazu entwickeln, welche Vorteile Pavianweibchen aus ihrer Promiskuität ziehen	I II III II/III II III	6 4 2 4 5 3		Text- und Materialerfassung (S. 78 ff.), Sachverhalte und Zusammenhänge fachsprachlich korrekt darlegen Grundprinzipien erläutern Argumente vorbringen und abwägen Begründete Aussagen konsistent und logisch formulieren strukturiertes Einüben der Hypothesenbildung und -überprüfung auf der Grundlage des vorgegebenen Materials (S. 95 ff.)

Gesamtpunkte: 50; davon AFB I: 15 Punkte (30 %), AFB II: 25 Punkte (50 %), AFB III: 10 Punkte (20 %)

Materialgrundlage:

Grzimek B. (Hrsg.): Grzimeks Enzyklopädie Säugetiere. Bd. 3, Kindler Verlag, München, 1988
Kappeler P. M.: Verhaltensbiologie. Springer-Verlag, Berlin/Heidelberg, 3. Aufl., 2012
Pflumm W.: Biologie der Säugetiere. Verlag Paul Parey, Berlin & Hamburg, 1989

Stichwortverzeichnis